항공사 보안론

AIRLINE SECURITY

장경태·소대섭

도서출판 진영사

항공사 보안론

장경태 · 소대섭

2019년 08월 21일 초판 인쇄
2019년 08월 23일 초판 발행
발행인 박 진 영
발행처 도서출판 진영사
인천광역시 부평구 갈산동 185번지 풍진빌딩 303호
전화 : 032)505-4207
팩스 : 032)505-4206
E-mail : 0183734207@hanmail.net
등록 : 122-91-77317

ISBN 978-89-6541-446-9 93390
값 20,000원

머리말

우리나라는 환태평양을 넘어 세계 최고 수준의 항공강국 실현을 목표로 세계적인 항공허브로 발전하기 위해 취항도시 및 국제항공노선 확충 등 편리하고 안전한 환경교통 서비스를 제공하는데 최선의 노력을 다하고 있습니다.

항공강국이라는 목표 달성을 위해서는 반드시 항공보안이 뒷받침되어야 하며, 특히 항공운송사업자가 수행해야 할 항공사 보안업무는 항공보안의 매우 중요한 부분인데도 항공사 보안에 대한 책자가 현재까지 발간되지 않고 있는 실정이며, 다수의 항공사 보안종사자들이 항공사 보안실무 관련 책자가 꼭 필요하다는 의견이 있어 이번에 국내 최초로 "항공사 보안론"을 발간하게 되었습니다.

주요 내용으로는 항공사 보안실무 업무를 중심으로 항공보안 개념과 법규, 항공보안 책임 및 역할, 승객 및 수하물 보안대책, 항공기 보안대책, 항공기내보안요원 운영, 항공화물 보안대책, 기내식 및 항공기 정비시설 보안대책, 교육훈련 및 수준관리 등을 총망라하여 "항공사 보안론" 이란 이름으로 발간하게 되었습니다.

아무쪼록 공저의 바람은 "항공사 보안론" 책자를 통해서 항공사 보안종사자의 전문성 향상을 통해 국가 항공보안 발전에 조금이나마 도움이 되었으면 합니다. 이 책을 출간하는데 도움을 주신 한서대학교 함기선총장님과 (사)대한민국 항공보안협회 윤규식 회장님, 진영사 박진영 대표님과 백두중부장님에게 진심으로 감사드립니다.

2019년 8월　저자올림

목 차

제1장 항공보안 개념

제1장 항공보안 개념

제1절 항공보안 개요

1. 항공보안 정의

(1) 정의

「항공보안법」에서 항공보안(Aviation Security)이란 "공항시설, 항행안전시설 및 항공기 내에서의 불법행위를 방지하고 민간항공의 보안을 확보하는 것" 이라고 정의하고 있으며, ICAO(국제민간항공기구)부속서 17(Security) 제1장 용어정의에서 항공보안이란 "불법방해행위로부터 민간항공을 보호하기 위한 대책으로서 인적 · 물적 결합을 통해서 달성된다" 라고 명시하고 있다.

(2) 항공보안 목적

가. 「항공보안법」 제1조(목적)에서 "「국제민간항공협약」등 국제협약에 따라 공항시설, 항행안전시설 및 항공기 내에서의 불법행위를 방지하고 민간항공의 보안을 확보하기 위한 기준 · 절차 및 의무사항 등을 규정함을 목적으로 한다." 라고 규정하고 있다.

나. ICAO 부속서 17 제2장 2.1(목표)에서 "체약국은 민간항공에 대한 불법방해행위로부터 민간항공의 보호와 모든 사항에 있어서 승객, 승무원, 지상운영요원 및 일반인의 안전을 주요 목표로 삼아야 한다"라고 명시하고 있다.

다. 이를 위해 체약국은 항공기 운항 안전성, 정시성 및 효율성을 고려하여 불법행위로부터 민간항공을 보호하기 위한 규정, 관례, 절차를 수립하고 시행할 조직을 설립하여야 하며 항공보안 조직과 관련하여 규정, 관례 및 절차를 통해 다음과 같은 목적이 달성되도록 하여야 한다.

1) 민간항공에 대한 불법방해행위로부터 승객, 승무원, 지상근무자, 일반인의 안전을 확보

2) 민간항공에 대한 증가된 보안위협 상황발생시 신속한 대응

(3) 항공보안 적용

ICAO에서는 체약국은 국제민간항공 운영과 관련 ICAO 부속서 17 에 규정된 표준지침(Standard)을 적용하여야 하고, 권고사항(Recommended Practices) 적용에도 노력하도록 규정하고 있다. 체약국은 국가기관에서 수행한 위협 평가에 근거하여 불법방해행위 대응을 위하여 수립 된 보안대책을 실행 가능한 범위 내에서 국내선에도 적용되도록 하여야 한다.

(4) 불법방해행위

가. ICAO부속서 17 제1장 용어정의에서 불법방해행위(Acts of Unlawful Interference)란 민간항공과 항공운송 안전을 위협하는 행위 또는 이를 시도하는 행위를 포함하고 있다.

1) 항공기 납치(불법억류)

2) 운항 중인 항공기 파괴

3) 기내 또는 공항에서 인질극

4) 항공기내, 공항 또는 항행시설에 대한 무단침입

5) 범죄를 저지를 목적으로 기내 또는 공항 내로 무기, 위험장치 또는 물품을 반입하는 행위

6) 사망 또는 중상에 이르게 하거나 재산 또는 환경에 심각한 피해를 입힐 목적으로 운항중인 항공기를 사용하는 행위

7) 지상 또는 운항중인 항공기, 승객, 승무원, 지상근무자, 일반인의 안전을 위협하는 거짓 정보를 제공하는 행위

나. 「항공보안법」 제2조 제8호에서 정한 "불법방해행위"란 항공기의 안전운항을

저해할 우려가 있거나 운항을 불가능하게 하는 행위로서 다음 각 호의 행위를 말한다.

1) 지상에 있거나 운항중인 항공기를 납치하거나 납치를 시도하는 행위
2) 항공기 또는 공항에서 사람을 인질로 삼는 행위
3) 항공기, 공항 및 항행안전시설을 파괴하거나 손상시키는 행위
4) 항공기, 항행안전시설 및 제12조에 따른 보호구역에 무단 침입하거나 운영을 방해하는 행위
5) 범죄의 목적으로 항공기 또는 보호구역 내로 제21조에 따른 무기 등 위해물품을 반입하는 행위
6) 지상에 있거나 운항중인 항공기의 안전을 위협하는 거짓 정보를 제공하는 행위 또는 공항 및 공항시설 내에 있는 승객, 승무원, 지상근무자 안전을 위협하는 거짓 정보를 제공하는 행위
7) 사람을 사상에 이르게 하거나 재산 또는 환경에 심각한 손상을 입힐 목적으로 항공기를 이용하는 행위
8) 그 밖에 이 법에 따라 처벌받는 행위

(5) 항공보안법에서 정한 국제협약 준수

「항공보안법」 제3조에서 민간항공의 보안을 위하여 이 법에서 규정하는 사항 외에는 다음 각 호의 국제협약에 따르도록 하고 있으며 국제협약외에 항공보안에 관련된 다른 국제협약이 있는 경우에도 그 협약에 따르도록 규정하고 있다.

가. 「항공기 내에서 범한 범죄 및 기타 행위에 관한 협약」
나. 「항공기의 불법납치 억제를 위한 협약」
다. 「민간항공의 안전에 대한 불법적 행위의 억제를 위한 협약」
라. 「민간항공의 안전에 대한 불법적 행위의 억제를 위한 협약」을 보충하는 국제민간항공에 사용되는 공항에서의 불법적 폭력행위의 억제를 위한 의정서
마. 「가소성 폭약의 탐지를 위한 식별조치에 관한 협약」

제2절 항공운송사업 분류

항공운송사업은 광의의 개념에서는 항공사 뿐만 아니라 항공기를 사용하여 사진촬영이나 화제진압 또는 인명구조 활동 및 교육훈련에 사용되는 항공기사용사업 등 모든 종류의 항공기관련 사업을 포함한다. 협의의 개념의 항공운송사업은 상업적인 운송을 목적으로 하는 항공사의 운송사업 만을 그 대상으로 한다. 일반적으로 말하는 항공운송사업이란 항공기에 의하여 사람과 화물 및 우편물을 운송하고 그 대가를 받는 상업적 목적의 사업을 의미한다. 우리나라 항공법에서의 항공기 관련 사업은 운송형태 및 그 사업대상에 따라 9가지로 구분하고, 항공운송과 관련되는 사업으로는 사업의 업종 및 성격에 따라 5가지로 구분하여 항공운송사업 및 특성에 대해 다음 표와 같다.

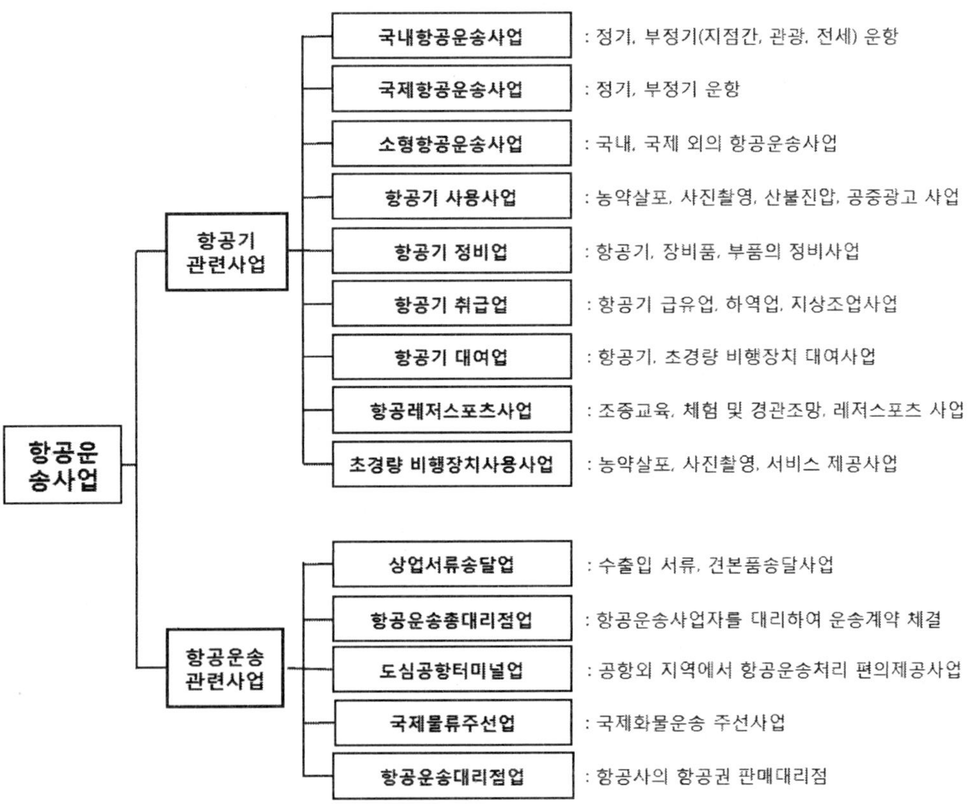

항공운송사업 분류

1. 항공기 관련사업

항공기 관련사업이란 타인의 수요에 맞추어 항공기를 사용하여 유상으로 여객 또는 화물을 운송하는 사업을 말하며, 우리나라의 「항공사업법」에서는 항공기 관련사업을 국내항공운송사업, 국제항공운송사업, 소형항공운송사업, 항공기 사용사업, 항공기 정비업, 항공기 취급업, 항공기 대여업, 항공레저스포츠사업, 초경량 비행장치사용사업으로 구분하고 있으며, 국내항공운송사업과 국제항공운송사업은 정기운송사업과 부정기운송 사업으로 나누고 있다.

(1) 국내항공운송사업

국내항공운송사업이란 법인 경우 납입자본금이 50억원 이상 이어야 하며, 계기비행 및 자동위치확인능력을 구비한 승객좌석 51석 이상의 항공기 1대 이상을 보유하여 국내 정기편 또는 부정기편 운항을 하는 항공운송사업을 말한다. 정기편 운항이란 국내공항과 국내공항 사이에 일정한 노선을 정하고 정기적인 운항계획에 따라 항공기를 운항하는 것이며, 부정기편 운항은 국내에서 이루어지는 정기편 운항 외의 항공기 운항을 말한다. 정기편 운항은 항공사가 미리운항스케줄을 정해 놓고 항공여객의 예약을 받아 운송하기 때문에 여객수가 많고 적음에 관계없이 정해진 스케줄에 따라 운항하여야 하는 공공성이 특히 요구되는 사업이다. 부정기편 운항은 한 지점과 다른 지점 사이에 노선을 정하여 운항하는 지점간 운송사업, 관광을 목적으로 한 지점을 이륙하여 중간에 착륙함이 없이 출발지점으로 되돌아오는 관광비행사업, 항공기를 독점하여 이용하려는 자와 항공사 사이에 운송계약에 따라 운항하는 전세운송사업으로 구분하고 있다.

(2) 국제항공운송사업

국제 항공운송사업이란 법인의 경우 납입자본금이 150억원 이상 사업이어야 하며, 계기비행 및 자동위치확인능력을 구비한 쌍발 이상의 항공기로서 승객좌석 51석 이상인 항공기 5대 이상을 보유하여 국제정기편 운항을 하는 항공운송사업을 말한다. 정기편 운항은 국내공항과 외국공항 사이 또는 외국공항과 외국공항 사이에 일정한 노선을 정하여 정기적인 운항계획에 따라 항공기를 운항하는 것을 말하며, 부정기편 운항은 국제 정기편운항 외의 운항을 말한다.

(3) 소형항공운송사업

소형항공운송사업이란 국내항공운송사업 및 국제운송사업 외의 항공운송사업을 말한다. 소형항공운송사업은 법인의 경우 납입자본금이 15억원 이상이며 승객좌석 10석 이상 50석 이하의 항공기를 보유한 경우와 법인의 경우 납입자본금이 7억 5천만원 이상이며 승객좌석 9석 이하의 항공기를 보유한 경우로 나누어진다. 소형항공운송사업을 경영하기 위해서는 항공기 1대 이상 운송용 조종사 자격증명을 받은 1명 이상과 자격증명을 받은 항공정비사 1명 이상을 확보하여야 하며, 다만, 보유항공기에 대한 정비능력이 있는 항공기 정비업자에게 정비업무 전체를 위탁하는 경우에는 정비사를 두지 않을 수도 있다. 계기비행 및 자동위치확인능력을 구비한 항공기 1대 이상을 보유하여야 한다.

(4) 항공기 사용사업

항공기 사용사업이란 항공운송사업 외의 사업으로서 의뢰자의 수요에 맞추어 항공기를 사용하여 유상으로 비료 및 농약살포, 씨앗뿌리기, 산불 등 화재진압, 건설자재 운반, 비행훈련, 사진촬영 등의 업무를 하는 사업을 말한다. 항공기 사용사업을 경영하기 위해서는 자본금 또는 자산평가액이 7억원 이상, 항공기 1대당 조종사 및 정비사 각 1명 이상의 기술 인력을 보유하여야 하고, 자동위치확인능력을 갖춘 항공기 1대 이상을 보유하여야 한다.

(5) 항공기 정비업

항공기 정비업이란 의뢰자의 수요에 맞추어 공항에서 항공기·장비품·부품의 정비 등 업무와 항공기·장비품·부품의 정비 등에 대한 기술관리 및 품질관리 등을 지원하는 업무를 하는 사업을 말한다. 항공기 정비업은 대부분의 항공사가

자가 정비능력을 갖추고 있기 때문에 항공기 정비업의 등록기준을 갖추어 자기 항공기에 대한 정비를 자기 정비사들이 직접 담당하는 형태를 취하고 있으며, 새로 설립한 신규 항공사들이 항공기 정비업체에 위탁하는 경우도 있다.

(6) 항공기 취급업

항공기 취급업이란 항공기에 대한 급유, 항공화물 또는 수하물의 하역, 그 밖에 항공기 정비업을 제외한 지상조업을 하는 사업을 말한다. 항공기 급유업은 공항 또는 비행장에서 항공기에 연료 및 윤활유를 주유하는 사업으로서 항공기에 급유하는 방식에 따라 지하배관시설인 급유전(hydrant)을 이용하여 급유하는 방법과 유조차를 이용한 급유방법으로 나누어지고 있다.

항공기 하역업은 공항 또는 비행장에서 항공수송을 의뢰한 화물이나 수하물을 내려서 정리하는 사업으로서 대부분의 항공사들은 자회사나 계열사에서 수행하도록 하고 있으나, 일부 국가에서는 공항당국이 수행하기도 한다. 이러한 하역업을 경영하려면 화물의 하역에 필요한 턱카(수하물 운반장치), 컨베이어카, 카고 컨베이어, 적재기 등의 하역장비를 확보하여야 한다.

지상조업사업은 공항 또는 비행장에서 항공기가 출발하거나 도착하는데 필요한 항공기의 출발준비업무, 도착항공기를 주기장까지 유도하는 업무, 항공기에 여객의 탑승 및 화물의 탑재 업무, 항공기가 계류장에 주기하고 있을 때의 동력지원, 항공기에 필요한 운항정보 지원, 승객 및 승무원의 출입국 관련업무 지원, 승객의 탑승과 하기 및 화물의 탑재 및 하역에 필요한 장비의 지원, 항공기의 외부 및 내부에 대한 청소업무 등을 수행하는 사업을 말한다.

(7) 항공기 대여업

항공기 대여업이란 의뢰자의 수요에 맞추어 유상으로 항공기, 경량항공기 또는 초경량 비행장치를 대여하는 사업을 말한다. 경량항공기는 조종형 비행기, 체중이동형 비행기 및 회전익 경량항공기 등이며, 초경량 비행장치는 동력비행장치, 인력항공기, 기구류 및 무인비행장치 등을 말한다.

(8) 항공레저스포츠사업

항공레저스포츠사업이란 의뢰자의 수요에 맞추어 유상으로 다음 하나에 해당하는 서비스를 제공하는 사업이며, '항공레저스포츠'란 취미 · 오락 · 체험 · 교육 · 경기 등을 목적으로 하는 활동을 말한다.

가. 비행선, 경량항공기 또는 인력활공기, 기구류, 동력패러글라이더, 낙하산류 등 초경량 비행장치를 사용하여 조종교육, 체험 및 경관 조망을 목적으로 태워 비행하는 서비스

나. 활공기, 비행선, 경량항공기, 초경량 비행장치를 항공레저스포츠를 위하여 대여해주는 서비스

다. 경량항공기 또는 초경량비행장치 정비, 수리 및 개조 서비스

(9) 초경량 비행장치 사용사업

초경량 비행장치 사용사업이란 의뢰자의 수요에 맞추어 유상으로 무인비행장치를 사용하여 비료 또는 농약 살포, 씨앗뿌리기, 사진 촬영, 육상 및 해상 측량 또는 탐사, 산림 또는 공원 등의 관측 및 탐사, 조종교육 등의 업무를 하는 사업을 말한다.

2. 항공운송관련 사업

항공운송관련 사업이란 항공기 운항에 필요한 직접적인 지원업무 외에 항공운송과 관련하여 수행되는 사업을 말하며, 상업서류 송달업, 항공운송총대리점업, 항공운송대리점업, 도심공항터미널업, 국제물류주선업 등이 있다.

(1) 상업서류 송달업

상업서류 송달업이란 의뢰자의 수요에 맞추어 유상으로 우편법 제2조제2항 단서의 규정에 해당하는 수출입 등에 관한 서류와 그에 딸린 견본품을 항공기를

이용하여 송달하는 사업을 말한다. 상업서류 송달업은 지방항공청에 신고함으로써 영업이 가능하며, 상업서류 송달업의 신고시 사업계획서, 예상 사업수지계산서, 외국의 상업서류 송달업체로서 50개 이상의 대리점망을 가진 업체와의 계약서 또는 3개 대륙 6개국 이상에 해외지사를 설치한 증명서류를 제출하여야 한다.

(2) 항공운송 총대리점업

항공운송 총대리점업이란 항공운송사업을 경영하는 자, 즉 항공사를 위하여 유상으로 항공기에 의한 여객 또는 화물의 국제운송계약체결을 대리하는 사업을 말한다. 항공운송 총대리점은 항공사가 외국에서의 판매활동을 위하여 해당 국가 또는 해당 지역의 총판매대리점을 지정하여 판매영업 및 해당 국가의 교섭창구역할을 하도록 지정한 대리점이다. 항공운송 총대리점업은 지방항공청에 신고함으로써 영업이 가능하며, 항공운송 총대리점업의 신고를 위해서는 사업계획서, 예상 사업수지계산서, 외국의 50개 이상의 대리점 망을 가진 항공운송사업자와의 계약서를 제출하여야 한다.

(3) 도심공항 터미널업

도심공항 터미널업이란 공항구역 외에서 항공여객 및 항공화물의 수송과 그 처리에 관한 편의를 제공하기 위하여 이에 필요한 시설을 설치·운영하는 사업을 말한다. 즉 도심공항 터미널업은 여객이나 화주가 공항까지 가는 불편을 해소하기 위하여 시내의 도심지역 또는 주요 환승역에 필요한 공항시설과 장비를 갖추어 항공기에 탑승할 승객과 탑재할 항공화물에 관한 업무를 시내에 위치한 도심공항에서 수행하도록 하여 승객과 화주의 편의를 도모하는 한편, 공항의 혼잡을 피하기 위하여 도입한 제도이다. 도심공항 터미널사업은 지방항공청에 신고함으로써 영업이 가능하며, 도심공항 터미널업의 신고를 위해서는 사업계획서, 예상 사업수지계산서, 도심공항 터미널시설명세서, 공항과 도심공항 터미널을 왕래한 교통수단 확보에 대한 서류를 첨부하여야 한다.

(4) 국제물류주선업

국제물류주선업이란 「물류정책기본법」에 따라 국토교통부장관에게 등록한 사업으로써 의뢰자 요구에 따라 자기의 명의와 계산으로 타인의 물류시설·장비 등을 이용하여 수출입화물의 물류를 주선하는 사업을 말한다. 국제물류주선업자는 자체 운송약관과 관세율표를 가지고 화물운송장을 이용하여 화물운송을 의뢰한 화주와 운송약관을 체결한다. 이런 점에서 볼 때 항공사와 유사한 입장에 있으나, 항공기나 기타 운송수단을 보유하고 있지 않으므로 집하(集荷)한 화물을 운송하기 위해서는 항공사가 발행하는 화물운송장에 의해 국제물류주선업자를 송하인(送荷人)으로 하여 항공사의 운송약관에 의해 운송계약을 체결하여야 하는 점이 항공사와 다르다. 국제물류주선업은 「항공사업법」에서 정하고 있는 사업은 아니나 항공운송과 밀접한 관련이 있기에 설명하는 것이다.

(5) 항공운송 대리점업

항공운송 대리점업이란 항공운송사업자 또는 항공운송 총대리점을 위하여 유상으로 항공기에 의한 여객이나 화물의 운송계약 체결을 대리하는 사업을 말한다. 즉 항공운송사업자나 항공운송 총대리점을 대리하여 항공사의 운송약관, 운송규칙, 관세율표 및 항공기 스케줄에 따라 항공여객에 대한 항공기 좌석예약과 항공권 판매, 항공화물의 접수와 운송장 발행 및 이에 관련된 업무를 수행하고 그 대가로서 항공사나 항공운송 총대리점으로부터 정해진 수수료를 받는 사업을 말한다.

3. 항공운송사업 특성

항공운송사업은 영리를 목적으로 하는 사업이지만 다른 산업과는 달리 국가의 경제적 목적 또는 방위산업 차원에서 국가차원의 육성산업으로 발전시키거나 공공교통기관으로서의 기능이 있어 수익성이 크게 높지 않으며, 거대 장치사업, 정부 규제사업, 여행업의 파생적 수요산업, 상품 차별화가 곤란한 산업, 판매되지 않은 좌석의 소멸성, 장거리 운송이 많을수록 경제성 있는 산업의 특성을 갖고 있다.

(1) 공공성이 강한 사업

항공운송사업 중에서 정기항공운송사업은 기상악화·천재지변 등 불가항력적인 사유가 있는 경우를 제외하고는 정부로부터 인가받은 운송계획대로 운송서비스를 제공하여야 하는 의무가 있다. 예컨대 수익성이 낮다고 판단되는 특정구간의 운송서비스를 제공하지 않거나 좌석이용률이 낮을 것으로 판단되는 특정계절인 비수기나 요일 날짜에 임의적으로 운송서비스제공을 중지하거나 변경할 수 없다. 따라서 정기항공운송사업자는 정부로부터 인가받은 운송계획에 대하여 인가된 내용대로 운송능력을 제공하는 동시에 계획된 날짜와 시간에 운항하여야 하는 공공성이 강한 사업이다.

(2) 거대 장치사업

항공사를 운영하기 위한 정기항공운송사업의 국제선 면허기준은 납입자본금 200억원 이상, 항공기 5대 이상을 보유하여야 하기 때문에 정기항공사를 경영하기 위해서는 초기 투자비만 하여도 수천억원이 소요될 뿐만 아니라 항공사를 운영하기 위해서는 조종사와 정비사 및 지상영업요원 등 많은 인력과 정비시설 및 운항지원이 필요로 하는 산업으로서 항공기 보유대수가 일정수준 이상으로 유지되어야만 경제적 효율성을 유지할 수 있는 거대한 장치산업이다.

(3) 정부 규제사업

항공사를 운영하기 위하여 사업면허 신청 단계부터 운항증명(AOC)을 받기위한 절차와 조건이 복잡하고 까다롭다. 운항증명 신청 후 6개월내 4,000여개 항목에 대하여 감독기관으로부터 현장실사를 통과하여야만 운항이 가능하다. 운항허가를 취득 후에도 지속적인 안전을 확보를 위하여 국토교통부 등 관계기관 항공보안 및 항공안전감독관으로부터 정기 및 수시로 지도·감독을 받아야 하며, 운항준비 및 운항 중에도 정부지침에 따라 항공기 안전 장애요소 및 불법 방해행위 발생시는 실시간 보고하도록 되어 있다. 정부지침 미준수로 발생한 사안에 대해서는 별도의 과태료 및 과징금이 부과되므로 법규를 철저히 준수하여야 하는 등 안전 확보를 위하여 다른 업종에 비하여 정부 규제가 따르는 사업이다.

(4) 관광산업의 수요사업

항공운송사업의 고객은 관광레저여행이나 비즈니스여행을 목적으로 하는 승객이다. 특히 우리나라와 같은 경우에는 국제관광객의 대다수가 국제항공여객이기 때문에 수요창출 면에서 보면 항공운송사업은 관광산업인 여행업과 수직적 관계를 유지하고 있으므로 항공운송사업은 관광산업의 수요산업으로 볼 수 있다. 이처럼 항공운송사업이 가지는 수요창출의 특성 때문에 항공기의 좌석예약이나 항공권 판매에 있어서 항공사의 대리점이 바로 여행업을 겸하고 있어 항공사와 여행사는 사업적으로 공생관계에 있다. 따라서 관광산업인 여행사의 고객이 늘어나면 항공사의 고객도 늘어나고, 여행사의 고객이 줄면 항공사의 고객도 줄어드는 등 항공운송시장과 관광여행시장은 하나의 시장으로 형성되어 있으므로 항공사와 여행사는 수요시장에서 그 운명을 같이 한다고 볼 수 있다.

(5) 상품 차별화가 곤란한 사업

항공운송상품은 항공기 좌석이나 서비스 측면에서 항공사마다 그 상품내용이 거의 비슷하여 경쟁항공사와 상품 차별화가 곤란한 산업이다. 항공기의 객실이나 좌석은 항공기 제작사인 미국의 보잉사나 프랑스의 에어버스사가 제작하는 항공기는 같은 기종일 경우에 같은 형태와 구조를 가진 항공기를 제작하기 때문에 항공기의 객실구조나 좌석의 품질이 크게 다르지 않아 이들 항공기를 구입한 항공사의 상품은 비슷할 수 밖에 없다. 서비스 측면에서는 어느 정도 차별화를 할 수 있을지 몰라도 이러한 차별화된 서비스는 경쟁항공사가 곧바로 따라 하기 때문에 상품의 서비스 수준도 거의 비슷해지므로 상품 차별화가 곤란한 사업이다.

(6) 상품의 소멸성

항공사의 운송 상품은 형태가 있는 제품이 아니고 항공기의 좌석을 판매하는 서비스상품이기 때문에 상품이 생산과 동시에 판매되어야만 상품의 경제적 가치를 발휘할 수 있고, 판매되지 않은 상품은 재고로 보관하여 나중에 판매할 수 없는 소멸성으로서의 특성이 있다. 따라서 항공사에서는 특정한 운송구간에서 특정한 날짜와 시간에 제공하는 항공기좌석을 제때에 판매하여야만 좌석판매효율을 높일 수 있기 때문에 정확한 수요예측에 의한 항공노선의 개발과 투입기종 및 운항횟수와 운항시간대를 결정하는 것이 영업기획의 최대 과제가 되는 것이다.

(7) 장거리 운송에 경제성

항공운송사업은 다른 교통수단에 비하여 장거리수송이나 국제수송에 매우 유리한 특성이 있다. 항공기운항은 그 특성상 이륙과 착륙구간에서의 항공기가 상승하거나 하강을 할 때에 단위거리당 연료가 많이 소모되고, 순항 구간에서의 연료소모는 매우 적을 뿐만 아니라 장거리 운항일수록 지상 1만 미터 정도의 고공운항을 하기 때문에 공기저항이 적어 연료소모는 적고 속도는 빨라지는 특성이 있다.

또한 공항 이·착륙 또는 계류장 등의 사용료는 항공기가 공항을 이용한 횟수에 따라 부과되고, 항공기 운항지원을 위한 지상업무도 장거리나 단거리에 관계없이 매 운항시마다 제공하기 때문에 이러한 지상비용은 장거리 구간을 운항할수록 단위거리 당 운항비용이 적게 드는 장점이 있기 때문에 항공운송사업은 장거리 운송이 많을수록 경제성이 높아지는 사업이다.

4. 항공사의 조직구조

(1) 항공사의 형태

항공사(航空社, Airline)는 국가로부터 항공운송사업면허를 받아 항공기로 운송되는 여객이나 화물 운송에 대한 대가를 받고 서비스를 제공하는 회사를 의미한다. 항공사는 자신이 소유하거나 리스를 통해 확보한 항공기를 이용하여 운송서비스를 제공하며, 상호이익을 위해 타 항공사와의 공동협력이나 제휴를 맺어 서비스를 제공하기도 한다. 이러한 항공사의 형태에는 국적대형항공사(FSC), 낮은 비용과 운임으로 운영하는 저비용항공사(LCC), Air taxi로 불리는 소형 항공운송사업자, 항공기를 이용하여 유상으로 서비스를 제공하는 항공기사용사업, 출퇴근 목적의 운송서비스를 하는 커뮤터 항공사 등이 있다.

(2) 조직구조

항공사의 일반적인 조직구조는 항공사별로 차이가 있으며 다음 그림과 같이 최고경영자이며 항공사를 대표하는 대표이사의 의사결정에 도움을 주는 경영자문위원회가 있고, 대표이사 산하에는 라인 조직으로 영업, 운항, 객실, 운송, 정비, 화물 등의 업무를 담당하는 본부조직이 구성되어 있으며, 지원조직으로는 경영관리, 재무, 종합통제(운항관리), 안전보안, 정보시스템, 예약 등의 업무를 담당하는 실 · 팀 및 센터 조직이 있다. 최근 항공사 조직은 전통적인 조직구조에서 벗어나 여객운송, 화물운송과 같은 분야를 독립적으로 경영할 수 있는 분야별 사장제도를 두어 운영하고 있는데, 이러한 조직구조는 분야별 독립채산제로 운영함으로서 경영효율을 높이려는 목적으로 시도되고 있다.

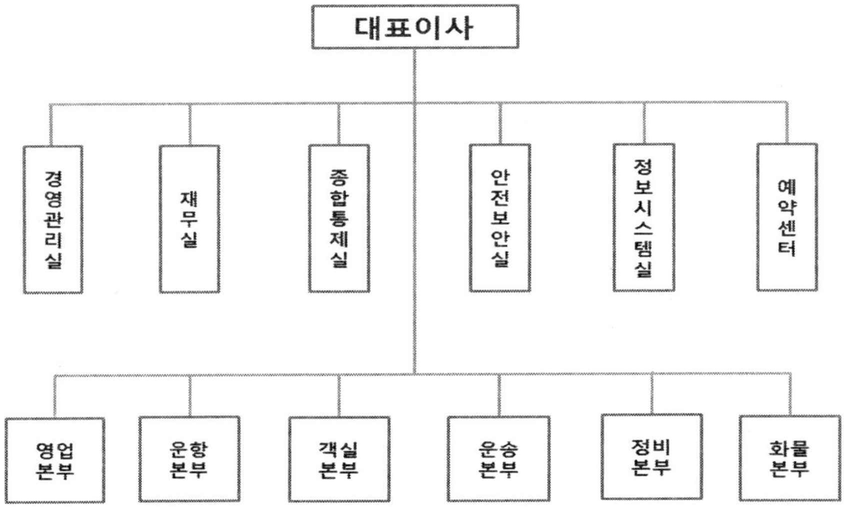

항공사의 조직구조

제3절 항공종사자 종류

항공종사자란 항공기의 운항과 관련된 업무를 수행할 수 있는 소정의 자격증명을 갖추고 있는 사람을 말한다. 즉 항공기의 운항과 관련된 업무에 종사할 수 있는 자격증명을 가진 자를 총칭하는 것이다. 국제민간항공기구의 시카고협약에서 국제항공운송에 종사하는 모든 항공기의 조종사 및 승무원은 항공기가 등록되어 있는 국가가 발급한 유효한 자격증명이나 면허를 소지하여야 한다고 규정하고 있다. 우리나라「항공안전법」에서도 항공 업무에 종사하고자 하는 자는 국토교통부장관으로부터 항공종사자 자격증명을 받아야 한다고 규정하고 있다.

1. 자격증명 종류

항공종사자 자격증명의 종류를 운송용 조종사, 사업용 조종사, 자가용 조종사, 부조종사, 항공기관사, 항공교통관제사, 항공정비사, 운항관리사로 구분하고 있다. 또한 자격증명을 받은 자는 그가 받은 자격증명 외의 항공 업무에 종사하여서는 아니 된다고 규정하고 있다.

2. 항공사의 종사자

(1) 운항승무원

가. 운항승무원은 항공기의 운항을 직접 담당하는 항공종사자로서 기장, 부기장, 항공기관사로 구성되는 것이 보통이나 항공기의 기종에 따라 기장 1명만 탑승하는 경우도 있으며 최근에는 통신전자장비의 첨단화로 운항업무가 자동화되면서 항공기관사는 거의 탑승하지 않고 있다.

나. 항공종사자 중에서 운항승무원은 항공기의 종류와 등급 및 형식과 조종사의 비행경력 등에 따라 자격기준이 엄격히 적용되고 있으며, 신체적 조건

도 엄격하여 항공신체검사증명이 있어야 항공기에 승무할 수 있을 뿐만 아니라 사업용 및 운송용 조종사 등은 12개월마다 신체검사를 받아야 한다.

다. 운항승무원의 근무형태는 일정하지 않고 근무스케줄에 의하여 불규칙적으로 근무시간이 정해지기 때문에 「항공안전법」이나 해당 항공사의 운항규정 등으로 운항승무원의 근무에 필요한 여러가지 조건과 근무시간 등을 정하고 있다.

라. 운항승무원의 근무시간과 휴식시간은 기본적으로 항공기의 착륙횟수와 비행시간 등을 고려하여 결정되며, 운항승무원의 근무시간은 승무시간과 비행근무시간으로 구분하여 일정한 제한과 한계가 정해지고 있다.

(2) 객실승무원

가. 객실승무원이란 항공기에 탑승하여 비상시 승객을 탈출시키는 등 안전업무를 수행하는 승무원을 말한다.

나. 객실승무원에 대해서는 「항공안전법」에서 소정의 자격을 취득하도록 규정하고 있지는 않지만 운항중인 항공기의 기내에 탑승하여 승객이 안전하고 쾌적하게 여행을 할 수 있도록 각종 서비스 제공업무를 수행하여야 한다.

다. 항공기 안전운항을 위하여 운항승무원 및 지상의 관련부서와 긴밀한 협조체제를 유지하는 역할을 담당할 뿐만 아니라 항공사의 서비스를 상징하는 대표적인 역할을 하는 수행하는 것이다.

(3) 항공정비사

가. 항공기 정비업무는 항공기 운항에 필수적으로 따라야 하는 업무로서 항공기 안전운항을 위한 정비업무를 담당하는 항공정비사는 「항공안전법」에 따라 국토교통부장관이 행하는 항공정비사 자격시험에 합격한 항공종사자를 말한다.

나. 항공정비사는 정비 또는 개조한 항공기 · 장비품 · 부품에 대하여 당해 항공기 · 장비품 · 부품이 「항공안전법」에서 정하고 있는 감항능력을 가진 안전성 있는 기술기준에 적합하다는 확인을 행하는 것이다.

(4) 운항관리사

가. 운항관리사는 비행기의 안전성, 경제성, 신속성, 쾌적성 등을 유지하기 위하여 기상 정보를 분석하거나 평가하는 등 비행의 안전을 위한 잠재적 위험을 판단하고 안전성 확보를 위한 업무를 수행하며, 「항공안전법」에 따라 국토교통부장관이 행하는 운항관리사 자격시험에 합격한 항공종사자를 말한다.

나. 운항관리사는 24시간 종합통제실에 위치하여 보유항공기에 대한 일일, 주간, 월간단위의 비행계획을 수립하고, 기상이변 및 정비결함으로 인한 운항 취소 및 지연 등에 따른 스케줄을 조정하여 관련부서에 실시간으로 전파하여야 하며, 운항 중 기내에서 승객에 의한 불법방해행위 발생 등으로 비정상 상황발생시 운항승무원으로부터 통보받은 내용을 관계기관 및 유관부서에 동시전파하여 상황을 조치 및 관리하는 업무도 수행하여야 한다.

제4절 항공테러와 유형

1. 항공테러

항공기와 항공시설을 대상으로 한 테러행위는 항공기 안전운항과 국제평화 유지에 위협을 주고 있다. 1931년 1월 21일 세계 최초의 항공기 납치사건이 벌어진 이후 오늘날까지 세계적으로 발생한 항공기 테러사건은 1,500건 이상이며 이로 인한 막대한 경제적 손실과 수천 명의 귀중한 생명이 희생되었다. 수백 명이 이용하는 항공기에 대한 공격은 테러리즘의 유형 중 가장 심각한 양상을 띠고 있다. 국제화의 가속화에 따라 한 울타리 속의 지구촌에 살고 있는 인류는 나날이 심화되어 가고 있는 국가 상호간의 의존성이 확대되고 있고, 정치. 경제. 문화의 교류도 빈번해지고 있다. 이에 따라 빈번한 항공기 이용이 필수 불가결한 수단으로 등장했다. 국제 항공노선의 경우 국적이 다른 수많은 이용객을 수송한다. 따라서 비행기가 납치되거나, 승객들이 인질로 억류되거나, 폭파되는 경우 정치적, 경제적으로 그 파급효과는 막대한 실정이다.

항공기에 대한 테러리즘은 크게 항공기 납치(Aircraft Hijacking), 공중폭파(Sabotage Bombing of Airborne Aircraft), 공항시설과 항공기 이용객에 대한 공격(Attacks against Airline Facilities and Their Users), 미사일을 이용한 항공기 피격, 미국 911테러와 같은 항공기 자살테러 등 갈수록 항공기테러 기법이 교묘해지고 대형화되고 있다. 1931년 페루의 혁명분자들이 그들의 혁명 강령을 살포하기 위해 팬암 항공기를 납치한 이래 지금까지 900여회 항공기 납치테러가 발생했으며, 100여 차례의 항공기 공중폭파테러로 2,000여명 이상의 탑승객이 희생되기도 했다.

항공테러 테러리즘은 초창기에 주로 동구 공산권 국가에서 서방 자유국가로 탈출하여 정치적 망명을 하기 위한 수단으로 사용되었다. 제2차 세계대전 이후 동서진영으로 나누어져 공산권국가들과 심각한 이데올로기 대결을 벌였던 서방국가들은 자유민주주의 체제의 우월성을 과시하기 위해 공산주의 국가에서 서방자유진영국가로 항공기를 납치하는 납치범(Hijacker)에 대해 대부분 아무런 처벌 없이 정치적 망명을 허락하거나 심지어는 이들 하이제커들을 영웅시하는 경향을 보이기도 했으나 이러한 경향은 항공기 납치를 촉진시키는 요소로 작용하기도 했다. 테러범들은 팬암 103기와 대한항공 858기 폭파사건, 911 항공기 자살테러사건과 같이 수많은 불특정 다수의 생명을 테러의 목표로 삼고 있다.

2. 항공테러 유형

(1) 항공기 납치(Aircraft Hi-jacking)

1931년 1월 21일 페루 혁명분자가 혁명 행동강령을 살포하기 위해 팬암 우편물 수송기를 납치한 세계 최초의 항공기 납치사건이 발생했다. 이때 납치된 리카드스 조종사는 30년 후인 1961년 8월 3일 컨티넨탈 항공기가 납치됨으로서 역사상 2번 납치된 조종사로 기록되고 있다.

1960년 중반이후 점차 테러리스트 단체들이 항공기 납치를 통해 그들의 정치적 목적을 달성하기 위한 수단으로 이용함으로써 항공기 납치는 심각한 문제로 등장하였다. 1968과 1972년 사이에 절정을 이룬 항공기 납치는 1969년 한 해만 해도 85건이 발생하여 매주 2번 납치가 발생한 것으로 나타났다.

항공기 납치테러

항공 테러중 항공기 납치가 수적으로 많은 이유는 테러리스트들이 그들의 정치적 목적을 주장하는데 적은 인력과 비용으로 짧은 시간에 최대한의 효과를 발휘할 수 있는 방법이 항공기 납치임을 알고 있기 때문이다. 특히 국제교류의 증대로 인해 항공기 이용객은 다양한 국적의 국민들로 항공기 납치가 발생하면 국제적인 이목을 모을 수 있고, 통신체계의 발달로 전 세계 구석구석까지 TV 등을 통해 테러목적과 테러범 주장을 손쉽게 알릴 수 있다는 이점을 가지고 있다.

또한 항공기 이용객을 인질로 삼아 공격목표 대상 국가를 위협할 수 있다는 것이 항공기 납치 증가의 원인이기도 하며, 항공테러의 가장 큰 위협이 되고 있다.

(2) 항공기 공중폭파

1949년 5월 7일 필리핀 PAL(DC-3)항공기가 세계 최초로 공중폭파하여 탑승자 13명이 모두 사망하는 사건이 발생했다. 이 사건은 거액의 보험금을 타낼 목적으로 남편을 살해하기 위해 저지른 사건이었으며 현재까지 100회가 넘게 항공기 공중폭파가 발생하고 있다.

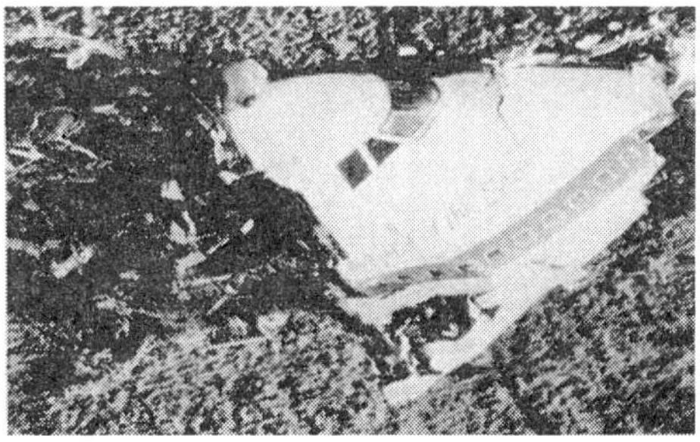
팬암 103 항공기 폭파잔해

세계 최대의 항공기 공중폭파사건은 1988년 12월 21에 일어난 팬암 103(

B747) 항공기로 런던을 출발하여 뉴욕으로 운항하던 중 영국 로커비 상공에서 공중폭발(일명 로커비 사건)하여 탑승자 259명과 기체 폭파잔해가 떨어진 로커비 마을주민 11명 등 총 270명이 사망한 사건이었다. 사건 조사결과 리비아 정보원인 압델 알 메그라히가 카세트 녹음기속에 SEMTEX(플라스틱 폭발물)을 장착하여 몰타공항에서 보안검색이 허술한 위탁수하물로 탁송하여 폭발시킨 것으로 밝혀졌다.

영국정부의 테러범 인도요청에 리비아 최고지도자 카다피 거부로 인해 서방국가로부터 경제제재 조치를 당하게 되었으며 이로 인한 오랜 국제사회의 봉쇄에 따른 정치적, 경제적 한계상황으로 인해 1999년 4월 리비아는 범인인 알 메그라히와 피마 등 2명의 신병이 인도하였으며 스코틀랜드 재판부는 2001년 1월31일 선고공판에서 압델 바세트 알리 알 메그라히(48)에게 종신형을 선고했으며 라멘 할리파 피마(44)는 무죄를 판결했다.

2003년 3월 리비아는 팬암항공기 폭파사건에 대한 배상을 약속하고 테러범을 인도하는 등 서방국가와의 관계개선을 추진하여 그 대가로 같은 해 9월에는 유엔의 경제제재 조치를 해제하였으며 리비아 정부는 1988년 영국 로커비 상공에서 발생한 팬암기 폭파사건의 책임을 인정하고 희생자 270명의 가족들에게 각각 1,000만 달러씩 모두 27억 달러(약 3조2000억원)의 배상금을 보상하였다.

항공기 공중폭파는 항공기 납치사건과 비교할 수 없을 정도로 적게 발생되지만 공중에서 발생하기 때문에 다른 테러사건보다 엄청난 피해가 발생된다. 또한 테러범들이 자행한 항공기 공중폭파가 성공한 후에는 범인 스스로 범죄 행위를 밝히지 않는 이상 배후인물은 물론 모든 것이 흔적 없이 감추어지는 장점이 있다.

테러범들은 주로 플라스틱 폭탄인 C4 또는 SEMTEX를 사용하며 모양이나 색상을 자유자재로 변형이 가능하여 항공기 어느 곳이든 부착이 가능하다. 플라스틱 폭약을 테러범이 휴대하여 항공기에 탑승하지 않고 승객의 수하물에 숨기거나 탑승자 중 가방을 휴대한 어린이에게 접근하여 폭약을 은밀하게 놓고 빠져나오는 행동을 한다는 것이다.

(3) 공항 및 항공시설공격

브뤼셀공항 폭탄테러 (2016. 3.22)

1968년 12월 26일 자동소총과 수류탄으로 무장한 PFLP[1] 테러리스트 2명이 뉴욕을 향해 이륙하기 위해 그리스 공항에 대기하고 있는 엘알 항공기를 향해 무차별 사격과 수류탄을 투척하는 무장공격으로 승객 1명이 사망하고 항공기가 심하게 파손되는 사건이 발생하였다.

1972년 5월 30일 이스라엘의 로드 공항터미널에서 에어프랑스 항공편으로 입국하는 승객을 향해 고조 오카모토를 포함한 3명의 일본 적군파[2] 테러리스트들이 수류탄과 자동소총을 난사하는 무차별 무장공격으로 28명이 사망하고 70여명이 부상을 당하는 사건이 발생했다. 테러리스트 2명은 이스라엘 보안요원의 반격으로 사살되었고, 나머지 한명인 고조 오까모토는 생포되었다.

2003년 3월 4일에는 필리핀 다바오국제공항 여객터미널 승객대기실에 방치된 가방이 폭발하여 미국인 1명을 포함하여 20명이 사망하고 146명이 부상을 당하는 사건이 발생했다. 이렇듯 공항시설 공격은 항공기납치 또는 항공기 폭파기술 등이 어려움이 없고 특히 폭발물이 장착된 가방을 여객터미널 지역에 방치하여 폭파시킴으로서 많은 불특정 다수에게 피해를 입히고 테러범 색출이 어렵다는 점에서 최근 증가추세에 있다.

(4) 항공기 미사일 공격

1952년 4월 29일 에어 프랑스 소속 민간 항공기가 승객 12명과 승무원 5명을 싣고 독일의 베를린을 비행하던 중 소련 전투기의 미사일 공격을 받고 두명의 승객과 한명의 승무원이 부상당했으며 베를린에 비상착륙한 사건이 발생하였

1) 팔레스타인 해방인민전선(PDFL : Popular Democratic Front for the Liberation of Palestine) 아랍 민족주의운동(Arab Nationalist Movement/ANM)의 일환으로서 G. 하바시에 의해 창설됨
2) 일본 적군파(JRA : Japanese Red Army) 1969년 2개의 극좌파가 연합하여 이루어진 일본의 테러리스트 단체로서 1970. 3.31 JAL기(요도호) 공중납치사건, 여러 대사관 점거테러 등을 저지른 테러단체

으며 이는 민간 항공기에 대한 최초의 미사일 공격으로 기록되고 있다.

1975년 1월 13일에는 2명의 테러리스트들이 136명의 승객과 9명의 승무원이 탑승하고 몬트리올을 향해 파리 오를리공항을 이륙하기 직전에 있는 엘 알 항공사 소속의 여객기를 향해 소련제 RPG-7 대전차 미사일을 발사하였으나 미사일은 엘 알 여객기를 빗나가 대신에 자그레브를 향해 비행할 예정이였던 유고슬로비아의 여객기 연료탱크에 적중하였으며 목표물에 대한 미사일 공격이 실패하자, 테러리스트들은 추가로 한발의 미사일을 공항건물을 향해 발사하였다.

견착식미사일 발사장면

1998년 10월 10일에는 아프리카 콩고에서 반정부군에 의해 발사된 지대공 미사일에 민간인 긴급대피를 위해 운항 중이던 항공기가 맞아 추락하여 40명 전원이 사망하였다. 미사일공격은 최근 휴대용 견착식 미사일을 손쉽게 구입할 수 있어 민간항공의 가장 위협적인 테러형태 중에 하나이다.

(5) 항공기 자살테러

2001년 9월 11일 미국에서 항공기 4대를 동시에 납치하여 조종사와 승무원 등을 살해하고 납치범들이 항공기를 직접 조종하여 세계무역센터 건물에 충돌시켜 폭파하고 미국 국방성 펜타곤 건물에도 충돌시켜 폭파하였으며, 펜실베니아주 피츠버그지역에 추락하는 동시다발적인 자살테러사건이 발생하였다.

911 미국 항공기자살테러

이 사건은 특히 항공보안이 상대적으로 허술한 미국 내 국내선 항공기를 납치하였고 사전에 치밀한 계획과 납치범들이 직접 항공조종훈련을 받아 감행한 사건으로 오사마 빈 라덴의 지시로 알카에다 테러범에 의해 저질러진 사상 최대의 항공테러사건으로 기록되고 있다. 9.11 테러사태는 사상유래가 없는 비국가적 행위자에 의한 테러행위였으며, 최초로 미국본토에서 자행된 대량테러공격이었다.

경제패권의 상징인 세계무역센터와 군사패권의 상징인 국방성을 공격함으로써 미국이 주도해온 세계경제체제와 국제안보체제에 도전한 것이다. 그런 의미에서 이것은 미국 패권주의와 미국의 세계전략에 대한 도전이었다. 또한 9.11사태는 6,000여명의 무고한 살상을 초래함으로써 인류 보편적 가치인 인간존엄에 대한 도전이었다. 이에 대한 전 인류적 규탄과 범세계적 반테러 공조는 너무나 당연한 것이다.

구분	탑승객사망	일반인사망	재산피해금액
피해규모	265명	2,656명	약 2,000억$

9.11 테러사태 이후 부시 정부는「새로운 전쟁」을 선포하고 테러참사 후 26일 만인 10월 7일 테러주모자로 지목된 오사마 빈 라덴과 탈레반 정권하의 아프가니스탄에 대한 무력공격을 개시하였다. 이 전쟁은 160여 개국이 테러리즘 규탄에 동참하고 40여 개국이 직간접적으로 지원하였다.

화염에 휩싸인 세계무역센터 빌딩

오사마 빈 라덴과 탈레반 정권에 대한 공격이 계속되는 가운데 미국에서 탄저병 우편물이 의회, 국무부, 대법원, 중앙정보부, 언론사, 백악관 심지어 이제 일반인에게까지 전달됨으로써 탄저병 환자가 잇달아 발생하면서 미국 사회전체가 심리적 공포 속에 빠져들고 있으며, 9.11 사태는 미국뿐만 아니라 전 세계적 차원에서 21세기 안보 위협에 대한 새로운 인식을 갖게 하였다.

첫째는, 동시다발적·복합적 위협에 대한 인식이 고조되고 있다는 점이다. 21세기 국제사회는 도처에서 국제테러, 국제범죄, 사이버 전쟁 및 자원 확보 전쟁이 더욱 확산될 가능성이며, 분리·독립을 추구하는 분쟁위협들이, 종족 갈등이, 민족분규 위협이, 내전·내란·붕괴위협이, 기타 지역분쟁위협이 존재하고 있다.

9.11테러에서 파괴된 펜타곤건물

둘째는, 대량살상무기 확산으로 위협이 증폭되어가고 있다는 점이다. 핵탄두와 생화학무기와 같은 대량살상무기의 확산으로부터의 위협과 탄도미사일과 순항미사일과 같은 대량 파괴무기 전달 수단의 확산으로부터 위협인식이 더욱 고조되고 있는 것이다. 이러한 다양한 위협이 불특정 테러집단이나 범지구적 범죄조직과 같은 비 국가행위자에 의해서 행하여질 수도 있다는 위협인식이 증대되고 있다.

9.11테러 주모자인 오사마 빈 라덴은 작전명 "오퍼레이션 넵튠 스피어(Operation Neptune Spear)"로 알려진 2011년 5월 2일에 실행된 미국의 오사마 빈라덴 사살 작전에서 미 해군의 최정예 대테러 특수부대인 DEVGRU(미 해군 특수전 개발단. 구 SEAL 6팀) 대원 25명이 블랙호크 헬리콥터 4대에 탑승해 작전에 참여했으며 파키스탄 정보기관 아보타바드 안가에 은신 중이던 빈 라덴을 DEVGRU가 현장에서 사살했다.

사살된 오사마 빈라덴

미국 정부는 40여분 간의 교전 끝에 빈 라덴을 사살했으며 항공모함 칼빈슨 호로 시신을 옮겨와 사망 9시간 만에 추에 매달아 바다에 수장해서 누구도 시신을 찾을 수 없을 것이라고 밝혔다.

미국 의회조사국 보고서에 따르면 미국은 2001년 911 테러 이후 빈 라덴을 잡기 위해 10년간 430조 원을 썼으며 간접비용을 포함하면 1,000조 원을 넘게 썼다고 한다.

(6) 항공화물 테러위협 사례

9.11 테러이후 여객기에 대한 보안통제가 강화됨에 따라 상대적으로 취약한 항공화물에 대한 테러 위협이 높아지고 있는 추세이며, 이와 관련하여 항공화물 테러 위협 사례를 다음과 같이 소개하고자 한다.

가. 예멘발 미국행 화물기 폭탄화물 발견

1) 사건개요

2010년 10월28일, 예멘 사나발 미국 시키고행 화물기의 검색과정에서 항공 특송회사에서 발송된 '프린터용 토너 카트리지'에 발견 당시 흰색 분말이 묻어있고, 전선과 기판이 부착되어 있었으며 보안당국의 폭발물 검사에서는 일단 고성능 폭발물인 음성 반응이 나왔으며, 폭발물 의심 화물은 이날 아랍에미리트(UAE)와 영국에서도 잇따라 발견되었으나 실제 테러에는 성공하지 못하였다.

2) 예멘발 폭탄화물의 이동경로는 다음 그림과 같다.

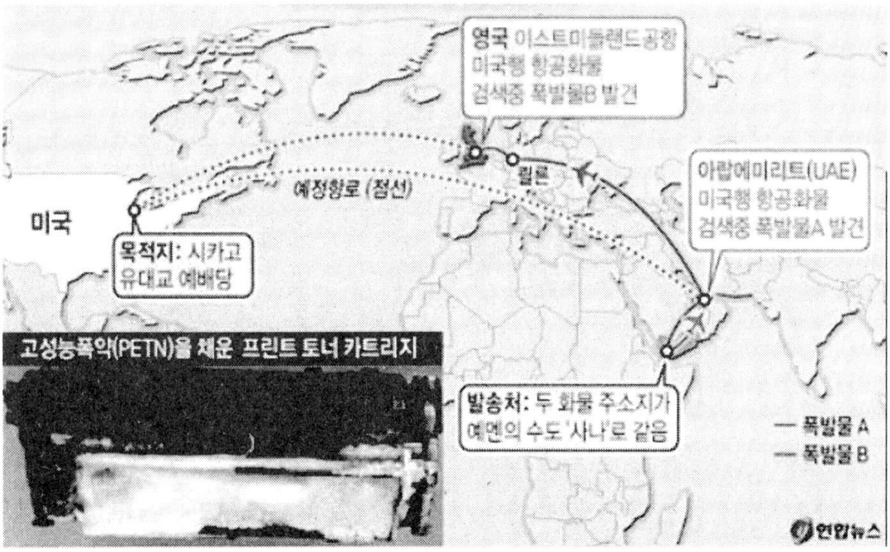

예멘 발 미국행 폭탄화물의 이동경로

3) 토너 카트리지내 폭탄과 기폭장치는 다음 그림과 같다.

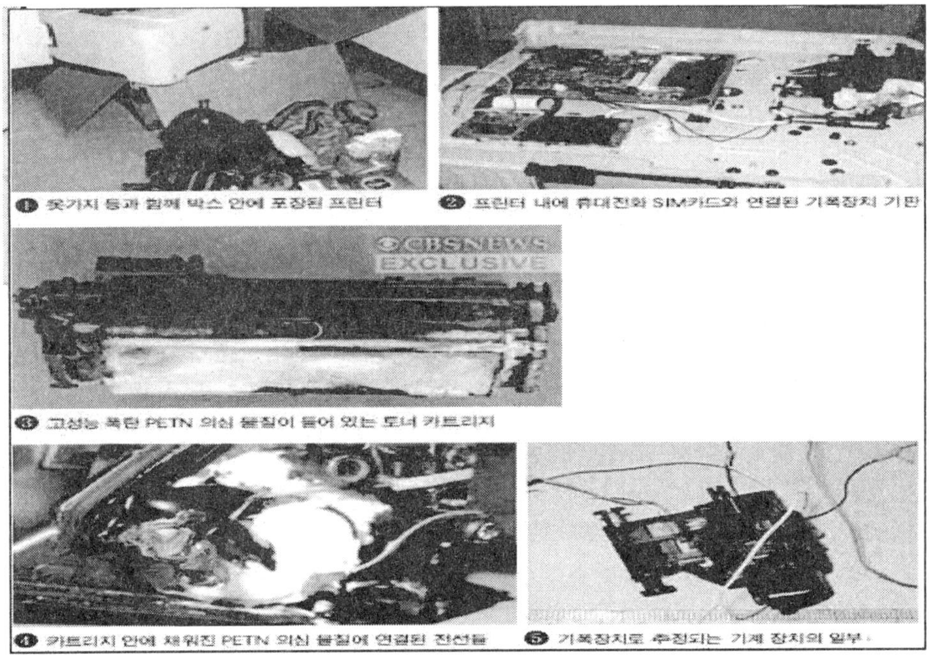

토너 카트리지내 폭탄과 기폭장치

4) 예멘의 UPS와 FedEx 화물 특송회사에서 현지 여성이 프린트(400g)와 토너(300g)에 폭발물이 은닉된 미국행 수하물을 다음 그림과 같이 탁송 의뢰 하였다.

예멘 UPS와 FedEx 화물특송회사에 프린터 탁송의뢰

3. 항공테러 발생현황

(1) 국내 항공보안 사고현황

국내에서 발생한 항공보안 사고는 항공기납치 3건, 항공기폭파 1건, 미사일공격 2건, 공항공격 1건 등 총7건('58~'87년, 390명 사망, 30명부상)이 발생하였으며 1987년 이후 항공보안 사고는 발생하지 않고 있다. 국내 항공보안사고 발생현황[3)]은 다음 표와 같다.

일자	사고 개요	비 고
'58. 2.16	KNA(대한국민항공사)소속 창랑호가 부산을 출발하여 서울로 비행하던 중 평택상공에서 7명의 납치범에 의해 북한으로 납치	승무원 등 8명 억류, 18명만 송환
'69.12.11	대한항공 YS-11항공기가 승객 47명을 태우고 강릉을 출발해 서울로 향하던 중 이륙 11분 만에 북한 고정간첩에 의해 납치	승무원 등 8명 억류, 39명만 송환
'71. 1.23	대한항공 F-27항공기가 승객 60명을 태우고 속초를 출발하여 서울로 향하던 중 수류탄을 소지한 1명의 괴한에 납치되었으나, 기내보안승무원과 격투과정에서 수류탄이 폭발하였으며, 훈련조종사가 완파된 항공기를 강릉모래사장에 비상 불시착시킴	2명 사망
'78. 4.21	대한항공 B707항공기가 승객 97명을 태우고 파리에서 앵커리지를 중간 기착 후 서울로 향하던 중에 항법실수로 소련 영공으로 진입, 소련 전투기 2대의 미사일 요격을 당하여 무르만스크의 얼어있는 강에 비상 착륙	2명 사망 13명 부상
'83. 8. 1	대한항공 B747항공기가 승객/승무원 269명을 태우고 뉴욕을 출발 앵커리지를 경유하여 서울로 향하던 중 소련 영공을 진입하여 소련 전투기 6대에 의해 요격을 당한 후 2대의 미그 전투기가 발사한 미사일에 의해 격추	269명 사망
'86. 9.14	서울올림픽경기대회 방해 목적으로 김포국제공항 청사(현 국내선 청사) 출입문(5~6번)사이 쓰레기통 폭발	5명 사망 32명 부상
'87.11.29	대한항공 소속의 B707항공기가 미얀마 상공에서 북한 공작원이 설치한 폭발물(C-4)에 의해 공중폭발	115명 사망

3) 국토교통부 항공보안 기본계획(2011~2016) 자료참조

(2) 국내 민간항공 테러사건

가. 국내 최초의 항공기 납치사건

대한국민항공사(KNA) 광고자료

1958년 2월 16일 11:45분 부산 수영공항을 출발해 서울로 비행 중이던 대한국민항공사(KNA) 소속 쌍발여객기 DC-3 창랑호가 평택상공에서 북한의 조종을 받던 김형외 6명에 의해 공중납치되어 승객 28명과 승무원 3명이 피랍되어 평양 순안비행장에 강제 착륙된 사건이 발생하였으며 국내 최초의 항공테러 사건으로 기록되었다. 사건이후 국제사회의 비난 여론이 거세어지자 북한은 납치범과 가족 등 8명을 제외한 승객들은 송환하고 항공기는 억류하였다.

나. KAL 항공기 납치사건

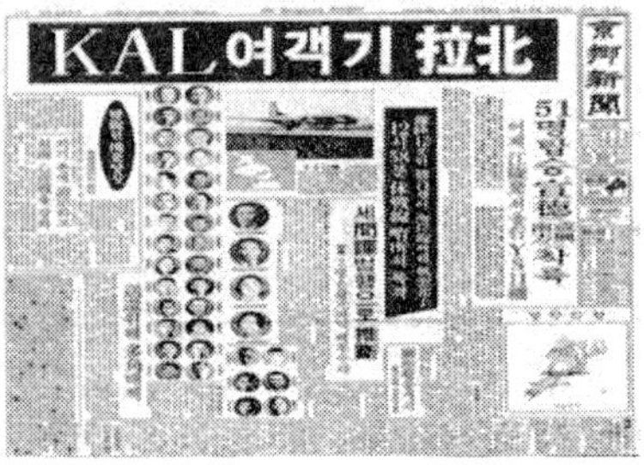

항공기 피납보도 (경향신문)

1969년 12월 11일 12시 25분 강릉공항 출발 서울행 대한항공 소속 YS-11 여객기가 승객 47명과 승무원 4명 등 총 51명을 태운 채 이륙 후 대관령 상공을 비행하던 중 고정간첩 조영희 등에 의해 북한으로 납치되어 북한 선덕비행장에 강제 착륙되었으며 북한은 최초 자진 월북이라고 사실을 날조했으나, 국제사회의 비난 여론이 비등해지자 사건발생 65일 만인 1970년 2월 14일에 탑승자 51명중 39명만을 판문점을 통해 송환하고 12명과 항공기는 억류하였다.

다. KAL 항공기 납치 미수사건

1971년 1월 23일 대한항공 소속 F-27 항공기가 승객 60명을 태우고 속초를 출발하여 서울로 향하던 중에 홍천 상공에서 수류탄을 소지한 김상태(22)에 의해 납치되었으며, 기내보안승무원과 격투과정에서 김상태가 갖고 있던 폭탄이 폭발하였고 이 과정에서 납치범과 전명세 수습 조종사 2명은 사망하였고 16명이 부상을 입었다. 납치범 사망이후 이강흔 기장은 기체를 급강하해 이륙한지 1시간 11분이 지난 오후 2시 18분 고성군 현내면 초도리 바닷가에 불시착하였다.

초도리해변에 불시착한 항공기

라. 항공기 미사일 피격사건

1983년 9월 1일 새벽 3시 26분 사할린 인접 해역 1만m 상공에서 소련 전투기 SU-15가 발사한 2발의 공대공 미사일이 대한항공 소속 007 점보여객기를 격추시켜 269명의 인명을 몰살시킨 참사가 발생했다. KAL 007편은 8월 31일 0시 5분 뉴욕 케네디공항을 이륙하여 31일 오후 8시 37분 앵커리지공항에 착륙하여 9시 59분 다시 이륙하여 알래스카 남단 캄차카반도의 남쪽, 일본의 혼슈 상공을 넘어 강릉·서울로 이어지는 R-20 항로를 통해 운항하던 중 KAL기를 첩보기로 오인한 소련 전투기가 미사일 공격을 가하여 KAL기는 격추되고 탑승객 246명과 승무원 23명 등 총 269명이 사망하는 참사가 빚어졌다. 사건발생 직후 정부는 소련을 격렬히 규탄하는 등 사건해결을 위해 노력하였으나 소련의 거부로 현재까지 사건경위 및 소련당국의 사과와 피해보상이 전혀 이루어지지 않고 있는 실정이다.

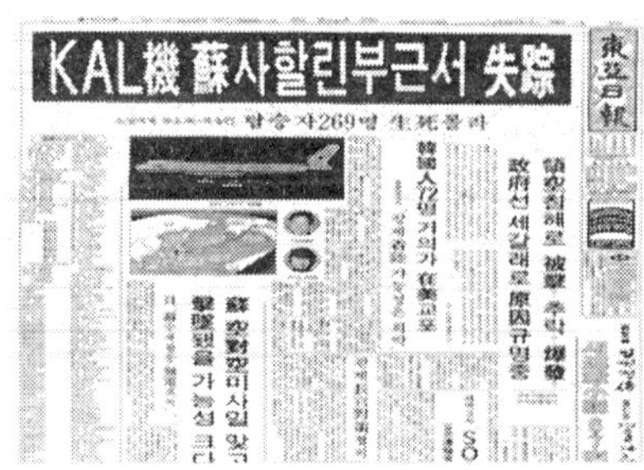
KAL機 蘇사할린부근서 失踪

탑승자269명 生死몰라

항공기 실종보도 (동아일보)

마. 김포공항 폭파사건

1986년 아시아경기대회를 1주일정도 앞두고 김포국제공항 폭파사건으로 86년 9월 14일 오후 3시경 국제선 1여객청사 1층 5번과 6번 출입문 사이 쓰레

기통에서 강력한 폭탄이 폭발하여 5명이 사망하고 32명이 중경상을 당하는 사건이 발생했다. 이 폭발물은 C4에 전기뇌관을 부착한 시한폭탄으로 86년 아시안 게임의 개최를 방해할 목적으로 자행된 폭탄테러로 추정된다.

김포공항 폭파사건

바. 국내 최초의 항공기 폭파사건

京鄉新聞

115명탑승 KAL機 失踪

바그다드發 서울行 범마 랑군 上空서

현대건설 中東근로자 56명

美錫在 駐이라크 總領事도

號外

항공기 실종보도 (경향신문 호외)

1987년 11월 29일 바그다드에서 승객 95명과 승무원 20명 등 총 115명을 태우고 서울로 향하던 대한항공 소속 858편에 북한공작원 2명이 중간 기착지인 아부다비공항에서 객실에 두고 내린 고성능 폭탄에 의해 미얀마 안다만 해역 상공에서 공중 폭파되었다. 조사결과 북한에서 1988년 서울올림픽 게임을 방해하기 위해 저지른 것으로 사고발생 후 테러리스트중 1명인 김승일은 자살했고 레바논에서 체포된 김현희는 한국으로 인도되어 재판에 회부되어 사형선고를 받았으나 정치적 고려에 의해 사면되면서 종료된 사건이나 현재까지 KAL기 폭파사건에 대해 많은 의혹을 제기하며 전면적인 재조사를 요구하는 목소리가 나오고 있는 실정이다.

국내로 압송중인 테러범 김현희

제2장 항공보안 법규

제2장 항공보안 법규

제1절 항공관련 국제기구

1. 국제민간항공기구(ICAO)

(1) ICAO 설립

국제민간항공기구(International Civil Aviation Organization)는 제2차 세계대전 중에 각국은 국제민간항공의 수송체계 및 질서를 확립하기 위한 국제기구가 필요하다는데 인식을 같이 하게 되었으며 이에 관심을 가진 52개국이 처음으로 모인 1944년 11월 1일 시카고에서 "국제민간항공협약 (Convention on International Civil Aviation)"을 제정하고 민간항공 업무를 전담할 상설기구로서 국제민간항공기구(ICAO)를 설치하는 데는 합의하였으며 시카고 협약이라고도 한다.

(2) ICAO 설립목적

국제민간항공기구(ICAO)는 시카고 협약(1944년)의 설립 헌장에 따라 1947년 4월 4일에 창설되었으며 같은 해 10월에 「세계 민간항공의 평화적이고 건전한 발전을 도모」할 목적으로 유엔 경제사회 이사회산하 전문기구로 편제 되었으며 현재 192개국이 가입되어 있다.

국제민간항공기구는 국제민간항공의 안전하고 질서있는 발전을 목적으로 설립되었고 그 활동도 국제 항공의 안전 확보, 보안대책 강화, 환경보전대책, 사고 발생시 여객이나 관련 피해자에 대한 배상책임 등의 법적문제, 기타 경제적 측면에 관한 기준을 만들고 각 체약국의 민간항공 안전감시체제에 대한 감사업무, 기술협력 등 다방면에 걸쳐 있다. 주요 활동사항으로는 공항시설 및 운영, 항공기, 승무원, 통신, 항로 및 항법, 기술, 안전, 환경 등 모든 분야에서 국제표준화와 통일성을 기하고 있으며 공항 및 항공과 관련한 각종 기준이나 지침, 권고, 업무지침서는 전 세계에 걸쳐 거의 헌법적이고 교과서적인 존재로 자리매김하고 있다.

(3) ICAO 조직

ICAO 홈페이지 (www.icao.int)

국제민간항공기구(ICAO) 주요기관으로는 총회, 이사회, 사무국이 있고 이사회 산하 주요 보조기관으로 3개 위원회가 있다.

항공기술 측면의 이론과 실제에 대한 정보의 수집 및 체약국에 통지할 내용을 이사회에 조언하는 항공항행위원회(Air Navigation Commission), 항공수송의 경제적인 부문과 통계를 담당하는 항공운송위원회(Air Transport Commission), 국제항공 수송의 법률적 측면을 담당하여 협약 초안의 심의, 이사회에 대한 법률적 문제조언, 항공에 대한 국제법상의 문제에 대한 국제기관과의 협력을 다루는 법률위원회(Legal Commission) 등이다.

사무국은 본부를 캐나다 몬트리올에 두고 있으며 항공항행국(Air Navigation Bureau), 항공운송국(Air Transport Bureau), 기술지원국(Technical Cooperation Bureau), 행정업무국(Bureau of Administration and Services), 법률국(Legal Bureau) 등의 5개국으로 분리 운영되고 있다.

지역사무소로는 아시아 · 태평양지역이 Bangkok에 있고 중동지역은 Cairo, 서부 및 중앙 아프리카지역 Dakar, 남미지역 Lima, 북미 · 중미 · 카리브지역 Mexico, 동부 및 남부 아프리카지역 Nairobi, 유럽지역 사무소는 Paris에 있다. ICAO에서는 회원국을 국가라 부르지 않고 체약국(Contracting States)라고 부르고 있는 것이 특징이다. 총회(The Assembly)는 3년마다 개최되는 최고회의이며, 이사회(The Council)는 3년 임기로 총회에서 뽑힌 33개국 대표로 구성되어 있다. 우리나라는 1952년에 가입하였으며 2001년 10월 캐나다 몬트리올에서 개최된 제33차 총회에서 숙원이던 상임이사국에 진출한 이후 지금까지 상임이사국으로 활동하고 있으며, 몬트리올 총영사관을 몬트리올 총영사관 겸 ICAO 대표부로 승격시켜 특명전권대사가 ICAO 한국 대표자로 되어있다.

2. 국제항공운송협회(IATA)

(1) IATA 설립목적

정부간 항공협의체인 국제민간항공기구(ICAO)와는 별도로 항공사 협력기구로 국제항공운송협회(IATA : International Air Transport Association)가 있다. 국제항공운송협회는 시카고 회의가 국제 민간항공의 경제적 측면에 대한 어떠한 합의에도 도달하지 못하자 이로 인한 무질서를 우려한 민간 항공업체가 상호 협의에 의하여 경제적 문제를 통일적으로 규율할 것을 목적으로 1919년 헤이그에서 설립된 국제항공수송협회를 계승하여 1945년 4월 쿠바 하바나에서 세계 32개국의 61개 항공사가 회의를 개최하여 설립하게 되었다.
초기에는 주로 유럽지역에서 활동했다. 기술이 급속도로 발전하고 대형 항공기가 개발되는 등 여러 조건의 개선에 힘입어 항공운송 수요가 늘어남에 따라 성장을 거듭했다. 1955년까지는 독극물, 가연성 물질, 부식성 물질은 항공운항이 불가능했으나 IATA에서 위험물질규정을 만들었고 연간 컨테이너를 500만개 이상 운송하고 있다. 1965년에는 동물도 항공운송할 수 있는 규정을 만들었으며 1979년 10월 조직을 무역과 운임으로 나누었다.
무역 부문에서는 기술, 법률, 재정, 교통 서비스, 기관업무 등을 다루고, 운임 부문에서는 여객운임, 화물운임, 위탁업무 등을 담당하고 있다. 항공운송협회는 국가가 회원으로 되어있는 ICAO와는 달리 순수한 항공사들로 구성된 비정부 조직으로 안전하고 정기적이며 경제적인 항공운송을 도모하며 항공운송 기업들 간에 협력할 수 있는 수단을 제공하기 위하여 표준 운송약관, 항공권, 화물운송장, 대리점과의 표준계약 등의 항공사 간에 통일적으로 사용해야 할 각종 표준 방식을 설정하는 것을 주목적으로 하고 있다.

(2) IATA 조직과 운영

IATA조직에는 총회 · 집행위원회 이외에 재정 · 기술 · 법무 · 운수 · 보건 등 5개 상설위원회가 있고 해마다 연차 총회가 열린다. 항공운송 발전과 제반 문제 연구, 안전하고 경제적인 항공운송, 회원 업체 사이의 우호 증진 등을 목적으로 하며 국제민간항공기구(ICAO) 등 관련기관과 상호협력하고 있다. 주로 국제항공운임을 결정하고 항공기 양식통일, 연대운임 청산, 일정한 서비스 제공 등의 활동을 한다.

처음에는 유럽과 북아메리카에서 31개국 57개 회원으로 시작했으나 현재 290개 항공사와 470개 Strategic partners가 회원으로 가입하고 있으며 IATA 본부는 캐나다 몬트리올에 있다. 국제항공운송협회의 가장 중요한 역할은 국제 항공요금 책정기능을 행사하는 것으로 양국 간 항공 협정이 복잡한 국제항공요금 체제를 정하는 데 있어 IATA의 요금책정을 참조하기 때문에 이러한 IATA의 요금 책정 기능은 1945년 이래 계속 강화되어 왔다.

3. 국제공항협의회(ACI)

(1) ACI 설립

국제공항협의회(Airports Council international, ACI)는 공항 관리 및 운영에 관한 공항의 공동 이익을 달성하고, 우수성을 홍보하기 위해 설립된 비영리 단체이다. 1991.1.1.일 국제공항운영협의회(AOCI)와 공항협의조정위원회(AACC), 국제민간공항협회(ICAA) 등 공항 관련 3개 단체를 통합해 설립됐다.

ACI는 전세계 회원 공항들의 대변인 격으로 공항의 안전과 효율성, 재정적 자립 및 환경정책에 기여하고, 공항 상호간 협력 및 상호지원, 정보교환 등 협력체제를 유지하기 위한 활동을 주로 한다. 세계 각국의 공항 정책에 대해 한 목소리를 내는 압력단체의 역할도 수행한다. 조직은 총회와 이사회, 집행위원회, 사무국, 전문상임위원회 등으로 구성됐다.

본부는 캐나다 몬트리올에 있으며, 미국(워싱턴DC) 아시아 · 태평양(홍콩) 유럽(브뤼셀) 남미(에콰도르 키토) 아프리카(카사블랑카) 등 5곳에 지역사무소를 두고 있다. 국제민간항공기구(International Civil Aviation Organization · ICAO), 세계세관기구(The World Customs Organization · WCO) 등과 긴밀한 협력관계를 유지하고 있다.

(2) ACI 조직 및 운영

ACI 조직은 총회, 이사회, 집행위원회, 사무국, 5개 전문상임위원회인 경제위원회, 환경위원회, 출입국 간소화 및 공상 서비스 위원회, 보안위원회, 기술, 안전 위원회 등으로 이루어졌다. 주요업무는 항공관련 국제기구와의 업무협조 및 회원공항의 안전 · 효율성 · 재정자립, 공항 상호 간의 협력과 상호지원 등을 목적으로 하며 회원공항에 국내외 공항개발에 대한 정보와 분석자료를 제공한다. 매년 총회를 개최하여 공항 상호 간의 협력을 강화하고 개발도상국 공항에 대해서는 공항시설, 공항기술, 공항운영 등에 대한 지원을 한다. 워크숍 · 세미나 등 공항 간의 공동연구 활동을 비롯하여 미래 공항산업의 변화에 대처하기 위한 조사 연구도 진행하고 있다. ACI는 매년 전 세계 주요 공항에서 승객을 대상으로 청결도, 체크인 효율성, 직원의 친절도 등을 조사해 우수 공항 순위를 매긴다. 인천국제공항은 2005년부터 12년 연속 1위로 '세계 최우수 공항상'을 받았으며 세계공항 서비스 수준 향상에 크게 기여하였다. 인천공항은 ASQ 10연패를 하며 명예의 전당에 오른 이후 2014년 출구 전략을 시도했다가 ACI 만류로 계속 평가를 받아 오다 3년 만인 2017년 명예로운 은퇴에 종지부를 찍었다. ACI는 유일무이한 성적을 기록하며 세계 공항 서비스 수준 향상에 기여한 인천국제공항의 공로를 인정해 '특별공로상'을 수여했다.

제2절 국제민간항공 국제협약

1. 민간항공 국제협약

(1) 협약 전문

국제 민간항공의 미래 발달은 세계의 각국과 각 국민 간에 있어서의 우호와 이해를 창조하고 유지하는 것을 크게 조정할 수 있으나 그 남용은 일반적인 안전에 대한 위협이 될 수 있으므로 각국과 각 국민 간에 있어서의 마찰을 피하고 세계평화의 기초인 각국 민간의 협력을 촉진하는 것을 희망하였다.

서명한 국가는 국제민간항공이 안전하고 질서정연하게 발달하도록 국제항공사업체가 기회균등주의를 기초로 하여 확립되어서 건전하고 경제적으로 운영되도록 하기 위하여 일정한 원칙과 작정에 대한 의견이 일치하여 이에 본 협약을 결정한다.

(2) 본문구성(4부 22장 96개 조항)

가. 제1부(항공)에는 협약의 일반원칙과 적용, 체약국 영역 상공의 비행, 항공기의 국적, 운항을 용이하게 하는 조치, 항공기에 관하여 이행시킬 요건, 국제표준과 권고관행으로 구성되어 있다.

나. 제2부(국제민간항공기구)에는 기구, 총회, 이사회, 항공위원회, 직원, 재정, 기타 국제약정으로 구성되어 있다.

다. 제3부(국제항공운송)에는 정보와 보고, 항행안전시설, 공동운영조직과 공동계산업무로 구성되어 있다.

라. 제4부(최종규정)에는 타 항공협정의 항공약정, 분쟁과 위약, 전쟁, 부속서, 비준 · 가입 · 개정과 폐기, 정의로 구성되어 있다.

(3) ICAO ANNEX(부속서) 구성

국제민간항공협약(시카고 협약) 제37조(국제표준 및 절차의 채택), 제54조(이사회의 임무), 제90조(부속서의 채택 및 개정)를 근거로 하여 이사회에서 채택한 ICAO 표준 및 권고사항으로 기술된 부속서(Annex)는 총 19권으로지 구성되어 있으며 다음 표와 같다.

부속서	제 목
Annex 1	Personnel Licensing (항공종사자의 면허)
Annex 2	Rules of The Air (항공교통 규칙)
Annex 3	Meteorology (항공기상)
Annex 4	Aeronautical Charts (항공지도)
Annex 5	Units of Measurement to be Used in Air and Ground Operations (공지통신에 사용되는 단위)
Annex 6	Operation of Aircraft (항공기 운항)
Annex 7	Aircraft Nationality and Registration Marks (항공기의 국적 및 등록부호)
Annex 8	Airworthiness of Aircraft (항공기 감항성)
Annex 9	Facilitation (출입국 간소화)
Annex 10	Aeronautical Telecommunications (항공통신)
Annex 11	Air Traffic Services (항공교통업무)
Annex 12	Search and Rescue (수색 및 구조)
Annex 13	Aircraft Accident and Incident Investigation (항공기 사고조사)
Annex 14	Aerodromes (비행장)
Annex 15	Aeronautical Information Services (항공정보업무)
Annex 16	Environmental Protection (환경보호)
Annex 17	Security (항공보안)
Annex 18	The Safe Transport of Dangerous Goods by Air (항공 위험물 수송)
Annex 19	Safety Management (안전관리)

ICAO ANNEX (부속서) 현황

부속서에는 표준(Standards) 및 권고사항(Recommended Practices)으로 구분하여 기술하고 있으며 표준(Standards)은 규정에 따라 안전한 국제항공을 위해 체약국이 지켜야 할 사항으로 체약국 표준이 ICAO 표준과 다를 경우에는 협약 제38조에 따라 당해 체약국은 상이한 내용을 이사회에 통보하여야 한다.
권고사항은 규칙에 따라 효율적으로 안전한 국제항공을 위해 체약국이 가능한 실시하기를 권고하는 실행 절차이다. 체약국의 실행절차가 ICAO의 실행절차와 차이가 있는 경우 통보할 의무는 없다. 표준(Standards) 및 권고사항(Recommended Practices)은 부속서의 주요내용이며 기타 사항으로 부록(Appendices), 정의(Definitions), 도표(Table and Figures) 등으로 구성되어 있다.

2. 항공보안관련 국제협약

(1) 목적

국제민간항공보안의 주목적은 지상이나 공중에서 일어나는 불법방해 행위로부터 국제공항의 승객, 승무원, 지상요원, 일반 대중 및 시설 등을 보호하기 위함이다. 인적 및 물적 요소의 결합과 보안대책절차 등을 통하여 가능하며 보안정책의 시행은 각 분야에 수립된 보안프로그램에 기초가 된다.
승객, 승무원, 지상요원, 여행객의 안전이 불법행위로부터 민간 항공보호를 위한 모든 문제 중에서 최우선적으로 다루어야 함으로 국가는 불법행위 대상 항공기가 정상운항할 때까지의 승객 및 승무원 안전을 위하여 적절한 조치를 취하여야 한다.

(2) 국제협약

1944년 시카고 협정에 의해 수립된 부속서 17은 불법방해 행위로부터 국제민간항공을 보호하기 위한 표준절차와 권고안 등을 포함한다. 시카고 협약의 37절과 38절은 각국이 이런 표준을 자국의 법령에 통합함으로서 준수해야 할 개념의 보안업무를 규정하고 있다. 불법방해행위에 대한 국제협약은 그 협약에 가입하면 자동적으로 그 규정을 지켜야 하며 항공보안협정에 있는 조항들을 실행하기 위하여 각국 법령도 개정하여야 한다. 국제협약에 가입한 국가들은 이런 여러 협약들의 관련 조항이 자국 내에 유효하게 적용되기 위해서는 별도의 특정 법규가 필요하다.

(3) 항공보안관련 국제협약 체계

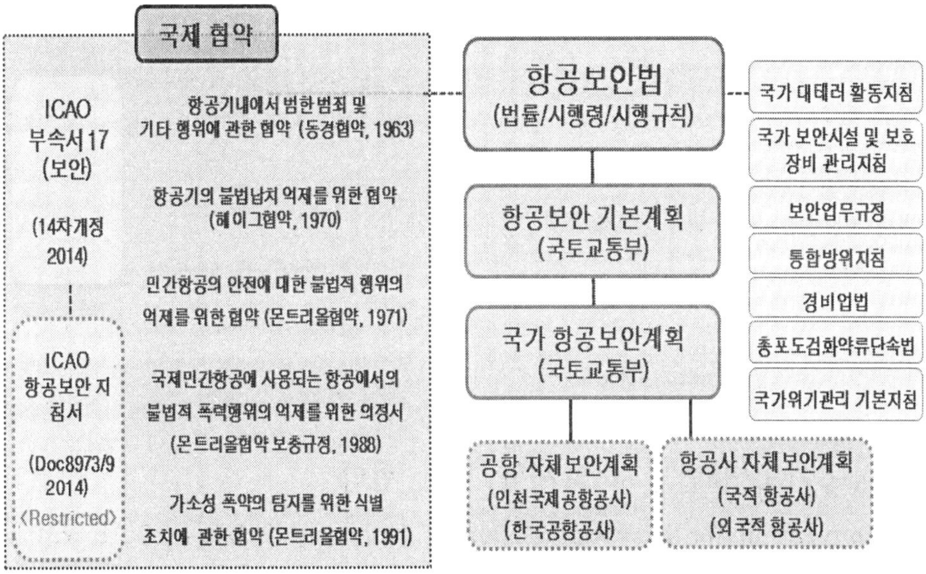

국제협약과 항공보안법 체계

(4) 항공기내에서 범한 범죄 및 기타 행위에 관한 협약 (Convention on Offences and Certain Other Acts Committed on Board Aircraft)

가. 1959년과 1962년까지 초안 작성(ICAO 법률위원회)

나. 1963. 9.14 : ICAO 정부대표자 회의에서 협약안 채택

다. 1969.12. 4 : 협약 발효(전문 7장 26조 및 부칙)

라. 1971. 5.20 : 우리나라 가입(조약 385호)

마. 주요내용

1) 협약의 적용 범위는 ① 형사법에 위반하는 범죄, ② 범죄의 구성여부를 불문하고 항공기와 기내의 인명 및 재산의 안전을 위태롭게 할 수 있거나 하는 행위 또는 기내의 질서 및 규율을 위협하는 행위이다.

2) 체약국에 등록된 항공기가 비행중이거나 공해 수면상에 있거나 또는 어느 국가의 영토에도 속하지 않는 지역의 표면에 있을 때에 동 항공기에 탑승한 자가 범한 범죄 또는 행위에 관하여 적용된다.(제3장 규정 제외)

3) 본 협약의 적용상 항공기는 이륙의 목적을 위하여 시동이 된 순간부터 착륙 활주가 끝난 순간까지를 비행 중인 것으로 간주한다.

4) 본 협약은 군용, 세관용, 경찰용 업무에 사용되는 항공기에는 적용되지 아니한다.

5) 항공기와 기내의 인명 및 재산의 안전이 요청하는 경우를 제외하고는 본 협약의 어떠한 규정도 형사법에 위반하는 정치적 성격의 범죄나 또는 인종 및 종교적 차별에 기인하는 범죄에 관하여 어떠한 조치를 허용하거나 요구하는 것으로 해석되지 아니한다.

(5) 항공기의 불법납치 억제를 위한 협약

(Convention for the Suppression of Unlawful Seizure of Aircraft)

가. 1970.12.16 : ICAO 주최 항공법 외교회의(헤이그)에서 채택(전문 14조 및 부칙)

나. 1971.12.31 : 협약 발효(비준서 기탁후 30일)

다. 1973. 2.17 : 우리나라 가입(조약 제460호)

라. 주요내용

1) 운항중인 항공기 탑승자, 폭력 또는 그 위협에 의하여 또는 그 밖의 어떠한 다른 형태의 협박에 의하여 불법적으로 항공기를 납치 또는 점거하거나 또는 그와 같은 행위를 하고자 시도하는 경우, 또는 이와 같은 행위를 하거나 하고자 시도하는 자의 공범자인 경우에는 범죄를 범한 것으로 한다.

2) 체약국은 범죄를 엄중한 형벌로 처벌할 수 있도록 할 의무를 진다.

(6) 민간항공의 안전에 대한 불법적 행위의 억제를 위한 협약

(Convention for the Suppression of Unlawful Acts Against the Safety of Civil Aviation)

가. 1971. 9.23 : ICAO 항공법에 관한 국제회의(몬트리올) 협약안 채택(전문 16조 및 부칙)

나. 1971.10.10 : 서명을 위해 개방(기탁일로부터 30일 이후 효력 발생)

다. 1973. 9. 1 : 우리나라 가입(조약 제484호)

라. 주요내용

1) 어느 누구도 불법적이고 고의적으로 다음과 같이 할 경우에는 범죄를 범한 것으로 본다.

① 비행중인 항공기에 탑승한자에 대하여 폭력 행위를 행하고 그 행위가 그 항공기의 안전에 위해를 가할 가능성이 있는 경우

② 운항중인 항공기를 파괴하는 경우 또는 그러한 비행기를 훼손하여 비행을 불가능하게 하거나 또는 비행의 안전에 위해를 줄 가능성이 있는 경우

③ 어떤 방법으로도 운항중인 항공기상에 그 항공기를 파괴할 가능성이 있거나 또는 그 항공기를 훼손하여 비행을 불가능하게 할 가능성이 있거나 또는 그 항공기를 훼손하여 비행의 안전에 위해를 줄 가능성이 있는 장치나 물질을 설치하거나 또는 설치되도록 하는 경우

④ 항공시설을 파괴 혹은 손상하거나 또는 그 운용을 방해하고 그러한 행위가 비행중인 항공기의 안전에 위해를 줄 가능성이 있는 경우

⑤ 허위정보를 제공하여 비행중인 항공기의 안전에 위해를 주는 경우

2) 어느 누구도 불법적이고 고의적으로 다음과 같이 할 경우에는 범죄를 범한 것으로 본다.

① 비행중인 항공기에 탑승한자에 대하여 폭력 행위를 행하고 그 행위가 그 항공기의 안전에 위해를 가할 가능성이 있는 경우

② 운항중인 항공기를 파괴하는 경우 또는 비행기를 훼손하여 비행을 불가능하게 하거나 또는 비행의 안전에 위해를 줄 가능성이 있는 경우

③ 어떤 방법으로도 운항중인 항공기상에 그 항공기를 파괴할 가능성이 있거나 또는 그 항공기를 훼손하여 비행을 불가능하게 할 가능성이 있거나 또는 그 항공기를 훼손하여 비행의 안전에 위해를 줄 가능성이 있는 장치나 물질을 설치하거나 또는 설치되도록 하는 경우

④ 항공시설을 파괴 혹은 손상하거나 또는 그 운용을 방해하고 그러한 행위가 비행중인 항공기의 안전에 위해를 줄 가능성이 있는 경우

⑤ 허위정보를 제공하여 비행중인 항공기의 안전에 위해를 주는 경우

3) 어떠한 자도 범죄를 범하려고 시도한 경우, 범죄를 범하거나 또는 범하려고 시도하는 자의 공범자인 경우에도 범죄를 범한 것으로 한다.

(7) 항공에서의 불법적 폭력행위의 억제를 위한 의정서

(Protocol for the Suppression of Unlawful Acts of Violence at Airports Serving International Civil Aviation)

가. 1988. 2.24 : 항공법에 관한 국제회의(몬트리올)에서 채택(전문 9조 및 부칙)

나. 1989. 2.24 : 협약안 작성 시행(협약 효력)

다. 1999. 7.27 : 우리나라 가입(조약 1012호)

라. 주요내용

1) 이 의정서는 1971년 9월 23일 몬트리올에서 채택된 민간항공의 안전에 대한 불법적 행위억제를 위한 협약을 보충하고, 당사국 간에는 협약과 함께 단일문서로 취급되고 해석된다.

2) 어떠한 자도 불법적 또는 고의적으로 다음과 같은 경우에는 범죄를 범한 것으로 한다.

① 비행중인 항공기에 탑승한자에 대하여 폭력 행위를 행하고 그 행위가 그 항공기의 안전에 위해를 가할 가능성이 있는 경우

② 운항중인 항공기를 파괴하는 경우 또는 비행기를 훼손하여 비행을 불가능하게 하거나 또는 비행의 안전에 위해를 줄 가능성이 있는 경우

③ 어떠한 방법으로 운항중인 항공기상에 그 항공기를 파괴할 가능성이 있거나 또는 그 항공기를 훼손하여 비행을 불가능하게 할 가능성이 있

거나 또는 그 항공기를 훼손하여 비행의 안전에 위해를 줄 가능성이 있는 장치나 물질을 설치하거나 또는 설치되도록 하는 경우

④ 항공시설을 파괴 혹은 손상하거나 또는 그 운용을 방해하고 그러한 행위가 비행중인 항공기의 안전에 위해를 줄 가능성이 있는 경우

⑤ 허위정보를 제공하여 비행중인 항공기의 안전에 위해를 주는 경우

(8) 가소성폭약의 탐지를 위한 식별조치에 관한 협약

(Convention on the Marking of Plastic Explosives for the Purpose of Detection)

가. 1991. 3. 1 : ICAO 항공법에 관한 국제회의(몬트리올) 채택

나. 1998. 6.21 : 발효(전문 15조 기술부속서(2부))

다. 2002. 3. 3 : 우리나라 가입(조약 제1584호)

라. 대한민국은 이 협약 제11조 제1항의 귀속을 받지 않는다. 폭약생산국임을 선언한다. 가소성 폭약에 의한 불법적 행위를 억제하기 위하여 가소성폭약에 적정하게 식별조치하는 것을 보장하기 위한 적절한 조치를 채택하도록 각국에 의무를 부과

마. 주요내용

1) 체약국은 비식별조치 폭약이 자국 내에서 제조되는 것을 금지·방지하기 위하여 필요한 효과적인 조치를 하여야 한다.

2) 체약국은 비식별조치 폭약이 자국내 또는 국외로 이동되는 것을 금지·방지하기 위하여 필요한 효과적인 조치를 하여야 한다.

3) 군사적·치안적 임무를 수행하는 정부가 통제하에 있는 비식별조치 폭약을 이동하는 경우에는 협약의 목적에 위배되지 아니하는 한 이를 적용하지 아니한다.

4) 체약국은 이 협약에 위배되는 목적으로 폭약이 전환·이용되는 것을 방지하기 위하여 이 협약이 자국에서 발효하기 이전에 자국 영토 안에서 제조되거나 자국 내로 반입된 비식별 조치 폭약 소유 및 그 이전에 대하여 엄격하고 효과적인 통제를 시행하기 위하여 필요한 조치를 하여야 한다.

5) 체약국은 군사적·치안을 목적이 아닌 폭약에 대해서는 이 협약이 자국에 대하여 발효한 후 3년 이내에 당해 폭약의 모든 재고가 폐기되거나 이 협약에 위배되지 아니하는 목적으로 소비되거나 식별조치되거나 영구히 무력화되도록 보장하기 위하여 필요한 조치를 하여야 한다.
6) 체약국은 군사적·치안을 목적으로 하는 폭약은 보유하되, 정당하게 허가받은 군수품이 아닌 폭약에 대해서는 이 협약이 자국에 대하여 발효한 후 15년 이내에 당해 폭약을 폐기되거나 이 협약에 위배되지 아니하는 목적으로 소비되거나 식별조치되거나 영구히 무력화되도록 보장하기 위하여 필요한 조치를 하여야 한다.
7) 체약국은 자국의 군사적·치안을 목적으로 하는 군수품이 아닌 비식별조치 폭약을 제외한 폭약으로서, 자국 내에서 발견되는 비식별조치 폭약에 대해는 가능한 신속히 자국내서 폐기되도록 필요한 조치를 하여야 한다.
8) 체약국이 협약에 위배되는 목적으로 비식별조치 폭약이 전환·이용되는 것을 방지하기 위하여 폭약의 소유나 그 이전을 엄격하고 효과적으로 통제하기 위하여 필요한 조치를 하여야 한다.
9) 체약국은 협약이 자국에서 발효한 이후에 제조된 폭약으로서 비식별조치 폭약에 대해서는 가능한 신속히 자국의 내에서 폐기되도록 필요한 조치를 하여야 한다.

(9) 외교관계에 관한 비엔나 협약
(Vienna Convention on Diplomatic Relations)

가. 협약 체결 : 1961. 4.18.

나. 협약 발효 : 1964. 4.24

다. 주요내용

1) 체약국은 공용을 위한 공관의 자유로운 통신을 허용하며 보호하여야 한다. 공관은 자국 정부 및 소재여하를 불문한 기타의 자국 공관이나 영사관과 통신을 함에 있어서 외교신서사 및 암호 또는 부호로 된 통신문을

포함한 모든 적절한 방법을 사용할 수 있다. 다만, 공관은 접수국 동의를 얻어야만 무선송신기를 설치하고 사용할 수 있다.

2) 공관의 공용 통신문은 불가침이다. 공용 통신문이라 함은 공관 및 그 직무에 관련된 모든 통신문을 의미한다.
3) 외교행낭은 개봉되거나 유치되지 아니한다.
4) 외교행낭을 구성하는 포장물은 그 특성을 외부에서 식별할 수 있는 표지를 달아야 하며 공용을 목적으로 한 외교문서나 물품만을 넣을 수 있다.
5) 외교신서사는 그의 신분 및 외교행낭을 구성하는 포장물의 수를 표시하는 공문서를 소지하여야 하며, 그의 직무를 수행함에 있어서 접수국의 보호를 받는다. 외교신서사는 신체의 불가침을 향유하며 어떠한 형태의 체포나 구금도 당하지 아니한다.
6) 파견국 또는 공관은 임시 외교신서사를 지정할 수 있다. 다만, 동신서사가 자신의 책임하에 있는 외교행낭을 수취인에게 인도하였을 때에는 규정된 면제가 적용되지 아니한다.
7) 외교행낭은 공인된 입국항에 착륙하게 되어 있는 상업용 항공기의 기장에게 위탁할 수 있다. 동 기장은 행낭을 구성하는 포장물의 수를 표시하는 공문서를 소지하여야 하나 외교신서사로 간주되지는 아니한다. 공관은 항공기 기장으로부터 직접으로 또는 자유롭게 외교행낭을 수령하기 위하여 공관직원을 파견할 수 있다.

제3절 ICAO 부속서 17 및 항공보안지침서

1. 부속서 17

ICAO 부속서 17(Security)은 국제민간항공에서의 폭력 범죄가 지속적으로 증가되자 항공기납치와 같은 불법방해 행위에 관한 문제를 규정하기 위하여 1970년 6월 ICAO 총회 특별회의에서 결의안을 채택하였다.

1974년 시카고에서 보안관련 표준 및 실행권고(SARPs : Standards and Recommended Practices)를 채택하여 부속서 17로 지정하였으며 항공보안업무를 세부적으로 정한 항공보안지침서(Doc. 8973)가 있다.

ICAO 부속서 17에 포함되어 있는 국제적인 표준지침 및 실행권고사항에 대하여 준수방법을 기술하여 각 국가의 특성에 맞게 국제공항 보안프로그램, 항공사 보안프로그램 및 교육훈련프로그램을 작성 운영하도록 하고 있다.

ICAO 부속서 17(SECURITY)

2. ICAO 부속서 17(Security) 주요내용

(1) **제1장(용어정의)** : 불법방해행위, 에어사이드, 보안검색, 항공기내보안요원, 항공기 보안점검, 보안통제구역 등

(2) **제2장(일반원칙)** : 목적, 적용, 보안 및 출입국간소화, 국제협력, 장비연구개발

(3) **제3장(조직)** : 국가조직, 공항운영, 항공사, 수준관리 등

(4) **제4장(사전보안대책)** : 목표, 출입통제대책, 항공기관련 대책, 승객 및 휴대

물품관련 대책, 위탁수하물관련 대책, 화물, 우편물, 특별 승객관련대책, 랜드사이드 대책 등

(5) 제5장(불법방해행위 대응에 대한 관리) : 예방, 대응, 정보교환 및 보고

(6) 부록 : 부속서 17 첨부

가. 부속서2(항공 규칙)로부터 발췌

나. 부속서6(항공기 운항)로부터 발췌

다. 부속서8(항공기 감항성)로부터 발췌

라. 부속서9(간소화)로부터 발췌

마. 부속서10(항공통신 -10권- 항공통신 IV권 (감시레이더 및 충돌방지 시스템)로부터 발췌

> ○ **2.1 2차 감시레이더(SSR)**2.1.4 Mode A 응답코드
>
> 2.1.4.2.1 코드 7700은 비상상황 하에 있는 항공기를 나타내기 위하여 사용한다.
>
> 2.1.4.2.3 코드 7500은 불법방해행위 하에 있는 항공기를 나타내기 위하여 사용된다.
>
> 2.1.4.3 Mode A 코드 **7500(공중납치), 7600(통신두절) 및 7700(비상상태)** 상황을 즉각적으로 인지할 수 있도록 지상코드 해독장비가 제공되어야 한다.

바. 부속서11(항공 교통 관제소)로부터 발췌

사. 부속서13(항공기 사고조사)로부터 발췌

아. 부속서14(비행장-1권 비행장 설계 및 운영)로부터 발췌

자. 부속서18(위험물 항공안전운송)로부터 발췌

차. 문서9284(위험물 항공안전운송 관련 기술지침)로부터 발췌

카. 문서4444(항공 및 항공교통관제 업무규칙)로부터 발췌

타. 문서8168(항공기 운항 -1권- 비행절차)로부터 발췌

3. 부속서 17 주요 개정내용

개정	주요 개정 내용	적용시기
1	• 불법방해행위 하에 있는 항공기와 관련한 정보의 편집 및 배포	1976. 12.30
2	• 부속서9의 제9장에 있는 구체규정의 이전부속서 17의 출입국 간소화규정(제7차)의 환승 및 통과여객과 수하물을 통제하기 위하여 취해진 조치와 관련하여 제5장 새로운 조항 신설 - 공항의 특별한 지역 미 허가자의 접근을 방지하기 위한 조치와 절차	1978. 8.10
3	• 상세한 규정 추가 - 국가에 의한 위협의 수준 - 훈련프로그램 개발 - 보안검색을 거친 승객의 격리 - 은폐된 무기 또는 다른 위험물을 찾기 위한 항공기에 대한 수색 - 불법적으로 방향을 회항한 항공기의 승객과 승무원 안전을 위한 조치의 채택 • 구체조항 보완 - 중간 기착 시 항공기 격리 및 특별한 보호 등 표준화	1979. 11.29
4 (제2차 개정판)	• 억류중인 사람의 운송에 관한 구체조항추가 • 임대 · 전세 · 교체된 항공기에 대한 조항 개정 • 항공기 승객 및 승무원 안전관련조항 변경 • 제1장의 적용가능성 삭제	1981. 11.26
5	• 제1장의 정의에 대한 주(註)가 생략 • 법이나 다른 권한이 있는 자에 의해 탑재중인 무기운송에 필요한 절차를 정한 구체조항 수정 • 무기의 운반에 관한 구체조항 추가 • 승무원 없는 항공기 보호를 위한 규정 명확	1985. 11.21

6 (제3차 개정판)	• 11개의 새로운 구체조항이 부속서에 신설 • 19개의 조항은 표준으로 채택	1989. 5.19
7 (제4차 개정판)	• 조직, 예방보안조치, 대응관리의 목표, 의무, 필요조치 합리화를 위한 부속서 구성의 변경	1990. 11.16
8 (제5차 개정판)	• 검색된 위탁수하물의 안전 확인, 속달화물, 우편물 등의 안전통제, 보안계획에 관련된 제반 절차, 국제선 항공기의 사전 보안점검 등의 통일된 시행을 위한 공항설계에 관련한 조치	1993. 4. 1
9 (제6차 개정판)	• 보안통제 및 수하물 확인 등의 업무에 종사하는 보안요원의 임용전 신원조회 및 능력유지 • 기내식 물품, 항공사 비품 및 보급품 등에 대한 권한 및 적용되어야 할 대책 수립 • 보안프로그램의 효율성 및 불법 억류된 항공기의 알려진 또는 예상 목적지에 대하여 해당국가에 통지하는 등의 사항을 포함	1997. 8. 1
10	• 규정의 적용범위를 국내 항공운송으로 확대적용 • 공인된 보안요원에 한하여 보안검색업무를 수행 • 조종실 보호를 위한 보안대책 수립 - 운항 중 조종실 출입문 시건 장치 의무화 • 위탁수하물 100% 검색 시행(2006.1.1부터) • 기내식 및 기내 저장품에 대한 보안통제를 강화 • 항공협정 체결시 양국이 만족하는 항공보안시스템이 추진될 수 있도록 제도강화를 권고	2002. 7. 1

4. ICAO Doc8973 "불법방해 행위로부터 민간항공 보호를 위한 보안지침서"

(Security Manual for Safeguarding Civil Aviation Against of Unlawful Interference)

제1장. 용어정의

제2장. 일반적 원칙

- 주목적, 국가보안프로그램, 기밀정보, 보안 및 간소화, 적용범위

제3장. 법률관련 사항

- 국제법률, 불법방해행위, 책임, 범인송환 혹은 기소, 국제협력, 항공기기장의 권한, 플라스틱 폭발물 발견에 대한 표시 협약, 기내난동승객 혹은 불량승객, 사법 또는 행정절차 하에 있는 승객

제4장. 국제협력

- 국가프로그램 관련 정보 교환, 보안평가 정보공유, 위협정보 공유, 불법방해 행위에 대한 대응, 보고, 검토 분석

ICAO Security Manual(Doc 8973)

제5장. 조직과 감독

- 관계당국(항공보안감독), 항공보안 부서, 국가민간항공 보안위원회, 정보와 시설

제6장. 국가민간항공보안프로그램

- 개요, 예방조치, 위기관리와 불법방해행위에 대한 대응, 교육과 수준관리 프로그램, NCASP 견본

제7장. 수준관리

- 일반 원칙, 자격취득 및 비밀유지, 시정조치, 국가민간항공보안 수준관리 프로그램, 감독 활동, 시정조치와 강제조치

제8장. 모집, 선발, 교육

- 국가민간항공 보안교육프로그램(NCASTP), 항공보안 운영측면의 인적요소, 보안요원 채용 및 교육,

제9장. 보안 관리시스템

- 체계, 위험관리, 보안문화 촉진, 인적요인, SeMS 실행의 핵심영향, 타 시스템과의 통합

제10장. 공항조직 및 프로그램

- 공항보안당국, 공항보안관리자 임무와 책임, 공항보안위원회, 기타 공항당국 및 기관, 공항보안프로그램, 위험관리

제11장. 공항보안

- 일반 원칙, 공항보호 및 접근통제, 공항 외곽지역 보호, 에어사이드와 보안제한구역, 신원조사, 승객과 휴대물품, 폭발물흔적탐지를 위한 검색, 검색완료 승객과 미완료 승객의 분류, 환승 및 통과승객, 위험물품, 위탁수하물검색, 원스톱(ONE-STOP) 보안

제12장. 특별 범주 승객 및 무기류 운반

- 외교관 및 VIP 승객, 사법소송이나 행정소송 하에 있는 승객, 항공기내보안요원

제13장. 화물과 우편

- 위협평가, 여객기로 운송되는 항공화물, 화물검색, 우편

제14장. 기내식업체, 청소업체 및 공항 상주업체

- 기내 공급물품, 면세점과 기타 소매업, 공항상주업체

제15장. 항공기 보안

- 항공사 보안 프로그램, 항공기 보안, 항공기 보안검사 및 검색, 일반항공과 항공기 사용 사업

제16장. 기내 난동 및 불량 승객

- 위협수준, 기내 난동/불량 승객에 대한 정책, 승무원 교육, 사고보고, 체크인 절차, 탑승라운지나 게이트 절차, 사고 후 절차, 이륙 전 절차, 승무원 대응

제17장. 위기관리 및 불법방해행위에 대한 대응

- 정보수집과 전달, 항공교통관제, 국가 및 공항우발계획, 위협평가 및 위험관리, 우발계획 훈련, 위기관리조직, 비상상황 운영센터, 통신, 언론과 미디어, 위협대응

제18장. 중요한 항공정보와 통신기술시스템의 사이버위협

- 항공정보와 통신기술시스템의 보호, 기반시설에 대한 보안조치, 하드웨어 및 소프트웨어의 공급망 보안, 사이버위협

제4절 항공보안법

1. 항공법 제정

「항공법」은 1919년에 파리에서 체결된 국제항공조약에 근거를 둔 것으로 항공산업계의 발전과 제2차 세계대전을 통하여 급격히 발달한 항공정세에 부합하기 위해 1961.3.7일 제정되어 같은 해 6.8일 시행되었다. 1944년에 시카고에서 국제민간항공조약을 체결[4]함으로써 정부에서는 1960.11.19일 「항공법」을 제안하였으며 국제민간항공조약과 외국 항공법 등을 참고로 하여 이 법을 제정하였다. 제정 당시 안전비행을 위하여 폭발물 운송을 금지하는 조항을 포함하였는데 폭발성 또는 연소성 높은 물품, 기타 타인에게 위해를 주거나 손상할 우려가 있는 물건은 항공기 운송이 금지되며 항공운송사업자는 금지물품을 확인하기 위해 점검하도록 의무화하였다.

다음 표는 1961년에 제정된 「항공법」에서 항공보안과 관련한 조항이며, 2002년 「항공기운항안전법」을 전문개정하여 "항공안전 및 보안에 관한 법률"으로 개정되기 전까지 폭발물 탑재금지 및 보안검색을 해야 하는 법적근거로 적용되었다.

4) 국제민간항공협약은 1944년 시카고 국제민간항공회의에서 채택된 협약으로서 1947년 4월 4일 세계 민간항공의 평화적이고 건전한 발전을 도모할 목적으로 유엔 경제사회이사회 산하 전문기구로 편제되어 ICAO(국제민간항공기구, International Civil Aviation Organization)가 설립하게 되었으며, 대한민국은 1952년에 가입하였다.

【항공법】 제66조(폭발물 등의 수송 또는 휴대의 금지)
① 폭발성 또는 연소성이 높은 물건 기타 타인에게 위해를 주거나 다른 물건을 손상할 우려가 있는 물건으로서 교통부령으로 정하는 것은 이를 항공기로 운송하지 못한다.
② 항공운송업자는 수송품 중에 전항에 해당하는 물건의 유무를 확인하기 위하여 그 지정한 직원으로 하여금 그 수송을 기탁하기 전에 이를 점검하게 하여야 한다.
③ 누구든지 무기 또는제1항의 물건을 항공기내에 가지고 들어가서는 아니된다. 단, 교통부령의 정하는 바에 의하여 특정한 직무를 행하기 위한 때에는 예외로 한다.
④ 전항 단서규정에 의하여 무기를 휴대하려는 자는 탑승 전에 이를 당해항공기의 기장에게 보관시키고 목적지에 착륙한 후 이를 반환받아야 한다.
⑤ 비행장에 파견된 경찰관은 여객 중에 전항의 물건을 가지고 타는 여부를 확인하기 위하여 그 신체 또는 물건을 검색 또는 점검할 수 있다.

2. 항공기 운항안전법제정

1973.12.3일 김창규의원 외 30명이 항공기에 대한 범죄, 특히 운항 중 납치사건이 빈번하게 발생함에 따라 각국에서 국제협약을 받아들여 자국내 입법하고 있는 추세에 감안하여 우리나라도 입법을 추진하였다. 각국의 입법경향을 분석하여 항공기의 안전운항 기준과 대형화하는 항공기의 발달에 따른 범죄양태 구성요건과 형량을 규정할 수 있도록 하기 위해 도교협약[5]을 기초로 '항공기 납치방지법'으로 입법 발의되었다. 입법과정에서 「항공기운항안전법」 으로 법률제명이 수정되어 1974. 12.26일 제정 · 시행되었으며 주요내용은 다음 표와 같다.

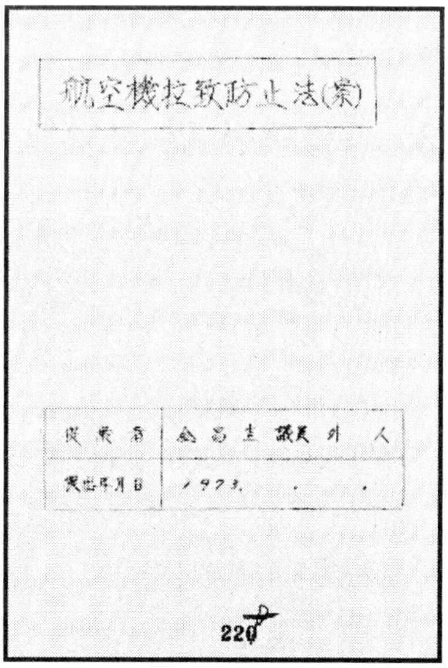

항공기납치 방지법안 표지

5) 1963년에제정된 "항공기내에서 범한 범죄 및 기타행위에 관한 협약"으로 우리나라는 1971년에 비준하였음

【항공기운항안전법】 주요내용

1. '항공기납치방지법'을 '항공기운항안전법'으로 변경함
2. 항공기에는 무기, 도검류, 폭발물, 독물, 연소성이 높은 물건을 휴대탑승하거나 탑재할 수 없도록 함(제4조 금지사항)
3. 운송업자는 항공기탑승 및 탑재전에 여객의 몸을 검색하거나 휴대품 및 화물을 개봉검색 할 수 있게 함(제5조 검문검색)
4. 기장은 운항중인 항공기의 안전과 인명재산의 보호를 위하여 법이 정하는 바에 따라 사법경찰관리의 직무를 수행할 수 있게 하며 항공기내에서 기장의 요청이 있을 때에는 협조토록 함(제6조 기장의 권한)
5. 항공기 운항중 범죄를 범한 범인을 인도할 때에는 기장이 직접 또는 관계공무원을 통하여 경찰관에게 인도함(제7조 범인의 인도 · 인수)
6. 벌칙을 다음과 같이 규정함.
   가. 항공기 납치범…무기 또는 7년 이상 징역
   나. 항공기 납치 치사범…사형 또는 무기징역
   다. 항공기 납치 예비음모…5년 이상의 징역
   라. 항공기운항저해범…1년 이상 10년 이하의 징역
   마. 항공기 위험물건 탑재죄…2년 이상 5년 이하의 징역

3. 항공안전 및 보안에 관한 법률 전문개정

「항공기운항안전법」이 제정되고 27년이 지난 2001.8.23일에 조한천의원 등 31인으로부터 1차 개정안이 제출되어 2002.1.26일에 개정되었으나 2002.7.26일에 시행되기 전에 2002.2.7일 조한천의원 등 31인으로부터 전문개정 법률안이 발의되었다.

발의배경은 2001.9.11 미국에서 발생한 항공기 테러사건 이후 국제민간항공기구(ICAO)와 미국 연방항공청(FAA)은 공항에서의 항공보안을 강화[6]하기 위한 조치를 취하였다.

---

6) 국제민간항공기구(ICAO) 2001년 제33차 총회(01. 9.25~10.5)에서 모든 체약국들은 '항공보안감사 프로그램'을제정하여 보안점검을 실시할 것을 결의하였으며, 제12차 항공보안 패널회의(01.11. 5~9)에서 '보안감사 프로그램'을 제정하여 회원국에 대한 감사가 의무화되어야 한다는데 의견이 일치됨

특히 미국은 "항공 및 교통안전법"(Aviation and Transportation Security Act)을 2001.11.18.일 제정하여 조종실 안전 및 검색업무 강화 등 항공보안을 강화하고 있고 2001.12.20일에 국회에서 비준된 '가소성 폭약의 탐지용 식별에 관한 협약[7]'을 비롯한 보안관련 국제협약을 개정 법률안에 포함하기 위한 것이다. 다음 표는 항공보안법 개정연혁을 정리한 것이다.

구 분	주요내용	개정일자	비고
항공기 납치방지법	입법 발의 (김창규의원외 30인)	1973. 12.3 발의	발의
항공기 운항안전법	법률제명을 수정	1974.12.26.제정시행	제정
	개정법률안 발의 (조한천의원 등 31인)	2002. 1.26 개정 (2002. 7.27 시행)	1차 개정
항공안전 및 보안에 관한 법률	개정법률안 발의 조한천의원 등 31인	2002. 8.26 개정 (2002.11.27 시행)	전부개정
항공보안법	개정법률안 발의 (정부제출)	2013. 4. 5 개정 (2014. 4. 6 시행)	제명변경

항공보안법 개정연혁

우리나라는 미국 연방항공청(FAA)의 외국공항 보안평가 프로그램(Foreign Airport Assessment Program)에 따라 미 국적기가 취항하고 있는 인천국제공항에 대한 항공보안감사가 미연방항공청에 의해 2001년에 실시될 예정으로 평가결과에 따라 국제기준에 미달할 경우 미국적 항공사의 국내공항 취항금지 등의 조치가 취해질 수도 있는 급박한 상황이었다.

이에 대비하여 항공보안 법령과 제도, 항공보안 실행체계 등 근본적인 개선이 시급한 실정임을 감안하고 향후 국제민간항공기구 및 미국 연방항공청 등의 항공보안점검에 능동적으로 대응하고 취약하였던 항공안전 및 보안능력을 향

7) 식별이 어려운 가소성 폭발물을 사용하거나 변형하는 것을 방지하기 위하여제조시 폭발물 식별과 보안검색이 용이하도록 하여 가소성폭발물이 자국영토에 반입되거나 반출되지 않도록 폭발물의 소지 통제 및 이동 통제를 위한 대책 수립을 위한 협약

상시키기 위하여 기존의 미비하였던 항공보안과 관련된 법령 및 제도를 전반적으로 재정비하고자 "항공기 안전운항법"을 「항공안전 및 보안에 관한 법률」로 법률제명 및 전문이 2002.8.26일 개정되어 2002.11.27일 시행되었다.

4. 항공안전 및 보안에 관한 법률 개정연혁

개정	주요 개정 내용	시행일
제1차 2003. 12.31	•제17조 통과 또는 환승승객에 대한 보안검색의 주체를 공항운영자로 명확히 규정하고 벌칙규정을 개정하여 보안검색에 대한 주체와 책임을 일원화하고자 함(제17조, 제50조 제1항제2호 및 제2항제2호)	2004. 4.1
제2차 2005. 3.31	• 운항 중인 항공기 안에서 승객의 안전유지를 위한 준수사항을 위반한 자에 대한 벌금을 종전 1백만원 이하에서 5백만원 이하로 상향조정 함(제50조제2항)	2005. 7.1
제3차 2006. 3.24	• 행정의 투명성과 객관성 확보를 위하여 국토교통부장관이 필요시 실시하도록 한 관계기관 합동현장점검을 국토교통부령에 구체적으로 정하여 시행하도록 함(제33조제2항) • 관계기관과 합동으로 보안현장점검을 실시하고자 하는 경우에는 점검일시, 이유 및 점검내용 등 점검계획을 7일 전까지 피조사자에게 통보하도록 함(제33조제3항 신설). • 관계기관과 합동으로 현장점검을 실시하는 공무원은 그 권한을 표시하는 증표를 관계인에게 제시하도록 함(제33조제4항 신설)	2006. 6.25
제4차 2005. 11.8	• 항공기로 운송되는 위험물의 취급기준 마련(제59조 내지 제61조) - 항공기로 위험물을 운송하는 경우 국제적 기준과 절차에 따라 위험물을 취급하도록 함으로써 항공기 안전운항을 확보하려는 것임 - 항공기로 운송되는 위험물의 취급 절차 및 방법, 위험물 취급을 하는 자에 대한 교육, 위험물 포장용기에 대한 검사 등에 관한 사항을 정함	2006. 7.9

제5차 2006. 12.28	• 항공운송사업자는 알콜성 음료서비스제한 등 항공기 안전조치를 취해야 함(제14조제3항) • 항공운송사업자는 알콜성 음료서비스제한에 따른 규제로 인하여 승객이 받는 불편이 감소되도록 필요한 방안을 강구해야 함(제23조제5항) • 항공운송사업자는 음주로 인하여 소란행위를 하거나 할 우려가 있는 자 등 항공기 안전운항을 해할 우려가 있는 자에 대하여 탑승을 거절할 수 있도록 함(제23조제7항)	2007. 3.29
제6차 개정 2008. 3.28	• 기존 항공기 납치 또는 기내질서를 어지럽힌 자에 대한 처벌을 운항 중인 경우로 제한하였으나, 앞으로는 공항에 계류중인 경우에도 처벌하도록 함으로써 항공기에 대한 안전을 강화하고 그 밖에 현행제도의 운영상 나타난 일부 미비점을 개선·보완하려는 것임	2008. 6.29
제7차 개정 2009. 6.9	• 통과 또는 환승 승객에 대한 보안검색에 소요되는 비용을 공항운영자가 부담함으로써 보안검색의 실시에 따른 비용부담의 주체를 일원화하고, 공항운영자가 보안검색에 소요되는 비용을 충당할 수 있는 근거를 마련함(제17조제3항~제5항) • 항공운송사업자는 항공안전 및 보안에 관한 업무를 담당하는 국내외 국가기관 또는 국제기구 등으로부터 항공기 안전운항을 해할 우려가 있어 탑승거절이 요청 또는 통보된 자에 대하여 탑승거절할 수 있도록 함(제23조제7항) • 경미한 법 위반에 대하여 종전에는 1천만원 이하의 벌금에 처하던 것을 1천만원 이하의 과태료 부과로 전환함(제50조, 안제51조 신설)	2009. 6.9
제8차 2010. 3.22	• 국가항공보안계획의 수립(안제10조) - 국토교통부장관이 수립·시행하는 '국가항공보안계획'의 근거를 마련하고 그 계획에 따라 공항운영자 등이 자체 보안계획을 수립하도록 함 • 항공기내 액체, 분무, 겔(gel)류 등 반입통제(제14조제5항 신설) - 액체 등의 항공기 내 반입을 규제하는 국제기준에 따라 이를 이행하기 위한 법적 근거를 마련 - 공항운영자 및 항공운송사업자에 대하여 국토교통부장관이 정하여 고시하는 액체 등의 항공기 내 반입을 통제하도록 함	2010. 9.23

<table>
<tr><td>제8차
2010.
3.22</td><td>● 화물터미널 보안검색 책임주체(제16조제2항 신설)
- 항공운송사업자 또는 화물터미널운영자에게 보호구역으로 지정된 화물터미널로 들어가는 사람 및 물품에 대한 보안검색의 권한을 부여하여 보안관리 책임주체를 명확히 함
- 보호구역인 화물터미널에서의 보안검색 책임주체를 명확히 함
● 상용화주지정 및 지정취소기준 등(제17조의2 및 제17조의3 신설)
- 국토교통부장관이 항공화물 등에 대한 보안검색을 실시할 수 있는 자를 지정하는 상용화주제도의 근거 규정과 상용화주가 자체적으로 보안검색을 한 화물에 대해 공항에서 보안검색을 면제하기 위한 근거마련
● 항공기내 무기반입(제21조제2항, 제4항 및 제5항 신설)
- 범죄인 호송업무 등 특정한 직무를 수행하기 위해 필요한 경우 항공기 내에 무기 등을 반입할 수 있도록 근거마련</td><td>2010.
9.23</td></tr>
<tr><td>제9차
2012.
1.26</td><td>● 환각물질 사용자의 항공업무 종사금지 및 주류 등 사용에 대한 벌칙 강화(제47조,제161조의3 신설)
- 음주·마약류 외에 환각물질을 사용한 자도 항공업무에 종사하는 것을 금지하고, 이를 위반한 경우에 대한 벌칙규정을 강화
● 항공종사자 및 객실승무원의 음주 단속기준 강화(제47조제5항)
- 항공종사자의 안전의식을 제고하기 위하여 음주의 영향으로 항공업무 또는 객실승무원의 업무를 정상적으로 수행할 수 없는 혈중알콜농도의 기준을 0.04퍼센트 이상에서 0.03퍼센트 이상으로 강화</td><td>2012.
7.27</td></tr>
</table>

5. 항공보안법 개정연혁

개정	주요 개정 내용	시행일
일부 2013. 4.5	• 이 법의제명을 「항공보안법」 으로 변경 • 국가항공보안우발계획 등의 수립근거마련(제31조제1항 및제2항) - 국토교통부장관은 국가항공보안 우발계획을 수립 · 시행, 공항운영자 등은 국가항공보안 우발계획에 따라 자체 우발계획을 수립 · 시행하여 민간항공의 불법방해행위에 대하여 적정한 항공보안이 확보 · 유지될 수 있도록 함 • 항공보안 자율신고제도 도입(제33조의2 신설) - 민간항공의 보안을 해치거나 해칠 우려가 있는 사실에 대한 항공보안 자율신고를 도입하고, 신고내용의 처리기준, 자율신고자에 대한 불이익조치의 금지, 자율신고 처리업무의 위탁근거 등을 마련 • 벌칙 및 과태료의 합리적 정비(제45조, 제47조, 제48조, 제50조 및 제51조, 제50조의2 신설) - 공항운영 방해죄 등에 대한 벌칙을 상향조정, 자체 보안계획의 미승인 행위 등에 대한 벌칙을 하향조정, 일부 벌칙에 대한 양벌규정을 별도 신설, 보안조치 불이행 행위 등에 대한 벌칙을 과태료로 전환, 항공기에 보안요원을 탑승시키지 아니한 행위 등에 대한 과태료를 신설하는 등 벌칙 및 과태료 규정을 합리적으로 정비 · 개선함	2014. 4.6
제1차 2014. 1.14	• 공항을 통과 또는 환승하거나 국내에서 출발하는 승객의 성명, 국적 및 여권번호 등 운송정보를 항공운송사업자가 공항운영자에게 제공하도록 법률근거 마련을 통해 본인여부 확인에 만전을 기하여 항공보안체계를 강화(제15조제5항 신설 및 제17조제4항)	2014. 4.6
제2차 2013. 7.16	• 항공기 내에서 승객이 난동을 부리며 승무원의 업무를 방해하는 행위에 대한 제재를 신설하여 항공안전을 확보(제23조제1항제7호 신설)	2014. 4.6

제3차 2016. 1.19	• 기장 등은 항공기 내에서 이 법에 따른 죄를 범한 범인을 해당 공항을 관할하는 국가경찰관서에 통보한 후 인도하고, 위반시 1천만원 이하의 과태료를 부과(제25조제1항 및제51조제1항제12호) • 기장 등의 업무를 위계 또는 위력으로 방해한 사람은 벌칙을 상향하여 5년 이하의 징역 또는 5천만원 이하의 벌금에 처하도록 함(제49조제2항 신설) • 운항 중인 항공기 내에서 제23조제1항제1호 및제3호에 따른 폭언 등 소란행위, 술을 마시거나 약물을 복용하고 다른 사람에게 위해를 주는 행위를 한 사람은 1천만원 이하의 벌금에 처함(제50조제1항제3호 신설) • 운항 중인 항공기 내에서제23조제1항제1호,제4호 및제5호에 따른 흡연, 다른 사람에게 성적 수치심을 일으키는 행위, 전자기기를 사용하는 행위를 한 사람은 500만원 이하의 벌금에 처함(제50조제2항제3호) • 계류 중인 항공기 내에서제23조제1항제1호부터제5호까지에 따른 위반행위를 한 사람은 200만원 이하의 벌금에 처함(제50조제3항)	2016. 1.19
제4차 2017. 3.21	• 승객의 협조의무에 항공기내 폭행금지를 추가하고 이를 위반한 경우 5년 이하의 징역에 처하고, 항공기의 보안이나 운항을 저해하는 폭행 등의 경우에는 10년 이하의 징역에 처하도록 함(제23조 및 제46조) • 기장 등의 업무를 위계 등으로 방해한 경우에는 10년 이하의 징역 또는 1억원 이하의 벌금형으로, 조종실 출입을 기도하거나 기장 등의 지시에 따르지 아니하는 경우에는 3년 이하의 징역 또는 3천만원 이하의 벌금형으로 상향 조정함(제49조) • 보안검색요원의 업무를 방해하는 경우 등에는 5년 이하의 징역 또는 5천만원 이하의 벌금형으로, 운항 중인 항공기 내에서 소란행위를 하거나 술 또는 약물을 복용하고 다른 사람에게 위해를 주는 경우에는 3년 이하의 징역 또는 3천만원 이하의 징역으로 상향 조정하는 등 전반적인 벌칙을 강화함(제50조)	2017. 3.21

제5차 2016. 3.29	• 1961년 제정된 「항공법」을 항공관련 법규체계와 내용을 알기 쉽도록 하기 위하여 「항공사업법」, 「항공안전법」, 「공항시설법」으로 분법 • 「항공사업법」에서 항공운송사업 등 항공사업에 관한 분야와 「항공운송사업 진흥법」을 통합하고, 경량항공기서비스업을 도입하며, 각 항공사업별로 과징금의 상한을 합리적으로 조정하고, 항공요금을 유류할증료 등을 포함한 총액요금으로 표시하도록 하는 등 현행제도상 일부 미비점을 개선·보완	2017. 3.30
제6차 2017. 8.9	• 상용화주 화물은 예외적인 경우를제외하고는 이중 보안검색 없이 항공기에 탑재하도록 함으로써 상용화주의 보안검색 책임을 명확히 하고, 항공보안정보화체계 구축·운영의 법적근거를 마련 • 항공기 이륙 전에 승객의 협조의무를 영상물 상영 또는 방송 등을 통하여 안내하도록 하고, 위해물품을 항공기에 휴대 또는 탑재하는 사람 등에 대한 형벌의 종류에 2년 이상 5년 이하의 징역형 외에 2천만원 이상 5천만원 이하의 벌금형을 추가하도록 하여 항공기 내에서의 불법행위를 방지하고 위반행위의 양태에 따른 적절한 처벌을 하려는 것임	2018. 2.10
제7차 2017. 10.24	• 항공보안장비 성능인증제를 도입하여 국가인증을 의무화하고, 항공보안장비의 종류·운영·유지관리 등에 관한 기준을 국토교통부장관이 고시토록 하며, 항공보안장비 인증기관과 시험기관을 분리 운영하되, 인증·시험기관을 국토교통부장관이 지도·감독할 수 있도록 함 • 불법성에 상응하는 처벌이 되도록 법정형 편차를 조정하기 위하여 항공기 운항과 관련된 항공시설을 파손하거나 조작을 방해함으로써 항공기의 안전운항을 해친 사람에 대한 법정형을 10년 이하의 징역으로 하되, 사람을 사상에 이르게 한 사람은 사형, 무기징역 또는 7년 이상의 징역으로 함	2018. 10.25

6. 항공보안 정부조직

2002년 이전에는 운항과에서 항공보안업무를 수행하고 있었으나 2002.8.26.일 개정되어 2002.11.27일 시행된「항공안전 및 보안에 관한 법률」제6조에 따라 건설교통부장관은 이 법 또는「항공법」에서 정한 항공안전 및 기술 등에 관한 업무를 전담하는 항공안전조직을 대통령령이 정하는 바에 의하여 중앙행정기관의 조직과 달리 설치·운영할 수 있도록 규정함에 따라 항공안전본부를 설치하고 "항공보안과"를 신설하였다. 현재 대한민국 항공보안을 총괄하는 정부조직은 국토교통부 항공정책실 항공정책관 산하에 "항공보안과"에서 수행하고 있으며 조직도와 주요 업무는 다음 그림과 같다.

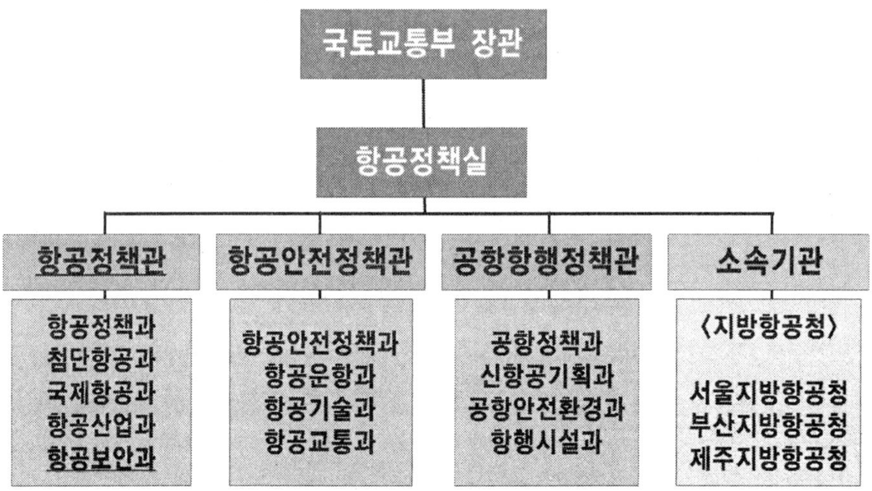

국토교통부 항공보안과 및 지방항공청 조직도

(1) 항공보안정책 및 항공보안 기본계획 수립
(2) 항공보안 교육훈련제도 및 운영
(3) 항공보안 국제기준 및 ICAO 등 국제기구 협력관련 사항
(4) 승객 및 수하물 보안검색 정책수립 및 개발
(5) 보안 감독, 보호구역 출입통제, 항공기내 보안, 기내식 통제업무
(6) 국가항공보안계획 개정 및 항공보안협의회 운영

(7) 항공보안 수준관리(점검, 평가 등)제도 및 운영

(8) 상용화주, 항공기내보안요원, 행동탐지요원에 관한 사항

(9) 항공보안장비 연구개발, 성능 인증 및 평가

(10) ICAO / TSA 항공보안평가 대응 및 항공분야 대테러업무 등

7. 항공보안법에서 정한 법규체계

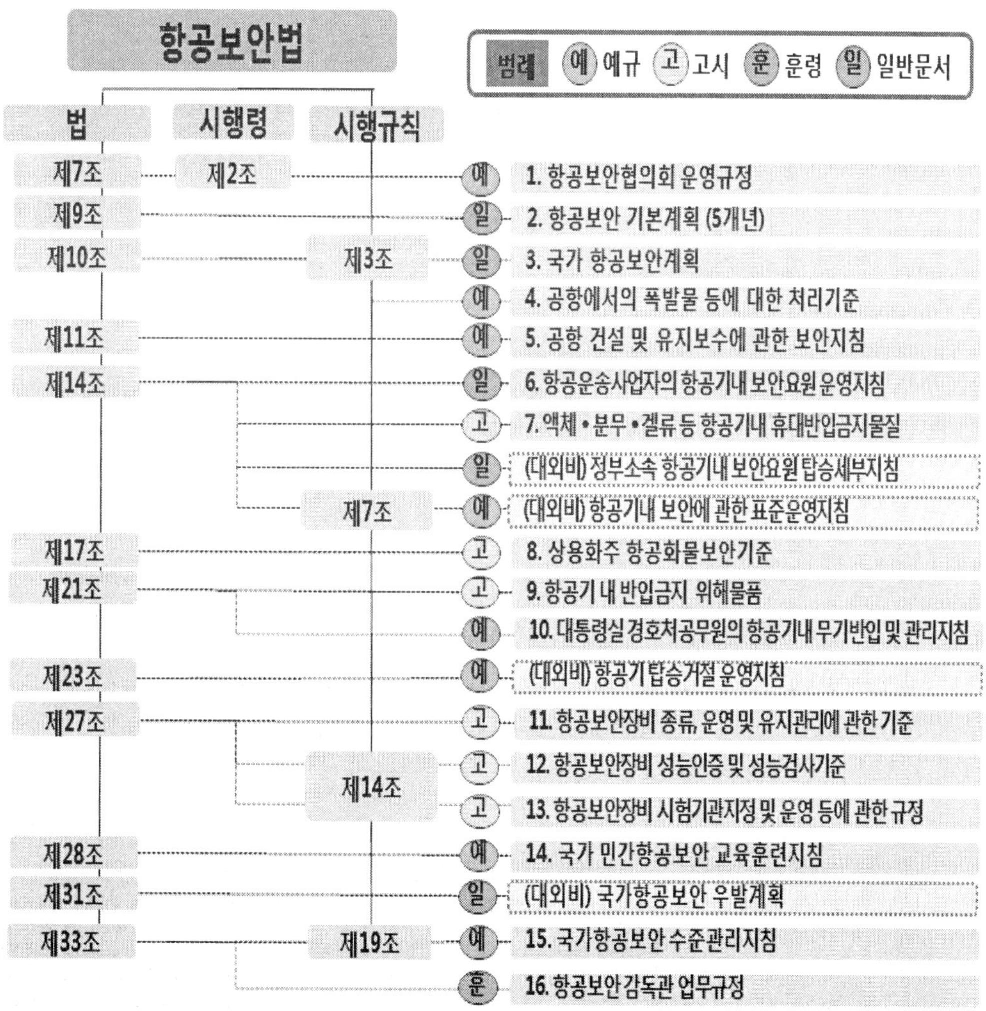

8. 항공보안법과의 관계법규

(1) ICAO의 부속서17과 항공보안법의 관계

ICAO에 가입한 모든 체약국은 불법방해 행위로부터 민간 항공보호를 위하여 채택한 부속서 17(항공보안)의 표준지침을 근거로 체약국별로 국가항공보안계획과 우발계획을 수립하여 운영하여야 한다. 이러한 국가항공보안계획과 우발계획 수립·시행을 위하여 각 체약국 별로 자국의 법률적 근거가 되는 「항공보안법」을 제정하여 적용하고 있는 것이다.

(2) 항공보안법과 국가항공보안계획의 관계

대한민국 「항공보안법」 제10조(국가항공보안계획 등 수립)에 따라 국토교통부장관은 항공보안업무를 수행하기 위하여 국가항공보안계획을 수립·시행하여야 한다. 이러한 국가항공보안계획은 공항운영자 등의 자체 보안계획 수립에 기준이 되는 것이다.

(3) 국가항공보안계획과 자체 보안계획의 관계

공항운영자 등은 국가항공보안계획에 따라 자체 보안계획을 수립하거나 수립된 자체 보안계획을 변경하려는 경우에는 국토교통부장관 및 관할 지방항공청장의 승인을 받아야 한다. 세부내용 및 수립절차에 등에 관하여 필요한 사항은 국토교통부령으로 정하는 바에 따른다.

제5절 항공보안 기본계획

1. 관련규정

(1) 「항공보안법」 제9조에서 국토교통부장관은 항공보안에 관한 기본계획을 5년마다 수립하고, 그 내용을 공항운영자, 항공운송사업자, 항공기취급업체, 항공기정비업체, 공항상주업체, 항공여객·화물터미널운영자, 그 밖에 국토교통부령으로 정하는 자(이하 "공항운영자 등"이라 한다)에게 통보하여야 한다.

(2) 기본계획에는 항공보안에 관한 종합적·장기적인 추진방향 등 대통령령으로 정하는 사항이 포함되어야 하며 기본계획에 따라 항공보안 업무를 수행하기 위하여 매년 항공보안에 관한 시행계획을 수립·시행하여야 한다.

(3) 국토교통부장관은 기본계획을 수립하거나 변경하고자 하는 때에는 관계 행정기관과 미리 협의하여야 하며 기본계획 및 시행계획의 수립을 위하여 필요하다고 인정하는 경우에는 관계기관, 단체 또는 전문가로부터 의견을 듣거나 필요한 자료의 제출을 요청할 수 있다.

(4) 「시행령」 제5조에서 항공보안에 관한 기본계획에는 다음 각 호의 내용이 포함되어야 하며 국토교통부장관은 기본계획을 수립하거나 변경하는 경우에는 보안협의회의 협의를 거쳐야 한다.

가. 국내외 항공보안 환경의 변화 및 전망

나. 국내 항공보안 현황 및 경쟁력 강화에 관한 사항

다. 국가 항공보안정책의 목표, 추진방향 및 단계별 추진계획

라. 항공보안 전문인력 양성 및 기술개발에 관한 사항

마. 그 밖에 항공보안 발전을 위하여 필요한 사항

(5) 국토교통부장관은 기본계획을 수립하거나 변경한 경우 그 내용을 공항운영자 등에게 통보하여야 하며 「시행령」 제5조의2에 따라 기본계획에 포함된 단계별 추진계획에 따라 매년 항공보안에 관한 시행계획을 수립하여야 한다.

(6) 국토교통부장관은 시행계획을 수립하거나 변경하는 경우에 보안협의회의 협의를 거쳐야 하며 그 내용을 공항운영자 등에게 통보하여야 한다.

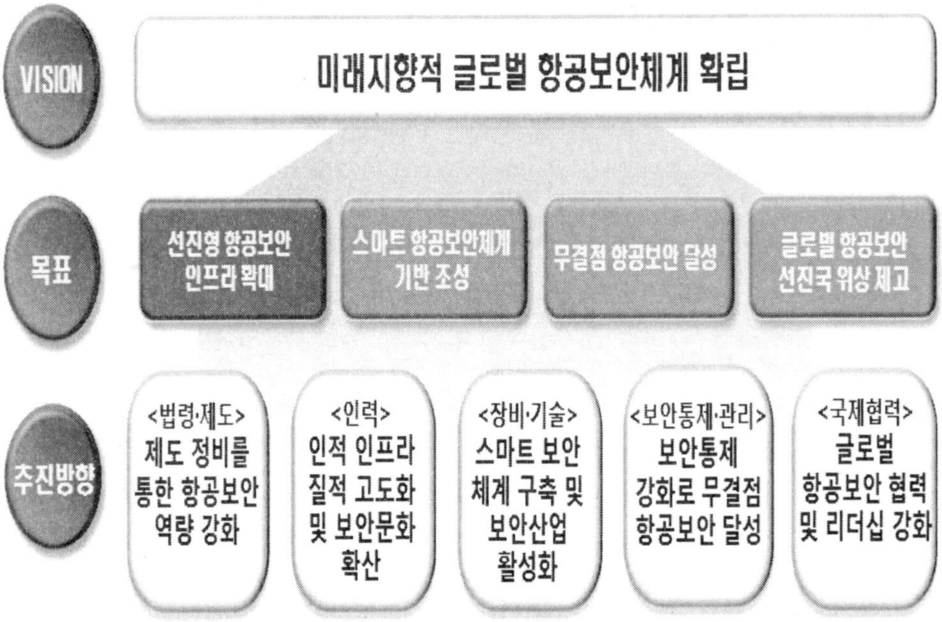

대한민국 항공보안 비전, 목표 및 추진방향 체계

2. 주요내용

(1) 항공보안 기본계획 (2017~2022)에서 정한 항공보안 비전은 "글로벌 항공보안을 선도하고 미래를 준비하는 국가 항공보안체계 확립을 위해 '미래지향적 글로벌 항공보안체계 확립'을 하는 것이다.

(2) 항공보안 4대 목표는 ① 선진형 항공보안 인프라 확대 ② 스마트 항공보안체계 기반 조성 ③ 무결점 항공보안 달성 ④ 글로벌 항공보안 선진국 위상제고이며 주요추진방향은 법령 · 제도분야, 인력분야, 장비 · 기술분야, 무결점 항공보안 달성분야, 국제협력분야로 구분되어 추진되고 있다.

(3) 항공보안 중점 추진과제는 국내외 여건변화와 전망, 현황 및 문제점을 바탕으로 5가지 부문으로 나누고, 부문별 추진방향(16개) 및 추진과제(45개)를 도출하여 추진하고 있다.

3. 추진과제

추진방향	추진과제
1. (법령·제도)제도 정비를 통한 항공보안 역량 강화	
1-1. 항공보안 조직 역량 제고	① '항공보안 자문단' 도입 추진 ② 항공테러대응 전담조직 및 감독인력 확충 ③ 보안인력 운영조직 개편 방안 검토 ④ 항공분야 특별사법경찰권 도입 검토
1-2. 법·규정 정비 및 협의체 운영	⑤ 보안환경변화에 부합하는 법·규정의 내실화 ⑥ 법·규정의 지속적 정비를 위한 협의체 운영
1-3. 우편물 및 상용화주 화물 보안체계제도 개선	⑦ 우편물 보안통제지침 마련 및 보안검색 주체 명확화 ⑧ 상용화주 항공화물 보안체계 정비
1-4. 기내식 보안관리 강화제도개선	⑨ 표준화된 기내식 보안관리 지침 마련 ⑩ 기내식제조업체 보안관리 강화 대책 마련
2. (인력) 인적 인프라 질적 고도화 및 보안문화 확산	
2-1. 보안인력 전문성제고	⑪ 보안검색요원 평가 방식 재정립 ⑫ 항공보안검색요원 자격제도 도입 ⑬ 행동탐지요원(BDO)제도화 ⑭ 보안검색요원 인적관리 개선 방안 마련 ⑮ 항공보안감독관 "전임제" 및 분야별 "전담제" 활성화
2-2. 교육훈련체계 개선 및 질적 향상	⑯ 항공보안 표준교재 개발 및 교육과정 개편 ⑰ 항공보안교관 교육과정별 자격조건 세분화 ⑱ 항공보안 민간 교육기관 활성화
2-3. 대국민 보안의식제고 및 보안문화 확산	⑲ 보안의식 개선 캠페인 실시 ⑳ 공항 보안시설 현장체험(견학) 프로그램 운영

3. (장비·기술) 스마트 보안체계 구축 및 보안산업 활성화	
3-1. 위험기반 보안체계 확립	㉑ 항공보안 위험 매트릭스(Risk matrix) 구축 ㉒ 원스톱 보안(One-stop security) 확대 시행
3-2. 보안장비 첨단화 및 선진기술확보	㉓ 위탁수하물 셀프태깅(Self-tagging) 도입 ㉔ 생체인식 기반 보안통제 인프라 확충 ㉕ 미래형 보안검색장비 공항배치 로드맵 수립 ㉖ 첨단기술을 활용한 항공보안검색장비 R&D추진 ㉗ 폭발물탐지견 등 신 검색수단 도입 검토
3-3. 성능인증제 도입을 통한 보안장비 산업 육성	㉘ 국가 보안장비 성능인증제도 도입 ㉙ 국가 간 보안장비 상호인증제도 추진 ㉚ 국산장비 활용 및 해외수출 채널 확대
4. (보안통제·관리) 보안통제강화로 무결점 항공보안 달성	
4-1. 항공테러 대응역량 강화	㉛ 테러대비태세 확립 ㉜ 공항 핵심업무 공사 직영 추진 ㉝ 대테러 장비·인력 확충
4-2. 보호구역 효율적 보안통제 강화	㉞ 보호구역 및 일반지역 보안통제체계 재정비 ㉟ 내부 상주직원 보안관리 강화방안 도입 검토
4-3. 항공기내 보안통제 강화	㊱ 국내선 액체류 보안통제 강화 ㊲ 기내 불법방해행위에 대한 행정질서법 도입검토
4-4. 항공보안 정보공유 및 관계기관 간 협업 활성화	㊳ 정보공유를 통한 협업 활성화 ㊴ 항공보안자율신고제도 활성화 추진 ㊵ 항공보안정보화시스템 정보수집 및 공유기능 강화
5. (국제협력) 글로벌 항공보안 협력 및 리더십 강화	
5-1. 항공보안 국제 협력체계 강화	㊶ 국가 간 항공보안협력체계 점진적 확대 ㊷ ICAO 글로벌 항공보안계획에 따른 국내 시행계획 마련 ㊸ 무인비행장치, 일반항공 등 보안지침 국제동향 검토
5-2. 개도국 역량 강화 지원 활동 추진	㊹ 아태지역 회원국 협력활동 강화 ㊺ 보안취약국가에 대한 역량강화 지원 확대

제6절 국가항공보안계획

1. 관련규정

(1) 「항공보안법」 제10조에 따라 국토교통부장관은 항공보안 업무를 수행하기 위하여 국가항공보안계획을 수립 · 시행하여야 한다.

(2) 공항운영자 등은 국가항공보안계획에 따라 자체 보안계획을 수립하거나 수립된 자체 보안계획을 변경하려는 경우에는 국토교통부장관의 승인을 받아야 한다. 다만, 국토교통부령으로 정하는 경미한 사항의 변경은 그러하지 아니하다.

(3) 「시행규칙」 제3조의2에 따라 국가항공보안계획에는 다음 각 호의 내용이 포함되어야 하며 국토교통부장관은 국가항공보안계획을 수립하는 경우 항공보안협의회의 협의를 거쳐야 한다.

가. 법제9조제1항에 따른 공항운영자 등의 항공보안 임무
나. 법제27조제1항에 따른 항공보안장비의 관리
다. 법제28조제2항에 따른 교육훈련
라. 법제31조제1항에 따른 국가항공보안 우발계획
마. 법제33조제1항에 따른 점검업무 등
바. 항공보안에 관한 국제협력
사. 그 밖에 항공보안에 관하여 필요한 사항

2. 공항운영자 등 자체보안계획

(1) 자체보안계획 승인

「항공보안법 시행규칙」 제3조의3에 따라 국토교통부장관 또는 지방항공청장은 법제10조제2항에 따라 자체 보안계획을 승인하려 할 때에는 국가항공보안계획과의 적합성, 국제협약 및 ICAO 부속서17 등과의 적합성을 고려하여 검토하여야 한다.

(2) 항공운송사업자의 자체보안계획

「항공보안법 시행규칙」 제3조의5에서 항공운송사업자가 수립하는 자체 보안계획에는 다음 각 호의 사항이 포함되어야 하며, 외국국적 항공운송사업자가 수립하는 자체 보안계획은 영문 및 국문으로 작성되어야 한다.

가. 항공보안업무 담당 조직의 구성 · 업무 및 보안책임자의 지정

나. 항공보안에 관한 교육훈련

다. 항공보안에 관한 정보의 전달 및 보고 절차

라. 항공기 정비시설 등 항공운송사업자가 관리 · 운영하는 시설에 대한 보안대책

마. 항공기 보안에 관한 다음 각 목의 사항

1) 항공기에 대한 경비대책
2) 비행 전 · 후 항공기에 대한 보안점검
3) 계류항공기에 대한 탑승계단, 탑승교, 출입문, 경비요원 배치에 관한 보안 및 통제 절차
4) 항공기 운항중 보안대책
5) 법제23조에 따른 승객의 협조의무 위반자에 대한 처리절차
6) 법제24조에 따른 수감 중인 사람 등의 호송 절차
7) 법제25조에 따른 범인의 인도 · 인수 절차
8) 항공기내보안요원 등의 운영 및 무기운용 절차
9) 국외취항 항공기에 대한 보안대책
10) 항공기에 대한 위협 증가시 항공보안대책
11) 조종실 출입절차 및 조종실 출입문 보안강화대책
12) 기장의 권한 및 그 권한의 위임절차
13) 기내 보안장비 운용절차

바. 기내식 및 저장품에 대한 보안대책

사. 항공보안검색요원 운영계획

아. 법제19조제1항에 따른 보안검색 실패 대책보고

자. 항공화물 보안검색 방법

차. 법제29조에 따른 보안검색기록의 작성 · 유지

카. 항공보안장비의 관리 및 운용
타. 화물터미널 보안대책(화물터미널을 관리 운영하는 항공운송사업자만 해당)
파. 법제17조제3항에 따른 운송정보의 제공절차
하. 위해물품 탑재 및 운송절차
갸. 보안검색이 완료된 위탁수하물에 대한 항공기에 탑재되기 전까지의 보호조치 절차
냐. 승객 및 위탁수하물에 대한 일치여부 확인 절차
댜. 승객 일치 확인을 위해 공항운영자에게 승객 정보제공
랴. 법제23조제7항에 따른 항공기 탑승 거절절차
먀. 항공기이륙 전 항공기에서 내리는 탑승객 발생 시 처리절차
뱌. 비행서류의 보안관리 대책
샤. 보호구역 출입증 관리대책
야. 그 밖에 항공보안에 관하여 필요한 사항

(3) 항공운송사업자의 자체보안계획 목차 (견본은 부록참조)

제1장 목적 및 일반원칙
- 목적, 일반원칙, 적용대상, 자체 보안계획 관리

제2장 용어 정의

제3장 항공보안 법규 및 국제협약
- 국내법령 및 규정, 국제협약 및 ICAO 부속서, 사내 항공보안 관련 규정 등

제4장 항공보안 관련기관 책임 및 임무

제5장 항공보안업무 담당조직 구성 및 업무
- 항공사 보안책임자 및 보안감독자 지정, 항공보안조직 및 업무분장

제6장 정보전달 및 연락체계
- 일반사항, 항공보안 정보전달 및 보고체계, 언론홍보, 승객에 대한 운송정보제공

제7장 항공기 보안
- 기장권한 및 그 권한의 위임, 항공기에 대한 경비대책, 비행 전·후 항공기

보안점검, 계류중인 항공기에 대한 보안통제대책, 운항중인 항공기에 대한 보안대책, 보안유지 협조의무 위반자에 대한 처리절차, 수감 중인 사람등의 호송절차, 입국 거부승객 및 강제 출국자 처리절차, 기내에서 죄를 범한 범인의 인도 · 인수절차, 항공기내보안요원 등의 운영 및 보안장비 운용절차, 국외취항 항공기에 대한 보안대책, 항공기에 대한 위협 증가시 보안대책, 조종실 출입절차 및 조종실 출입문 보안대책, 항공기 이륙전 하기승객 발생시 처리절차, 항공기내 물품반입 및 탑승 거절절차

제8장 기내식 및 저장품에 대한 보안대책

- 기내식 시설 등의 보안대책, 기내식 등의 운송 및 탑승시 보안대책

제9장 액체 · 분무 · 겔류에 대한 보안대책

- 적용범위, 항공기내 반입금지물질 및 반입허용 조건, 액체 · 분무 · 겔류 보안통제 대책, 액체류(LAGS) 물품 상용공급자 지정 및 책무

제10장 항공화물 보안대책

- 화물터미널 보안대책, 항공화물 접수 및 보안검색 절차, 보안검색의 기록 및 작성유지, 항공보안장비의 관리 및 운용, 대형 항공화물 보안검색, 보안검색 실패 시 대책 및 보고절차

제11장 승객 및 수하물 보안대책

- 승객에 대한 보안대책, 휴대물품 보안대책, 위탁수하물 접수절차 및 보안대책, 비행서류의 보안관리 대책, 항공기내 무기반입, 외교행낭 및 우편물(상업서류 송달포함) 등 보안검색

제12장 항공기 정비시설 등 보안대책

- 정비시설 보안책임 및 기능, 보호구역 설정, 정비시설 보안, 정비시설 보안서류

제13장 보안인력 선발 및 교육훈련

- 일반사항, 보안요원 선발기준, 항공보안 교육훈련지침 수립

제14장 항공사 보안 수준관리

- 일반사항, 현장조사(Survey), 보안점검(Inspection), 불시평가(Test), 모의훈련, 항공보안 자율신고

(4) 항공기 취급업체 등의 자체보안계획

「항공보안법 시행규칙」 제3조의6에서 항공기취급업체 · 항공기정비업체 · 공항상주업체(보호구역 안에 있는 업체만 해당), 항공여객 · 화물터미널 운영자, 도심공항터미널을 경영하는 자가 수립하는 자체 보안계획에는 다음 각 호의 사항이 포함되어야 한다.

가. 항공보안업무 담당 조직의 구성 · 업무 및 보안책임자의 지정
나. 항공보안에 관한 교육훈련
다. 항공보안에 관한 정보의 전달 및 보고 절차
라. 보호구역 출입증 관리 대책
마. 해당 시설 경비보안 및 보안검색 대책
바. 항공보안장비 관리 및 운용
사. 그 밖에 항공보안에 관한 사항

(5) 자체보안계획 수립 및 변경 등

「항공보안법 시행규칙」 제3조의7에서 공항운영자 등은 국가항공보안계획에 따라 자체 보안계획을 수립하거나 수립된 자체 보안계획을 변경하려는 경우에는 국토교통부장관의 승인을 받아야 한다. 다만, 국토교통부령으로 정하는 경미한 사항의 변경은 그러하지 아니하다. "국토교통부령으로 정하는 경미한 사항"이란 다음 각 호의 사항을 말하며, 공항운영자 등은 자체 보안계획을 변경한 경우에는 국토교통부장관 또는 지방항공청장에게 그 사실을 즉시 통보하여야 한다.

가. 기관 운영에 관한 일반현황의 변경
나. 기관 및 부서의 명칭 변경
다. 항공보안에 관한 법령, 고시 및 지침 등의 변경사항 반영

제7절 항공보안 우발계획

1. 우발계획 수립

(1) 「항공보안법」 제31조에서 국토교통부장관은 민간항공에 대한 불법방해행위에 신속하게 대응하기 위하여 국가항공보안 우발계획을 수립 · 시행하여야 하며 공항운영자 등은 국가항공보안 우발계획에 따라 자체 우발계획을 수립 · 시행하여야 한다.

(2) 국가항공보안 우발계획 목적은 공항 또는 민간 항공기를 대상으로 일어나는 불법방해행위로부터 인명과 재산을 보호하고 민간항공 운영의 신속한 정상화를 위하여 위협사태 유형별 대응체계수립 및 관련기관 임무 등 행위에 대응하기 위함이며 대외비 보안문서로 관리된다.

(3) 공항운영자 등은 자체 우발계획을 수립 또는 변경하는 경우에는 국토교통부장관의 승인을 받아야 한다. 다만, 국토교통부령으로 정하는 경미한 사항을 변경하는 경우는 그러하지 아니하다.

(4) 「항공보안법 시행규칙」 제18조에서 「항공보안법」 제31조 제1항에 따른 우발계획에는 다음 각 호의 사항이 포함되어야 한다.

가. 시행령 제2조 제2항 제1호에 따른 행정기관의 역할

나. 항공보안등급 발령 및 등급별 조치사항

다. 불법방해행위 대응에 관한 기본대책

라. 불법방해행위 유형별 대응대책

마. 위협평가 및 위험관리에 관한 사항

바. 그 밖에 항공보안에 관하여 필요한 사항

(5) 공항운영자 등이 법제31조 제2항에 따라 수립하는 자체 우발계획에는 다음 각 호의 구분에 따른 사항이 포함되어야 한다.

가. 공항운영자의 자체 우발계획

1) 행정기관의 역할

2) 공항시설 위협시 대응대책

3) 항공기 납치시의 대응대책
4) 폭발물 또는 생화학무기 위협시 대응대책

나. 항공운송사업자의 자체 우발계획
1) 공항시설 위협시 대응대책
2) 항공기납치 방지대책
3) 폭발물 또는 생화학무기 위협시 대응대책

다. 항공기취급업체 · 항공기정비업체 · 공항상주업체(보호구역 안에 있는 업체만 해당), 항공여객 · 화물터미널 운영자, 도심공항터미널을 경영하는 자의 자체 우발계획
1) 공항시설 위협시 대응대책
2) 폭발물 또는 생화학무기 위협시 대응대책

2. 우발계획 승인

(1) 「항공보안법 시행규칙」 제18조의2에서 국토교통부장관 또는 지방항공청장은 법제31조 제3항 본문에 따라 자체 우발계획을 승인하려는 경우에는 다음 각 호의 사항을 검토하여야 한다.

가. 우발계획과의 적합성
나. 법제3조에 따른 국제협약 및 「국제민간항공협약」 부속서17 등과의 적합성

(2) 법제31조 제3항 단서에서 "국토교통부령으로 정하는 경미한 사항"이란 다음 각 호의 사항을 말한다.

가. 기관 운영에 관한 일반현황의 변경
나. 기관 및 부서의 명칭 변경
다. 항공보안에 관한 법령, 고시 및 지침 등의 변경사항 반영

(3) 공항운영자 등은 자체 우발계획을 법 제10조 제2항에 따른 자체보안계획에 포함하여 국토교통부장관의 승인을 받을 수 있다.

(4) 항공보안 우발사태 경보등급은 항공보안 상황에 따라 5단계로 구분되며 다음 표와 같다.

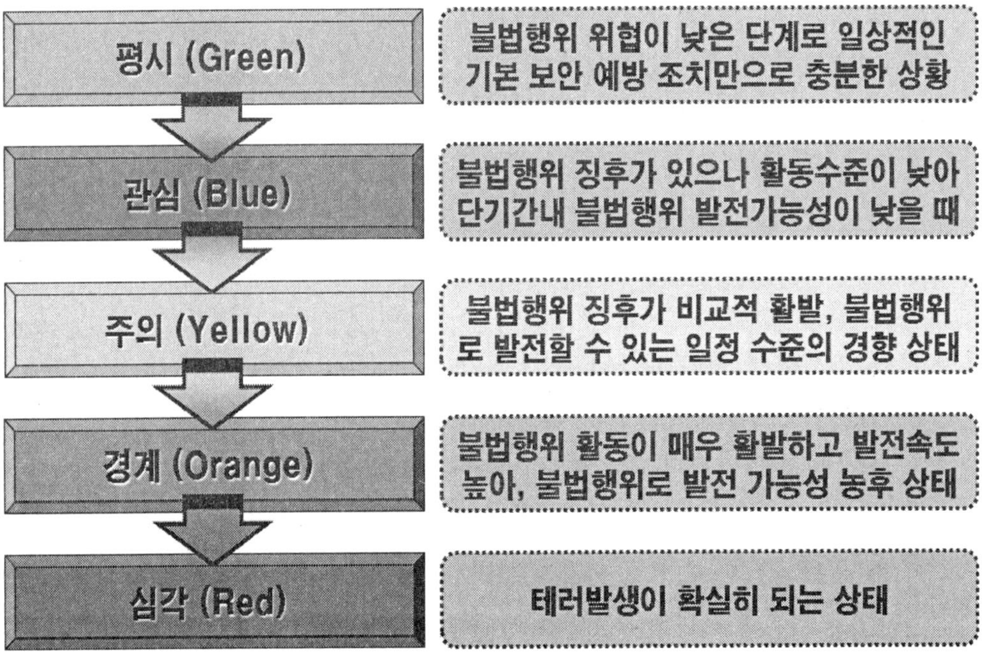

항공보안 우발계획 경보등급

제8절 항공사 자체 보안계획

항공운송사업자가 자체 보안계획을 수립하는 목적, 수립시 적용되는 일반원칙과 고려사항, 적용대상 및 관리, 일반관리지침은 다음과 같다.

1. 수립 목적

자체 보안계획(이하 "보안계획")은 불법방해 행위로부터 공항을 이용하는 승객, 승무원, 항공기 및 공항시설 등을 보호하기 위한 대책으로 민간항공의 안전성·정시성 및 효율성을 확보하는 등 항공보안을 유지하는데 그 목적이 있다.

2. 수립시 일반원칙

자체 보안계획을 수립시 적용되는 일반원칙은 다음과 같다.

(1) 보안계획은 승객, 공항시설 및 항공기 등을 불법방해 행위로부터 보호하기 위하여 항공보안 관련 법령·규정과 정부 항공보안정책에 대한 협력사항을 정하여 명시한다.

(2) 보안계획은 항공기 보안, 승객 및 휴대·위탁수하물, 항공기 정비시설, 기내식 및 저장품, 항공화물 등에 대한 보안대책, 교육훈련과 항공사 보안 수준 관리 등 세부절차를 정하고, 자체 보안계획 이행을 담당할 항공사 보안 책임자 및 감독자 임명에 관한 사항을 포함하여야 한다.

(3) 보안계획은 승객, 공항, 항공기 또는 항행안전시설 등에 대한 불법방해 행위 또는 보안사고 발생에 대비하여, 보고·처리절차 및 공항상주 보안기관간 협조체계를 정한다.

(4) 항공운송사업자, 항공기취급업체, 항공기정비업체, 화물터미널 운영자, 도심공항 터미널 운영자 및 항공보안 관련 용역업체 등은 보안계획에서 규정한 사항을 따라야 한다.

(5) 보안계획이 항공보안에 관한 회사내 기타부서 자체규정과 상충 시 보안계획에서 정하는 사항을 우선 적용하여야 한다.

3. 수립시 고려사항

항공운송사업자 보안계획은 「항공보안법 및 국가항공보안계획」에 근거하여 불법방해행위로부터 항공기 안전운항을 확보하기 위한 항공보안 프로그램으로서 예상되는 테러 및 범죄에 대응하기 위한 세부적인 대책과 보안조치 절차가 포함되어야 한다. 보안계획을 작성함에 있어 효율적이고 현장에 적시 적용하기 위하여 다음 사항을 고려하여 수립하여야 한다.

(1) 보안계획을 수립시 너무 이론에 치우치지 않도록 고려하여야 하며 실제적인

공항상황을 파악하고 항공사에서 현실적으로 적용이 가능한 보안계획이 수립되도록 하여야 한다.

(2) 보안계획은 취항하고 있는 공항과 운항중인 항공기에 비상사태가 발생하는 경우에 대응하기 위한 절차와 방법을 미리 예측하여 수립하는 것이기 때문에 비상사태에 대비한 구체적이고 상세한 절차와 방법이 수록되어야 하며 관련 조직 담당자가 쉽게 이해할 수 있도록 수립되어야 한다.

(3) 「보안계획」은 오래된 정보를 배제하여 시대적 상황변화나 새로운 보안상황에 대응할 수 있도록 수립되어야 한다.

(4) 「보안계획」을 담당하는 직원은 관련기관 및 회사 업무와 부서별 업무분담 내용과 조직이 수시로 변화하기 때문에 주기적으로 파악하여 수립시에 반영되도록 하여야 한다.

4. 적용대상 및 관리

(1) 보안계획은 항공보안 관련 부서, 국내외 모든 지점, 승객, 화물터미널, 항공기취급업체, 항공기정비업체 등에게 적용된다.

(2) 항공운송사업자로부터 항공화물 보안검색업무 및 화물터미널 출입통제업무 등의 업무를 위탁받은 업체는 보안계획에서 규정한 사항에 따라 업무를 수행하여야 한다.

(3) 일반관리 지침

보안계획에 대한 일반적인 관리지침은 다음과 같다.

가. 보안계획은 항공보안 업무를 담당하는 공항상주 보안기관, 보안부서 및 국내외지점 등에 인쇄물 또는 전자파일 형태로 배포한다.

나. 모든 임직원 및 보안용역업체 직원은 보안업무상 인지한 사항을 외부에 누설하여서는 아니 된다.

다. 보안계획이 항공보안 관련 법령 및 국가항공보안계획 등에 부합되는지 매년 1회 이상 검토하여 필요시 개정하여야 한다.

라. 보안계획을 개정하는 경우 개정이유, 주요 내용 및 신구조문대비표 등을 작성하여 지방항공청에(국토교통부장관의 승인을 받아야 하는 경우도 포함) 개정 승인을 요청하여야 한다.

마. 보안계획 개정 승인을 받은 경우 신속하게 동 사실을 관련 기관업체 및 유관부서에 전파하여 동 계획이 차질 없이 이행되도록 하여야 한다.

바. 자체보안계획 제 · 개정 절차는 다음 그림과 같다.

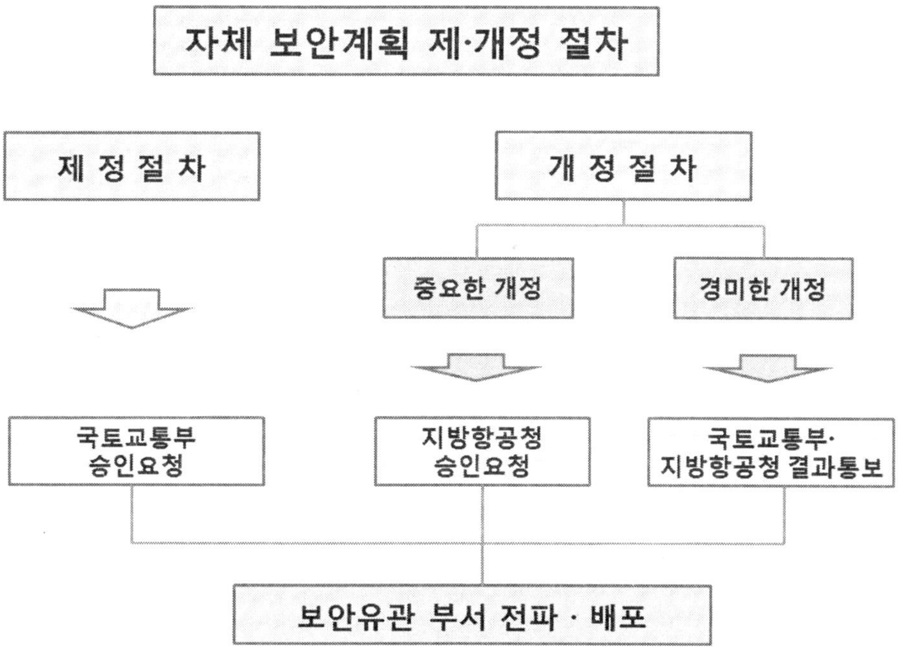

자체보안계획 제 · 개정 절차

제3장 항공보안 책임 및 역할

제3장 항공보안 책임 및 역할

제1절 항공보안 관계기관 책임

1. 항공보안법에서 정한 국가의 책무

「항공보안법」 제4조(국가의 책무)에 따라 국토교통부장관은 민간항공의 보안에 관한 계획 수립, 관계 행정기관간 업무 협조체제유지, 공항운영자 · 항공운송사업자 · 항공기취급업체 · 항공기정비업체 · 공항상주업체 및 항공여객 · 화물터미널운영 자 등의 자체 보안계획에 대한 승인 및 실행점검, 항공보안 교육훈련계획의 개발 등의 업무를 수행하여야 한다.

국제민간항공기구(ICAO)의 권고사항에 따라 민간항공의 안전 및 보안에 대한 계획수립 및 시행의 책임기관을 명확히 하기 위해 민간항공보안 업무에 대한 책임기관을 '국토교통부장관'으로 지정하고 있다. 이는 항공보안을 담당하고 있는 관련기관(국토교통부, 국가정보원, 경찰청, 관세청, 법무부, 국방부, 공항운영자 및 항공운송사업자 등)간 업무 분장의 불명확성을 해결하고, 민간항공보안에 대한 책임소재를 명확히 한 것이다.

2. ICAO 부속서에서 정한 국가의 책무

ICAO 부속서17 제3장 3.1 국가조직에서 정한 각 체약국의 책무는 다음과 같다.

(1) 항공기 안전성, 정시성 및 효율성을 고려한 규정, 관례, 절차를 통하여 불법행위로부터 민간항공을 보호하기 위한 문서로 된 국가항공보안프로그램을 수립, 시행하여야 한다.

(2) 자국 국가민간항공 보안계획의 수립, 시행, 유지할 책임이 있는 적정기관을 지정하여 ICAO에 통보하여야 한다.

(3) 해당기관의 위협분석에 근거하여 자국 내의 민간항공에 대한 위협수준을 항시 점검해야하며, 국가민간항공보안프로그램[8]을 적용할 정책과 절차를 마련하고 적용하여야 한다.

(4) 해당기관이 국가민간항공보안프로그램의 여러가지 요소의 이행을 책임지거나 관련된 부서, 기관 및 국가내 다른 조직, 공항 및 항공기 운영자, 항공교통서비스제공자 및 기타 조직 간 업무를 정의, 배분 및 조정하도록 규정[9]해야 한다.

(5) 국가민간항공보안프로그램의 여러가지 요소의 이행을 책임지거나 관련된 부서, 기관 및 국가내 다른 조직, 공항 및 항공기 운영자, 항공교통서비스제공자 및 기타 조직 간 보안활동을 조정하기 위한 국가항공보안위원회[10] 또는 이와 유사한 조직을 수립해야 한다.

(6) 관계기관으로 하여금 국가항공교육프로그램을 작성하여 적용토록 하여야 한다. 이 프로그램은 효율성을 보장하도록 수립되어야 하며, 국가 민간항공교육훈련프로그램[11]을 적용받는 모든 주체를 대상으로 포함시켜야 한다.

(7) 2013년 7월1일부터 국가민간항공보안프로그램에 따라 강사인증시스템 및 교육훈련프로그램의 개발과 이행을 보장해야 한다.

(8) 민간항공서비스를 제공하는 공항에 해당 책임기관으로 하여금 공항 보안업무 수행 조직이 필요로 하는 자원 및 시설을 설치, 확보하도록 하여야 한다.

(9) 자국 영토 내의 공항 및 항공기 운영자, 항공교통서비스제공자가 국가항공보안프로그램의 요건을 준수하도록 문서로 된 국가항공보안프로그램, 관련정보 또는 지침의 해당 부분을 그들이 이용할 수 있도록 해야 한다.

---

8) 국가민간항공프로그램을 국토교통부에서 항공보안법 제10조 따라 "국가항공보안계획"을 세부적으로 수립하여 시행하고 있음

9) 국가항공보안계획 제4장에서 항공보안관련기관 및 업체의 책무를 명시하고 있음

10) 항공보안법 제7조에 따라 "항공보안협의회"을 구성하여 운영하고 있음

11) 항공보안법 제28조에 따라 "(국토교통부 예규) 국가민간항공보안 교육훈련지침"을 수립하여 시행하고 있음

3. 협조의무

「항공보안법」 제5조(공항운영자 등의 협조의무)에서 공항운영자, 항공운송사업자, 항공기취급업체, 항공기정비업체, 공항상주업체, 항공여객·화물터미널운영자, 공항이용자, 그 밖에 국토교통부령으로 정하는 자는 항공보안을 위한 국가의 시책에 협조하도록 하고 있다.

「항공보안법」 제10조 및 시행규칙 제3조의2에서 국토교통부에서는 민간항공에 대한 불법방해행위로부터 승객·승무원·항공기 및 공항시설 등을 보호하기 위한 대책을 수립함으로써 대한민국 안에서 민간항공의 안전성·정시성 및 효율성을 확보하는 등 항공보안을 유지하기 위하여 국가항공보안계획을 수립하여 시행하고 있다.

공항운영자, 항공운송사업자, 항공기취급업체, 항공기정비업체, 공항상주업체(보호구역내 업체에 한함), 항공여객터미널운영자, 항공화물터미널운영자, 도심공항터미널경영자 등은 국가항공보안계획에 따라 자체보안계획을 수립하여 국토교통부장관의 승인을 받도록 하고 있으며, 만약 승인된 자제보안계획을 불이행할 경우에는 1천만원 이하의 과태료 처분을 받도록 규정하고 있다.

4. 기관 및 업체 항공보안 책임

(1) 국토교통부

가. 국가항공보안계획의 제정 및 개정

나. 국가항공보안계획의 내용 개발·조정 및 시행

다. 국가항공보안계획에 따른 공항운영자 등의 자체 보안계획 검토 및 승인

라. 불법방해행위 발생시 국가항공보안계획 재검토 및 재발방지대책 강구

마. 항공보안을 위한 국제공항 시설에 대한 국제기준의 적용 확인

(2) 공항운영자 책임

가. 국가항공보안계획의 요구사항과 공항의 독립적인 보안조치를 구체적으로 명시한 자체 보안계획의 수립 및 시행

나. 자체 보안계획 시행을 총괄하는 공항보안책임자 임명

다. 공항보안에 필요한 사항을 공항시설 개조와 새로운 시설 설계 및 공사에 반영

공항 통합운영센터

(3) 항공운송사업자 책임

가. 자체 보안계획 실행을 총괄하는 항공사보안책임자 임명

나. 불법방해행위로부터 승객·휴대물품·위탁수하물·기내식 및 항공화물 등에 대한 보호대책 수립 및 시행

다. 항공기의 비행전 보안점검

라. 재판 및 행정절차의 대상인 승객에 대한 처리

마. 조종석 및 항공기 화물칸으로 운송되는 무기에 대한 보안대책

바. 주기되어 있는 항공기 보안 및 통제절차

사. 타 국가로 운항할 경우 해당 국가의 항공보안요건 준수

아. 공중납치·폭탄테러 위협 및 위험지대 비행 등에 대한 보안조치 및 절차 등 우발사고 계획

(4) 기타 정부기관 및 업체 책임

가. 국가정보원은 불법방해행위 등 항공보안에 관한 국내외 정보를 수집·작성하여 배포하고 항공분야 대테러 업무를 기획·조정하며, 공항과 항공기 등에 대해 테러사건이 발생하거나 발생할 우려가 현저한 때에는 관계기관 합동으로 조사반을 편성·운영한다.

나. 외교부는 민간항공에 대한 대테러 협력을 위한 국제조약 체결 및 국제기구 가입에 관한 업무를 지원한다.

다. 법무부는 위·변조 여권에 대한 식별기법과 불법방해행위와 연계된 혐의자의 출·입국 관리에 대한 업무를 지원한다.

라. 국방부는 공항외곽(해안선 포함)의 경계 및 방호 업무를 담당하고, 공항에서 군 폭발물이 발견되거나 생화학 테러가 발생한 경우 군 폭발물처리반이나 생화학부대를 지원 및 협조한다.

마. 농림축산식품부는 수출입 동·식물 검역 장소의 지정 및 관리와 검역정보를 제공한다.

바. 보건복지부는 항공기·승객·승무원 및 화물에 대한 검역 사항과 세균학적 검사 업무를 지원한다.

사. 관세청은 출·입국자 및 화물에 대한 통관심사와 총기류·폭발물 등 위해물품의 반입 저지에 대한 업무를 지원한다.

아. 경찰청은 민간항공을 위협하는 범죄를 예방하며, 항공기의 납치·파괴 행위와 폭탄테러, 그 밖의 위협 등 불법방해행위가 발생한 경우 이를 진압하고 사법 처리한다.

자. 해양경찰청은 공항 인접 해상에서의 항공기에 대한 불법방해행위를 예방·진압하고 사법 처리한다.

차. 항공교통관제기관은 비행정보구역의 항공기 관제와 항공로의 비행정보제공

등에 관한 업무를 지원한다.

카. 항공기취급업체 · 항공기정비업체 · 공항상주업체 · 항공여객(화물)터미널운영자 등은 국가항공보안계획에 따라 자체 보안계획을 수립 · 시행하여야 하며, 공항운영자의 자체보안계획을 준수하여 자체 시설에 대한 출입 및 보안통제에 책임을 가진다.

5. 홍보 및 협력

(1) 언론홍보

국토교통부 항공보안과장은 항공보안 관련 언론홍보 업무를 담당한다. 다만, 항공기 테러와 관련된 홍보는 항공테러 위기대응 실무매뉴얼에 의한다. 공항운영자 및 항공운송사업자는 항공보안 관련 언론홍보 담당을 지정 · 운영하여야 하며, 공항 또는 항공사의 보안관련 내용을 홍보할 경우 사전에 국토교통부와 협의하여야 한다.

(2) ICAO와 협력

국토교통부장관은 대한민국의 항공보안 관련 책임기관을 국제민간항공기구에 통보하여야 한다. 만약 책임기관이 변경될 경우 신속하게 그 사실을 국제민간항공기구에 통보하여야 하며 국제민간항공협약 체약국의 요청으로 항공보안평가 결과 및 조치사항을 체약국에 제공할 경우 국제민간항공기구에 통보하여야 한다.

(3) 타 국가와 협력

가. 국토교통부장관은 체약국으로부터 국가항공보안계획의 제공을 문서로 요청받은 경우 이를 제공할 수 있으며 국제 항공보안을 향상시키고, 항공보안 관련 국가 간의 유대관계를 지속적으로 유지하여야 하며, 국가항공보안계획을 적용 함에 있어 체약국과 협조하여야 한다.

나. 국토교통부장관은 체약국으로부터 특정 항공편에 대해 특별한 보안대책을 문서로 요구받은 경우 공항운영자 등에게 다음 사항을 협조하도록 지시할 수 있다.

1) 항공기 경비 강화

2) 위험성이 높을 경우 다른 항공기와 격리하여 주기

3) 위협분석에 따라 승객·수하물에 대한 정밀 보안점검 실시

4) 위험성이 높은 승객이 있는 경우 별도 출입지역으로 통과

다. 국토교통부장관은 체약국이 특별 보안대책을 요구한 사항에 대하여 조치 가능 여부와 조치내용 등을 관련 체약국에 통보하여야 하며 민간항공의 위협정보를 수집·분석하는 과정에서 체약국의 위협정보를 수집하였을 경우 관련 체약국에 그 내용을 제공하여야 한다.

라. 국토교통부장관은 체약국 등으로부터 수집한 위협정보를 공항운영자 등에게 통보하여야 하며, 공항운영자 등과 협의하여 대책을 수립하여야 한다.

마. 국토교통부장관은 체약국에 보안정보를 제공하기 전에 체약국의 보안관리에 대한 대책을 파악하여 적절한 경우 해당 보안자료를 제공하며 체약국과 보안정보를 교환하는 경우 「보안업무규정」에 따른 조치를 하여야 한다.

바. 국토교통부장관은 체약국으로부터 민간항공 위협정보를 제공받은 경우 정보를 제공한 체약국에서 요구하는 수준으로 보호하여야 하며, 국가항공보안 프로그램, 수준관리 프로그램 및 교육훈련 프로그램을 개발하거나 관련 정보를 공유할 필요가 있는 경우 체약국과 협력하여야 한다.

사. 국토교통부장관은 체약국으로부터 국제민간항공기구의 항공보안평가 결과 및 조치사항제공을 문서로 요청받은 경우 적절한 수준에서 제공할 수 있으며 체약국과 항공운송 양해각서를 체결할 경우 항공보안에 관한 사항을 포함하여야 한다. 이 경우 국제민간항공기구의 기준을 참고하여야 한다.

아. 공항운영자 등은 특별한 보안대책 실행에 따라 추가 발생한 비용을 관련 체약국에 요청할 수 있다.

6. 항공보안협의회

(1) 관련규정

가. 「항공보안법」 제7조(항공보안협의회)에서 항공보안에 관련되는 항공보안에 관한 계획의 협의, 관계 행정기관간 업무협조, 자체 보안계획의 승인을 위한 협의, 그 밖에 항공보안을 위하여 항공보안협의회의 장이 필요하다고 인정하는 사항(국가정보원법 제3조에 따른 대테러에 관한 사항은 제외)을 협의하기 위하여 국토교통부에 항공보안협의회를 설치해야 한다.

나. 「항공보안법 시행령」 제2조에서는 항공보안협의회의 구성, 운영 및 자체 보안계획 승인의 대상 등에 관하여 필요한 사항을 정하고 있는데 항공보안협의회는 위원장 1명을 포함한 20명 이내의 위원으로 구성하며 위원장은 국토교통부 항공정책실장이 되고, 위원은 다음 각 호의 사람으로 한다.

1) 외교부 · 법무부 · 국방부 · 문화체육관광부 · 농림축산식품부 · 보건복지부 · 국토교통부 · 국가정보원 · 관세청 · 경찰청 및 해양경찰청의 고위공무원단 또는 이에 상당하는 직급의 공무원 중 소속 기관의 장이 지명하는 사람 각 1명

2) 항공보안에 관한 학식과 경험이 풍부한 사람 · 공항운영자 또는 항공운송사업자를 대표하는 사람 중 국토교통부장관이 위촉하는 사람(임기는 2년)

다. 위원장은 협의회를 대표하고 업무를 총괄하며 협의회의 회의를 소집하며 협의회의 사무를 처리하기 위하여 국토교통부장관이 소속 공무원 중에서 간사를 임명한다.

(2) 협의대상 및 운영규정

가. 항공보안협의회의 협의대상은 항공보안에 관한 계획의 협의, 관계행정기관간 업무 협조, 자체 보안계획의 승인을 위한 협의(공항운영자 및 항공운송사업자(국내항공운송사업자 및 국제항공운송사업자만 해당) 자체 보안계획의 수립 및 변경), 그 밖에 항공보안을 위하여 항공보안협의회의 장이 필요하다고 인정하는 사항(단, 국가정보원법 제3조에 따른 대테러에 관한 사항은 제외)은 협의회의 의결을 거쳐 위원장이 정한다.

나. 항공보안협의회의 회의는 재적위원 1/3이상이 요구하거나 위원장이 필요하다고 인정하는 때에 위원장이 소집하고 위원장이 그 의장이 되며, 회의는 재적위원 과반수의 참석으로 개의하고 참석위원 과반수의 찬성으로 의결하며, 가부동수인 경우에는 부결된 것으로 본다. 이 경우 당연직인 위원은 소속 기관의 공무원을 대리 출석하게 할 수 있으며, 대리 출석한 공무원은 의결권을 가진다.

다. 협의회 간사는 회의일시 및 장소, 회의안건 및 내용, 참석위원 서명, 그 밖의 토의사항을 기록한 회의록을 작성하여 위원장에게 보고한 후 보존하여야 한다.

라. 위원장은 필요하다고 인정되면 당연직인 위원이 소속된 기관의 관계공무원 또는 항공보안 분야에 관한 학식과 경험이 풍부한 전문가 등을 협의회에 참석하게 하여 의견을 청취하거나 관계기관 및 단체 등에 항공보안 관련 자료를 요청하는 등 필요한 협조를 요청할 수 있다.

마. 협의회 위원은 협의회의 회의 등에서 알게된 정보, 그 밖의 직무수행 과정에서 알게된 사항 등을 다른 사람에게 누설하거나 자신의 이익을 위하여 이용하여서는 아니되며 공무원이 아닌 위원이 위원으로 위촉된 때에는 서약서를 제출하여야 한다.

(3) 지방항공보안협의회

가. 「항공보안법」 제8조에서 지방항공청장은 관할 공항별로 항공보안에 관한 사항을 협의하기 위하여 지방항공보안협의회를 두며 같은 법「시행령」제3조에서 지방항공보안협의회는 위원장 1명을 포함한 20명 이내의 위원으로 구성하며 지방항공보안협의회의 위원은 다음 각 호의 사람으로 한다.

1) 해당 공항에 상주하는 정부기관의 소속 직원 각 1명
2) 해당 공항운영자가 추천하는 소속 직원 1명
3) 해당 공항에 상주하는 항공운송사업자가 추천하는 소속 직원 각 1명
4) 위에서 규정한 사람 외에 항공보안을 위하여 위원장이 위촉하는 사람(임기는 2년)

나. 위원장은 해당 공항을 관할하는 지방항공청장 또는 지방항공청장이 소속 공무원 중에서 지명하는 사람이 되며 위원장은 지방항공보안협의회를 대표하며 그 업무를 총괄한다.

다. 위원장은 협의회의 회의를 소집하고, 그 의장이 된다. 협의회의 사무를 처리하기 위하여 간사를 두며, 지방항공청장이 소속 공무원 중에서 임명한다. 협의회의 운영에 필요한 세부사항은 지방보안협의회의 의결을 거쳐 위원장이 정한다.

라. 지방항공보안협의회의 협의대상은 자체 보안계획의 수립 및 변경에 관한 사항, 공항시설의 보안에 관한 사항, 항공기의 보안에 관한 사항, 자체 우발계획의 수립·시행에 관한 사항, 기타 공항 및 항공기의 보안에 관한 사항이며 위원장은 협의사항에 대해 국토교통부장관에게 보고하여야 한다.

제2절 항공사 보안책임자 및 감독자 임무

1. 임명관련 법규

(1) 국가항공보안계획

가. 「국가항공보안계획 6.3.1」의 항공운송사업자는 자체 보안계획의 수행을 위하여 항공사보안책임자 외에 항공사보안감독자를 임명하여야 한다.

나. 「국가항공보안계획 6.3.2」의 항공운송사업자는 항공사보안책임자 및 항공사보안감독자의 자격기준 및 업무범위를 자체 보안계획에 포함하여야 한다.

다. 항공사보안감독자의 업무범위는 국제민간항공기구의 보안지침서를 참고한다.

(2) 항공사 자체보안계획

가. 「자체보안계획 5.1」에 항공사 보안책임자 및 보안감독자 지정 근거가 명시되어 있다.

나. 항공사 보안책임자는 사장이 임명한 안전보안실장이 되고, 항공사 보안감독자는 보안책임자의 추천을 받아 사장이 임명한 자로서 항공보안팀장이 된다.

2. 항공사 보안책임자

(1) 임명 및 자격기준

가. 항공사 보안책임자는 대표이사가 임명한 안전보안부서의 장이 된다.

나. 자격기준은 다음과 같다.

1) 항공보안 관련 업무 경험 또는 지식이 풍부한 자

2) 국가민간항공보안 교육훈련지침에서 정한 교육훈련을 이수한 자, 또는 6개월 이내 이수 가능한 자

(2) 임무

항공사 보안책임자는 보안계획을 이행하고 항공사 보안업무를 총괄하며 주요 임무는 다음과 같다.

가. 항공사의 유·무형 자산 및 고객, 직원에 대한 최대한의 항공보안을 확보할 수 있는 효과적인 시스템을 갖출 수 있도록 하여야 하며 주요사항은 대표이사에게 직접 보고 및 시행한다.

나. 위험 및 위협 발생 가능성을 파악해 적절한 예방대책의 강구 및 정기적인 평가·조사를 시행하고 내부 보안점검을 장려하여 자체보안계획의 지속적인 효율성을 도모하여야 한다.

다. 자체보안계획을 국내외 규정에 적합하게 최신의 상태로 유지할 책임이 있으며, 모든 운항 편에서 국가의 항공보안 관련규정 및 절차를 준수하도록 하여야 한다.

라. 관계기관과 긴밀한 협조체계를 구축하고 유지하여야 한다.

마. 소속 직원 또는 협력업체가 보안관련 업무 및 보안검색을 수행하는 공항에서 효과적인 보안조치 및 보안검색이 이루어지도록 하여야 한다.

바. 항공보안관련 감독 및 조정을 수행하며, 교육훈련을 포함한 항공보안 대책 및 지침을 마련하여 사내에 전파하여야 한다.

사. 관련 부서 및 주요 공항에 보안책임자의 부재중 업무공백이 없도록 보안담당자 제도를 운영하여 보안사고, 정보 및 지침의 신속한 전달 및 보고체계를 확립하여야 한다.

3. 항공사 보안감독자

(1) 임명 및 자격기준

가. 항공사 보안감독자는 보안책임자의 추천을 받아 대표이사가 임명한 항공보안부서의 장이 된다.

나. 자격기준은 다음과 같다.

1) 항공보안 관련 업무 경험 또는 지식이 풍부한 자

2) 국가민간항공보안 교육훈련지침에서 정한 교육훈련을 이수한 자, 또는 6개월 이내 이수 가능한 자

(2) 임무

항공사 보안감독자는 보안계획에 따라 보안업무에 대한 지도·감독업무를 수행하며 주요 임무는 다음과 같다.

가. 항공보안 관련 제반정책을 수립하고 시행하여야 한다.

나. 항공보안업무에 대한 정기적인 조사·평가를 실시하여야 한다.

다. 자체보안계획의 제·개정 및 국토교통부장관의 승인을 취득하여야 한다.

라. 항공보안 관계기관 간의 연락체계를 유지하여야 한다.

마. 통과 및 환승승객, 화물의 보안검색을 지도·감독하여야 한다.

바. 위협 요소와 상황발생에 대하여 신속히 대처하여야 한다.

사. 업무수행 중 발견한 폭발장치나 불법 무기류에 대한 기록 유지와 감독을 실시하여야 한다.

아. 항공기내 불법방해행위 발생시 국토교통부 장관 또는 관계기관에 신고하여야 한다.
자. 항공보안 교육훈련 담당자로서의 업무를 수행하여야 한다.
차. 항공보안 관련 보안용역계약, 보안장비관리, 보안교육, 위협 증가시 보안대책 등을 포함한 항공보안관련 제반 업무를 수행하여야 한다.
카. 보안담당자회의 계획 등 회의체 운영을 주관하여야 한다.

제3절 항공보안 조직 및 업무분장

1. 항공사 항공보안 조직

(1) 항공보안 조직도

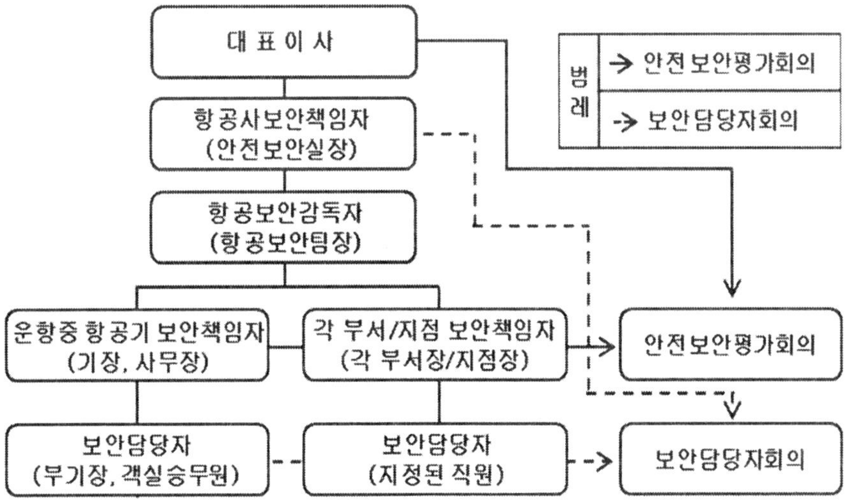

항공사 항공보안 조직도

가. 다음과 같은 직책에 임용된 자나 이에 준하는 업무를 수행하는 자는 임용과 동시에 소속부서의 항공보안책임자로 임무를 수행하여야 한다.

1) 운항관련 각 본부장, 팀장, 지점장

2) 운항중인 항공기의 기장, 사무장, 기타 승무원

나. 운항관련 각 부서장은 소속부서의 항공보안업무에 대한 1차적인 지휘 및 관리감독 책임이 있으며, 보안담당자(정,부)를 지정하여 항공보안업무를 공백없이 수행하도록 하여야 한다.

2. 항공보안 회의체 운영

(1) 안전보안평가회의

안전보안평가회의체 구성 및 기능, 운영 시기는 다음과 같다.

가. 구성

1) 위 원 장 : 대표이사

2) 부위원장 : 선임 임원

3) 위원 : 각 부서장(부서의 보안책임자)

4) 간사 : 항공사 보안책임자(안전보안실장)

나. 기능

1) 보안정책, 성과목표 선정, 보안의식 향상 및 보안상태 유지

2) 보안 조치결과 진전사항, 사고에 취한 조치의 적합성 판별

3) 보안위협 및 사건, 사고요인 발굴사항 검토

4) 자체보안계획 주요사항 제정, 개정 확정

5) 보안업무 공로자 추천

6) 최적의 보안체제 구축을 위한 현안 및 개선사항 논의, 결정

7) 보안담당자회의에서 도출한 주요사항들의 심의, 결정

다. 회의 시기는 년 1회 개최를 정례화하며, 심의안건이 있을 경우에는 수시 소집이 가능하다.

(2) 보안담당자 회의

보안담당자 회의체 구성 및 기능, 운영 시기는 다음과 같다.

가. 구성

1) 위원장 : 항공사 보안감독자(항공보안팀장)
2) 위　원 : 각 부서의 보안담당자
3) 간　사 : 보안담당 직원

나. 기능

1) 안전보안평가회의에 안건 상정
2) 보안 조치결과 모니터링
3) 보안위협, 사건 및 사고요인 발굴, 방지책 강구
4) 보안관련 규정제정, 개정사항 토의 또는 합의
5) 보안업무 공로자 또는 위규자에 대한 회부 여부 토의
6) 보안의식 향상 도모

다. 회의 시기는 분기 1회 개최를 정례화하며, 상황에 따라 조정이 가능하며 심의 안건이 있을 경우 수시 소집이 가능하다.

3. 항공보안 업무분장

(1) 기장 및 객실승무원 주요업무

기장 및 승무원의 주요업무는 다음과 같다.

가. 기장은 항공기 내에서 제반 법규의 이행 및 항공보안 업무에 대한 총괄적인 지휘 및 관리감독 책임이 있다.

나. 사무장은 객실내에서 제반법규의 이행 및 객실내 항공보안업무에 대한 1차적인 지휘 및 관리감독 책임이 있으며, 운항 중 전 승무원은 보안담당 승무원의 업무를 수행하여야 하며. 전 승무원은 기장의 지시에 따라야 한다.

다. 기장 및 승무원은 승객 및 항공기에 매우 위급한 상황이 발생한 경우 필요한 대책을 강구하여야 하며, 승객이 안전하게 대피한 후에 항공기에서 이탈하여야 한다.

(2) 부서별 항공보안책임자의 주요 업무

부서별 항공보안책임자의 주요 업무는 다음과 같다.

가. 운항관련 각 부서장은 현지 공항의 보안절차를 점검하고 즉시 해결 불가한 문제점 발견시 안전보안실로 통보하여야 한다.

나. 공항지점장은 해당공항 항공보안문제에 대하여 관계기관과 긴밀한 협조체계를 구축하여야 하며, 동 규정 및 현지 관련규정에 부합하는 지점 표준업무절차(SOP)를 수립하고 항상 최신판으로 유지하여야 한다. 지점 표준업무절차에는 다음과 같은 사항이 포함되어야 한다.

1) 지점장 및 지점 항공보안 담당자의 업무 분장
2) 공항관계기관 간의 비상연락 체계도 및 전화번호
3) 공항 일반정보 및 출국수속 절차
4) 승객 신체 및 휴대물품 검색 현황
5) 환승 승객 및 위탁수하물 검색 현황
6) 승객 및 위탁수하물 일치 절차
7) 기내식 및 항공기 경비 현황
8) 항공보안 교육 및 공지(보안용역 업체 포함)
9) 항공보안업무 절차
   ① 총기류 취급 및 전자충격기 H/D 절차
   ② 승객 및 위탁수하물 일치 절차
   ③ INAD, DEPORTEE, 범죄인 호송 H/D 절차
   ④ 오 발권 및 하기승객 발생시 보안조치 절차
   ⑤ 일일 보안확인 및 기타 보안업무 절차

제4절 정보전달체계

1. 일반사항

(1) 안전보안실은 항공기 보안 확보 및 항공보안종사자의 보안의식제고를 위해 항공보안 정보를 입수하는 경우에는 관련부서 및 보안 용역업체에 등을 포함한 전 직원에게 전파하여야 한다. 다만, 대외주의 정보를 전달하는 경우에는 해당 정보의 보관 및 관리 등의 보안유지 사항도 포함시켜야 한다.

(2) 항공보안 관련 부서 및 용역업체 직원 등은 항공보안 사고가 발생되거나 발생될 가능성이 있는 사실을 인지한 경우에는 자체 보고체계에 따라 신속히 보고하여야 한다.

(3) 항공운송사업자는 다음 사항이 발생할 경우, 관할 지방항공청장에게 즉시 유선 또는 문자(SMS)로 보고한 후, 지체 없이 별지서식(제9호)를 작성하여 서면보고하여야 하며 이에 대한 기록을 유지·관리하여야 한다.

가. 「항공보안법」에서 벌금형 이상으로 처벌받는 행위(항공기파손·납치, 항공시설 파손, 항로 변경, 직무집행방해, 항공기위험물 탑재, 공항운영 방해, 항공기 안전운항 저해 폭행, 항공기 점거·농성, 운항방해 정보제공, 승낙 없이 조종실 출입기도, 운항저해행위 금지 지시에 불응, 운항 또는 계류중인 항공기 내 승객협조의무 위반 등)

나. 「항공보안법」 제23조(승객의 협조의무)중제1항 위반의 경우 제1호의 폭언, 고성방가 등 소란행위, 제3호의 술을 마시거나 약물을 복용하고 다른 사람에게 위해를 주는 행위. 다만, 제2호의 흡연, 제4호의 성적수치심 유발행위, 제5호의 전자기기를 사용한 사람에 대해서는 본 규정에 따라 즉시 보고하지 않고 정기보고 하여야 한다.

다. 그밖에 항공기내 인명 및 재산의 안전을 위태롭게 할 수 있거나 하는 행위

라. 인가되지 않은 사람 및 물품이 화물터미널 보호구역 또는 항공기 안으로 들어간 경우 등 침입사건(침입시도 포함)

마. 검색장비가 정상적으로 작동되지 아니한 상태로 검색을 하였거나 검색이 미흡한 사실을 알게 된 경우

바. 공항 및 항공기 대상 폭파협박

사. 공항 내(항공운송사업자 업무 소관) 인질극, 군중시위 등 소란행위

아. 화물 보안검색 및 경비업무를 수행하는 자에 대한 위해행위

자. 탑승권 오(誤)발권사건 및 탑승권 바꿔치기 등 승객의 誤탑승행위

차. 「항공보안법」 제28조(교육훈련 등)에 따른 교육훈련을 이수하지 않은 사람에 의해 보안검색이 이루어진 경우

2. 보안정보 전달체계

(1) 국토교통부 보안조치 발령시 조치

「항공보안법」 제32조(보안조치)에서 규정한 국토교통부장관의 보안조치가 발령되는 경우에는 다음과 같은 조치를 하여야 한다.

가. 보안조치 접수 즉시 유·무선 또는 서면 등 가능한 방법으로 보안조치 접수 여부를 국토교통부장관에 통보하여야 한다.

나. 보안조치의 이행을 위하여 관련 직원 및 보안검색대 또는 보안통제 지점에 신속히 통보하여야 한다.

(2) 보안협력업체 전파

가. 항공보안부서는 직원의 항공보안의식 고취를 위해 최신 보안정보를 관련부서에 공지형태로 정기적으로 배포하고, 이를 접수한 지점은 지체없이 보안협력업체를 포함 전 직원에게 전파하여야 한다.

나. 항공보안부서와 보안 협력업체간의 보안관련 사항 및 정보는 상호 공유하며, 연락체계를 유지하여야 한다.

(3) 운항관련 부서의 보안정보

운항 관련 부서가 알아야 할 보안 정보는 항공보안부서에서 작성하여 유관 부서에 제공하여야 한다.

가. 운항 및 객실 담당부서는 동 보안정보를 운항 및 객실승무원에게 공지하여야 한다.

나. 종합통제실은 동 보안정보를 운항승무원에게 제공해야 한다.

다. 운항승무원은 비행계획서에 서명하기 전 NOTAM과 보안정보를 반드시 확인하여야 하며, 보안브리핑시 객실승무원에게 전파하여야 한다.

라. 폭파위협 등 긴급한 보안정보의 경우 종합통제실은 Company Radio 등 가능한 수단으로 해당 편 기장에게 신속히 통보하여야 한다.

제5절 항공보안사고 보고절차

1. 보고계통

(1) 국토교통부 보고체계

가. 항공보안사고 보고체계는 다음 표와 같다.

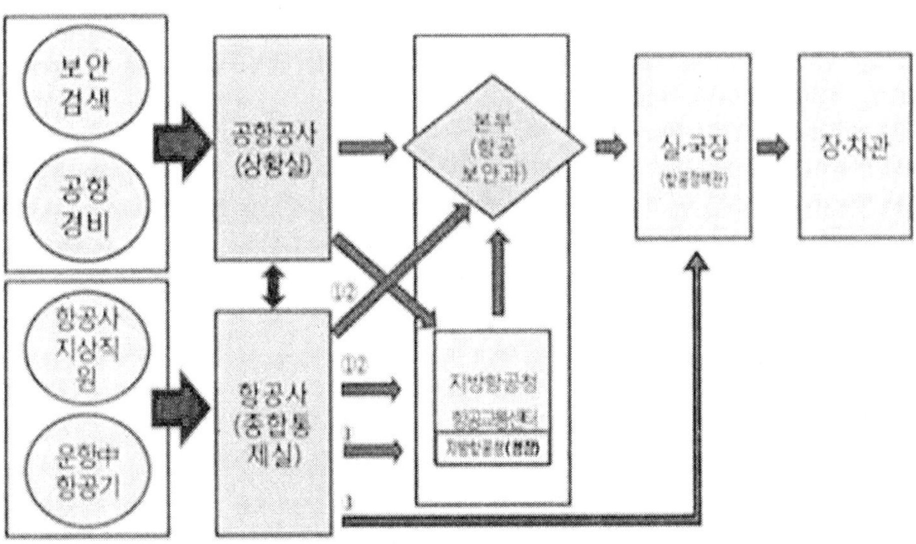

국토교통부 항공보안사고 보고체계

나. 사고유형별 관계기관 보고대상은 다음 표와 같다.

유형	①	②	③	④
보고대상	지방항공청	지방항공청 + 국토부(항공보안과)	지방항공청(청장) + 국토부(항공정책관)	지방항공청(청장) + 국토부(항공정책관, 비상안전기획관) + 국무조정실(대테러센터)

다. 대상별 보고유형은 다음 표와 같다.

연번	보 고 유 형	보고대상
1	항공기의 안전을 해칠 정도로 항공기 파손, 폭파 사건	중대 ④
2	폭행, 협박 등으로 항공기 강탈(납치), 납치 시도 또는 운항강제	
3	항공기 내 인질극 등	
4	항공기 내 폭발물 설치.신고, 폭파 협박, 폭발물 발견 등	
5	운항과 관련된 항공시설의 파손 또는 조작방해	
6	항공기 보안이나 운항을 심각하게 저해하는 폭행.협박.위계행위	
7	위계.위력으로 운항중인 항공기의 항로 변경	
8	항공기에 의도를 가진 불법적 진입	
9	기타 항공보안법령상 중대 보안사고, 국민 영향, 언론관심 보안사고	
10	보안검색장비 오작동으로 인한 검색차질 발생, 보안검색 실패 등	중대③
11	보호구역(화물터미널 등)에 의도를 가진 불법적 진입이나 불법진입 시도	
12	항공기 오탑승	
13	항공기 출입문.탈출구.기기 조작	
14	항공기 내 조종실 출입 시도	
15	보안검색요원 등의 업무방해	준중대 ②
16	항공운항을 방해할 목적으로 거짓된 정보 제공	
17	항공기 내 폭언.고성방가 등 소란행위	
18	항공기 내 음주.약물 후 타인에 대한 위해행위	
19	항공기 내 위계.위력을 통한 기장, 승무원 등의 업무방해행위	
20	항공기 내 위해물품(도검, 총기류 등), 폭발물 의심물질(백색가루 등) 발견	
21	항공기 착륙 후 기내 점거(농성)	
22	고의로 무효출입증, 타인출입증을 불법사용 행위	
23	관계기관 합동조사를 실시하는 경우	
24	기내 흡연(해당 행위로 인해 논란이 발생되는 경우)	경미①
25	항공기 내 성적수치심 유발행위(해당 행위로 인해 논란이 발생되는 경우)	
26	운항 중 전자기기 사용(해당 행위로 인해 논란이 발생되는 경우)	
27	과실이 명백한 무효출입증 사용 행위	
28	보호구역(화물터미널 등) 단순 오진입	
29	보안검색장비의 단순 고장, 오작동 등	
30	기타 항공보안법령상 단순.경미한 보안사고	

(2) 항공사 자체 보고체계

가. 항공사 자체보고체계는 다음 표와 같다.

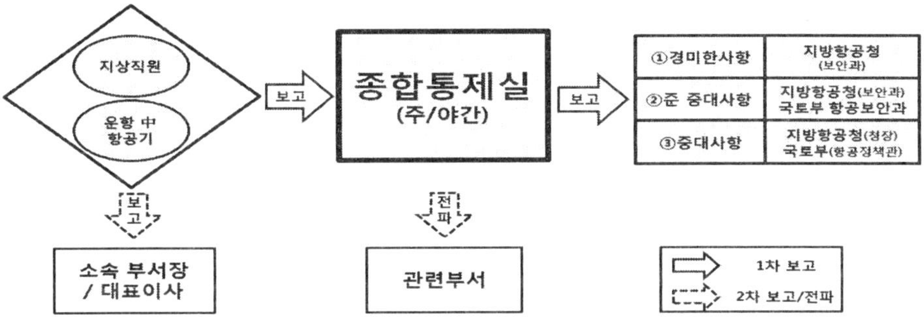

항공사 자체 보고체계

2. 보고절차

(1) 사고발생시 보고절차

가. (사건현장)각 부서의 보안책임자 및 담당자(실/팀장 및 지점장, 조업사)는 당사와 관련된 항공보안 위규 및 사고 발생시 종합 통제실(장)로 지체 없이 보고하여야 한다.

나. 종합통제실(장)은 국토교통부 동보체계(SMS)에 따라 즉시 관계기관(지방항공청, 국토부 등)에 보고하고, 항공보안부서에 통보하여야 한다.

다. 비상전화번호를 포함한 보고절차는 작업장과 사무실에 게시되어 있어야 한다.

라. 모든 사무실 근무자는 전화 목록의 위치를 알아야 하며 절차에 대한 훈련을 받아야 한다.

마. 문자제목 앞에는 (실제상황), (훈련상황) 등 상황의 성격을 기재하고, 제목 뒤에는 (최초보고), (중간보고 / 필요시), (결과 보고) 등 보고 단계를 기재하여야 한다.

바. 문자 내용은 6하 원칙에 따라 간략하게 작성하고, 끝부분에는 발신부서(OO항공사 종합통제실)를 반드시 표기하여야 한다.

사. 보안담당 부서는 대표이사에게 보고하고, 자체보안계획에 따라 관계기관(국토교통부, 지방항공청 등)에 최종 보고하여야 한다.

아. 공항지점장(보안책임자)은 해당공항 및 국가의 관련 기관과 긴밀한 업무연락체계를 구축하여, 긴급상황 발생시 신속한 협조가 가능하도록 조치하여야 한다.

자. 해외 공항지점은 보안관련 우발사태 보고 및 전파시 해당 정부당국이 정한 표준절차에 따라야 한다.

(2) 보고방법 및 요령

보고방법은 구두, 전화, FAX, E-mail 으로 하며, 보고요령은 최초보고, 중간보고, 최종보고로 구분한다.

가. 최초보고는 전화(구두)를 이용하여 사건 및 위규사항 발생시 6하 원칙에 따라 간략한 내용으로 지체없이 보고하여야 한다.

나. 중간보고는 E-mail, FAX 등을 이용하여 최초 보고 후 최종 결과가 나오기 전에 조치중인 사항을 중도에 하는 보고이며 수시 보고할 수 있다.

다. 결과보고는 E-mail, FAX 등을 이용하여 사건 및 상황 종료 후 조치결과 및 종결사항을 보고하여야 한다.

라. 비밀보고는 전화, E-mail 등을 이용하여 보고하며, 보고자의 신분은 보장되고, 보고 내용은 일체의 비밀로 하여야 하며 타 목적으로 사용할 수 없으며, 보고서 처리상 필요할 경우 배경자료 수집 등의 사실 확인절차는 가능하나 보고자의 소속, 신분확인 등 일체의 조사행위를 하지 않는다.

(3) 보고서 접수시 절차

가. 보고된 사항에 대한 해당 업무 주관부서(팀)와 근본원인를 파악, 개선방안, 개선권고사항 수립 등 관련하여 협의하여야 한다.

나. 시정조치 할 사항을 회신하도록 요청하여야 한다.

다. 재발방지 및 보완대책 수립하여 관계기관에 보고하여야 한다.

라. 조치결과를 지속적으로 모니터링하여야 한다.

3. 승객에 대한 운송정보제공

(1) 관련법규

가. 「항공보안법」 제15조(승객 등의 검색 등)제5항 및 「시행규칙」제8조의2(항공기에 탑승하는 승객의 운송정보제공)제1항, 제2항

나. 「항공보안법」 제17조(통과 승객 또는 환승 승객에 대한 보안검색 등)제3항, 제4항 및 「시행규칙」 제8조의2(항공기에 탑승하는 승객의 운송정보제공)제1항, 제2항

(2) 운송정보

가. 공항지점에서는 공항운영자로 하여금 승객의 신원을 정확히 확인할 수 있도록 하기 위하여 항공기에 탑승하는 승객의 성명, 국적, 여권번호(국내선은 승객식별번호), 항공편명, 운항일시 등 운송정보를 정보통신망을 통해 공항운영자에게 제공하여야 한다.

탑승수속중인 승객

나. 각 공항지점은 통과 · 환승 승객에 대한 운송정보를 공항운영자에게 제공하며 운송정보의 제공절차는 다음 절차에 따른다.

1) 항공기가 공항에 도착하면 통과 승객이나 환승 승객으로 하여금 휴대물품을 가지고 내리도록 하여야 한다.

2) 운송직원은 통과 승객이나 환승 승객에 대한 운송정보를 상기 “가”항을 준용하여 공항운영자에게 제공하여야 한다.

제4장 승객 및 수하물 보안대책

제4장 승객 및 수하물 보안대책

제1절 항공사 보안동선

1. 개요

항공기 보호에 대한 책임은 항공운송사업자에게 있으므로 이에 따른 항공사의 보안목적, 보안동선, 보안활동, 항공기 보안체계 등으로 구분한다.

항공사 보안목적은 불법방해 행위로부터 승객 및 항공기를 보호하기 위하여 인적·물적 요소를 통합하여 모든 대책을 강구하는 것이다. 국가보안목표관리지침에 따르면 항공기는 국가가 보호해야 할 보호 장비로 명시되어 있는 바와 같이 항공운송사업자가 자체적으로 수립한 대책만으로 불법방해 행위에 대하여 완벽하게 대처하기에는 한계가 있을 수밖에 없다. 항공보안 핵심은 항공기뿐만 아니라 승객 및 상주직원과 공항시설들이 보호받아야 할 대상이므로 보안관련 정부 유관기관 및 공항운영자와 함께 상호 긴밀한 가운데 통합적으로 수행해야 하는 것이다. 항공기에 탑승하는 승객과 항공기 기내로 반입되는 휴대·위탁수하물·화물 및 기내식에 대한 보안동선을 제대로 파악하고 있어야 항공사에 대한 항공보안 개념을 이해할 수 있는 것이다.

항공사 보안동선은 다음 그림과 같이 승객 보안동선과 화물 및 기내식·저장품에 대한 보안동선으로 구분할 수 있다.

일반적으로 승객이 공항에 도착하여 탑승수속 대에서 항공권을 발권하여 항공기에 탑승하기까지 보안통제를 받는 이동구간을 승객의 보안동선이라고 하며, 또 다른 보안동선은 화물 및 기내식·저장품이 항공기에 탑재되기까지 보안통제를 받는 이동구간을 말한다.

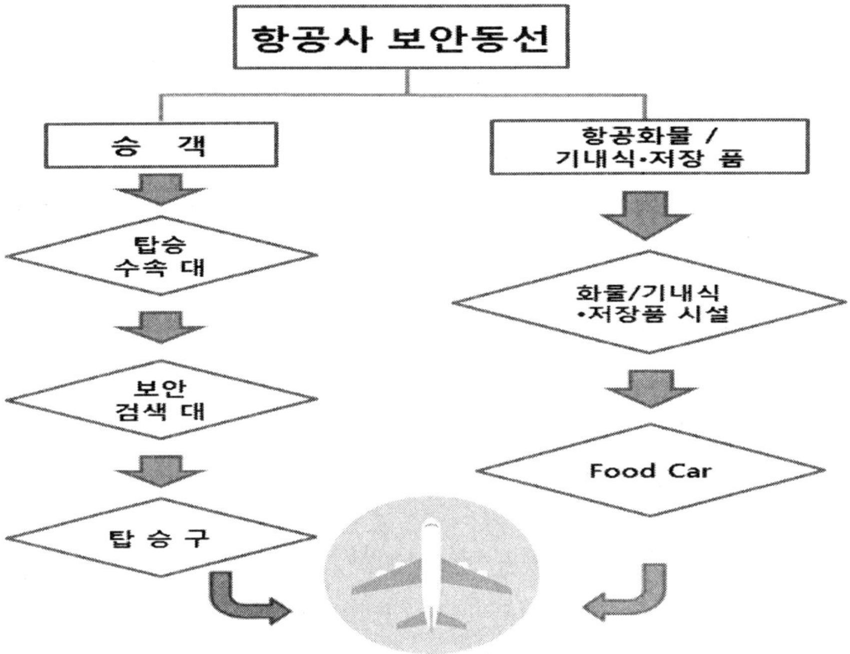

항공사 보안동선

9.11 테러에서 밝혀진 바와 같이 테러범이 항공기를 납치하여 테러의 수단으로 이용하고자 한다면 테러범이 항공기를 납치하기 위한 목적으로 무기 등의 위해물품을 반입하기 위하여 일반 승객처럼 가장하여 보안동선을 거쳐 항공기에 탑승하고자 할 것이다.

공항에 도착한 승객이 항공사의 탑승수속 대에서 항공권을 발권받아 항공기에 탑승하기까지 이동구간별 보안통제구역에서 보안통제를 받은 후 이상이 없을 때 탑승할 수 있다. 항공운송사업자는 항공기 자체에 대한 보안성 확보뿐만 아니라 여행 및 출장여정에 따라 공항에 도착한 승객이 항공기에 탑승하여 이륙 후 목적지 공항에 도착할 때까지 여러 단계의 보안통제를 통하여 테러 위협요소를 미리 차단하여 모든 승객을 안전하게 운송하여야 할 책임이 있는 것이다.

승객의 보안동선은 승객들이 개별적으로 계획한 여행 및 출장일정을 소화하기 위해서는 먼저 공항에 도착하여 항공운송사업자가 운영하는 탑승수속 대에서 위탁수하물을 맡기고 해당 편의 발권을 마친 후 공항운영자가 운영하는 보안검색대에서 신체 및 휴대물품에 대한 위해물품 반입여부를 확인하기 위하여 보안요원에 의한 촉수검사 및 엑스선 검색장비로 보안검색을 받아야 하며, 보안검색대를 통과하여 해당 편에 지정된 탑승구를 경유하여 항공기 출입문을 통하여 기내로 탑승하기까지의 이동구간에서 여러 단계의 보안통제를 거쳐야 하는 것이다.

2. 동선별 보안활동

항공기를 탑승하는 승객에 대한 보안검색은 공항운영자가 책임주체가 되어 수행하고 있으나, 승객을 운송하는 항공사에서도 자사 항공기와 승객 보호를 위하여 탑승수속 대에서 항공권 발권 및 위탁수하물 접수, 탑승구 및 기내 등에서의 위험승객으로 의심되는 자와 그의 휴대물품에 대한 관찰 등이 필요하며, 화물 및 기내식 · 저장품 등으로 위해물품이 기내로 반입되지 않도록 다음과 같은 요령으로 감시 및 감독 등의 보안활동이 이루어져야 한다.

(1) 탑승수속대(Check in counter)

가. 항공운송사업자가 운영하는 탑승수속 대는 항공기를 탑승하려하는 승객을 대상으로 최 일선에서 테러용의자를 발견해 내거나 위해물품 반입을 사전에 차단하는 곳이므로 항공사 운송직원의 보안의식 및 전문성이 요구되는 보안동선이기도 하다.

나. 항공사 운송직원은 승객 신분증(국내선)과 여권(국제선)으로 본인 여부를 대조하여 이상이 없을 시에만 항공권을 발권하는 것이며, 화물칸으로 운송되는 위탁수하물에 대하여서도 보안질의를 통하여 위해물품이 포함되지 않도록 걸러내어 기내로 반입되지 않도록 하여야 한다.

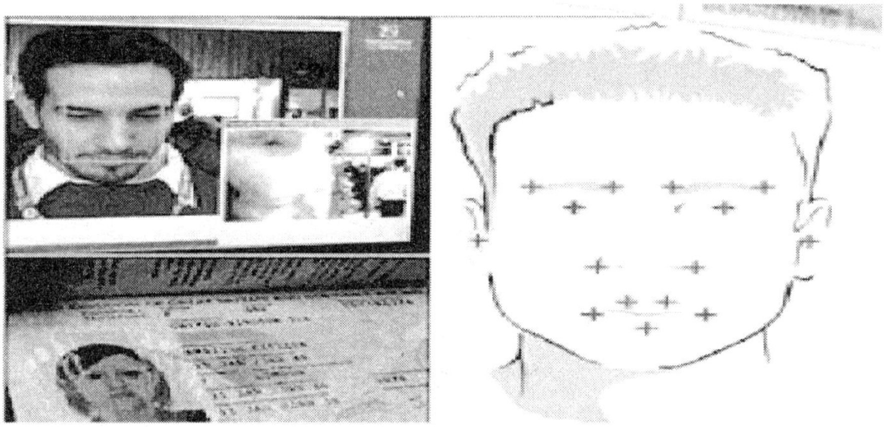

체크인카운터 및 탑승구에서 여권 및 본인여부 확인

다. 승객에 대한 탑승수속과 위탁수하물 접수과정에서 운송직원은 승객의 태도, 요구하는 좌석 위치, 휴대물품 기내반입에 대한 일상적이지 않은 질문, 승객 및 휴대물품에 대한 구체적이고 자세한 질문, 사용하는 언어와 말투, 승객이 항공권을 예약할 때 제출한 승객 인적사항으로 프로파일링(Profiling), 위험인물 명단비교 등을 통해 의심되는 자를 식별할 수 있어야 한다.

라. 위험승객으로 의심되는 자에 대해서는 지속적인 관찰 및 감시 등 보안활동을 실시하여야 한다. 보안당국으로부터 위험승객으로 분류된 명단을 통보받았을 때에는 항공권 발급중지 등 상응한 조치를 취하여야 한다.

마. 행동탐지를 통하여 위험승객으로 의심되는 자에 대해서는 다음과 같은 요령으로 지속적인 보안활동을 실시하여야 한다.

1) 탑승수속과 위탁수하물을 접수하는 과정에서 승객이 불안하거나 초조한 태도를 보이는 경우에는 추가적인 질문을 통하여 승객의 답변과 태도를 세밀하게 관찰함으로서 위험승객 여부를 판단할 수 있는 것이다. 길게 줄지어있는 대기승객에 대한 부담 때문에 형식적으로 관찰한다면 위험승객을 놓칠 수 있으므로 정시성을 염두에 두지 않고 보안성 확보에 우선하여야 한다.

2) 승객이 탑승을 원하는 좌석이 일반적으로 선호하지 않는 뒷좌석이나 후미

진 좌석을 요구하거나, 특정한 좌석을 지정하여 요구할 때에는 일단 의심승객으로 판단하여 요구하는 이유 등을 조심스럽게 질문하여 그 의도를 파악하여야 한다.

3) 승객이 수속과정에서 항공사 직원에게 기내에 반입할 수 있는 물품에 대하여 휴대할 물품을 말하지 아니하고, 여러가지 물품에 대하여 기내반입이 가능한지에 대한 질문을 구체적으로 할 때에는 일단 위험승객으로 의심할 수 있으며, 이러한 승객에 대해서는 추가적인 질문을 하여 답변하는 내용과 태도를 세밀하게 관찰하여야 한다.

4) 승객이 수속하는 과정에서 항공사 직원에게 신체 및 휴대물품에 대한 공항당국의 보안검색절차와 방법을 일상적인 수준을 넘어 구체적이고 자세하게 질문하는 승객은 의심승객으로 판단하여 그 이유 등을 추가로 질문하여 그 의도를 파악하도록 하여야 한다.

5) 항공사의 탑승수속 담당직원은 승객이 항공권을 예약할 때에 제출한 예약자료를 바탕으로 승객의 행동탐지를 통하여 위험승객을 선별할 수 있어야 하고, 국가보안당국으로부터 위험승객으로 분류된 자의 명단을 통보받았을 때에는 항공권 발급중지 등 상응한 조치를 취하여야 한다.

항공사 체크인카운터

(2) 안내과정 보안활동

승객안내를 담당하는 직원은 항공기에 탑승하려는 승객이 탑승수속을 마치고 격리대합실을 거쳐 탑승구로 이동하는 과정에서도 승객이 불필요하게 이곳저곳을 들락거리거나 여기저기를 배회하는 승객을 발견하였을 때에는 의심승객으로 간주하여 그 승객의 행동을 다음과 같이 지속적으로 관찰하고 감시하여야 한다.

가. 일반대합실에서 격리대합실로 진입하는 과정에서 격리 대합실입구에서 보안검색을 실시하는 것을 알고 과민하게 불안하거나 초조한 태도를 보이는 승객은 일단 의심승객으로 간주하여 지속적으로 관찰하고 감시하는 보안활동을 펼쳐야 한다.

나. 일반대합실의 입구에서 실시하는 승객의 신체 및 휴대물품에 대한 보안검색에 대하여 종교, 질병, 신체적 결함 등을 이유로 회피하려는 승객은 위험승객일 가능성이 높기 때문에 그 승객에 대한 관찰과 감시를 하여야 한다.

다. 탑승수속을 마친 승객이 불필요하게 이곳저곳을 들락거리거나 여기저기를 배회하는 승객을 발견하였을 때에는 의심승객으로 간주하여 행동을 지속적으로 관찰하고 감시하여야 한다.

라. 항공사가 구내방송을 통하여 탑승수속을 마친 승객을 호출하는 경우에 그 승객을 찾아 탑승수속 장소까지 안내 과정에서도 승객의 말투를 관찰하여 위험승객 여부를 판단하여야 한다.

(3) 보안검색대

보안검색대는 공항운영자가 주체가 되어 운영하는 곳으로서 승객 및 상주직원을 대상으로 배치된 검색요원으로 하여금 국가에서 인증한 보안검색장비를 운용하여 신체 촉수검사와 휴대물품에 대한 보안검색을 통하여 위해물품이 항공기내로 반입되지 않도록 사전에 차단하는 역할을 수행하는 것이다. 항공운송사업자가 운영하는 탑승수속대에서 수속을 마친 승객은 공항운영자 책임 하에 다음 그림과 같이 신체 및 휴대물품에 대한 보안검색을 받아야 한다.

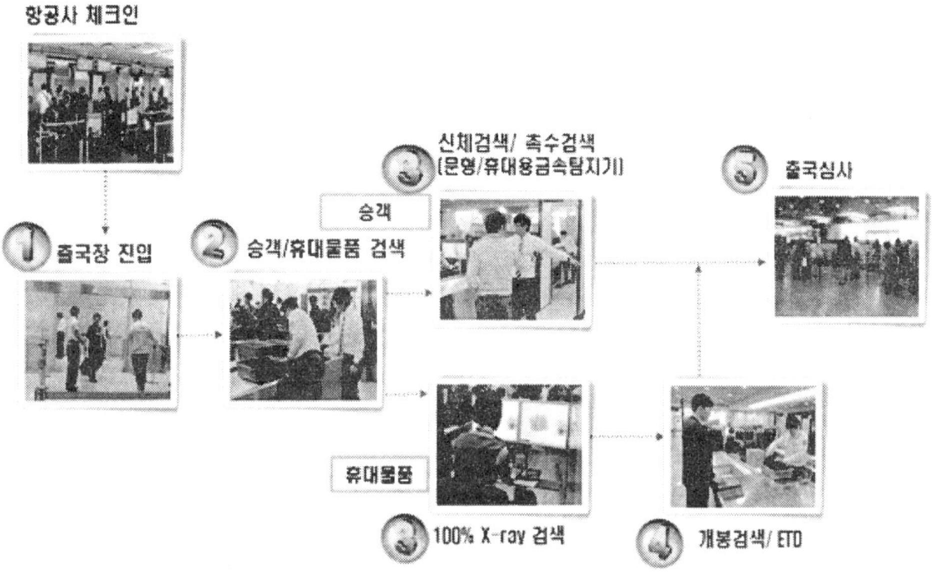

출국 승객 및 휴대물품 보안검색절차

(4) 탑승구(Gate)

보안검색대를 통과한 승객에 대하여 해당 편 탑승구에서 항공기에 탑승하기 전에 항공권을 인식기(BGR)에 스캔하여 본인 여부를 확인하고 또한 여권을 육안으로 식별하여 본인과 일치되는 승객만을 통과시키는 것과 동시에, 액체 · 겔류 등도 반입되지 않도록 보안통제가 이루어져야 하며, 운송직원은 승객이 탑승하기 위하여 탑승구 입구를 통과할 때 의심승객을 선별하거나 탑승수속 대에서 의심스런 승객으로 통보 받은 자에 대하여서도 지속적으로 관찰 및 감시활동을 실시하여야 한다. 탑승구에서 실시하는 보안활동 요령은 다음과 같다.

탑승구에서 승객의 항공권 시스템 확인

가. 탑승구 운송직원은 공항당국이 실시하는 보안 검색을 마친 승객이라 하더라도 항공기에 탑승하는 승객의 최종적인 보안검색담당자라는 생각으로 승객의 행동이나 휴대물품을 감시하고 반입금지 물품을 발견시는 반입 또는 비행을 포기하도록 안내하는 등의 적극적인 보안통제를 실시하여야 한다.

나. 탑승구 운송직원은 구내방송을 통하여 호출한 승객이 호출한 장소에 나타나지 않았다는 연락을 받았을 경우에는 항공기에 탑승시켜서는 아니되며, 항공기에 탑승하지 않은 승객의 위탁수하물을 즉시 항공기에서 하기시키도록 조치하고 항공기출발 전까지 실제 하기 여부까지도 확인하여야 한다.

다. 미주노선의 경우 탑승구를 통과한 요주의승객(Selectee)을 대상으로 항공기 탑승 직전에 항공운송사업자 책임 하에 다음 그림과 같이 2차 보안검색을 실시하여 위해물품이 반입되지 않도록 하여야 한다.

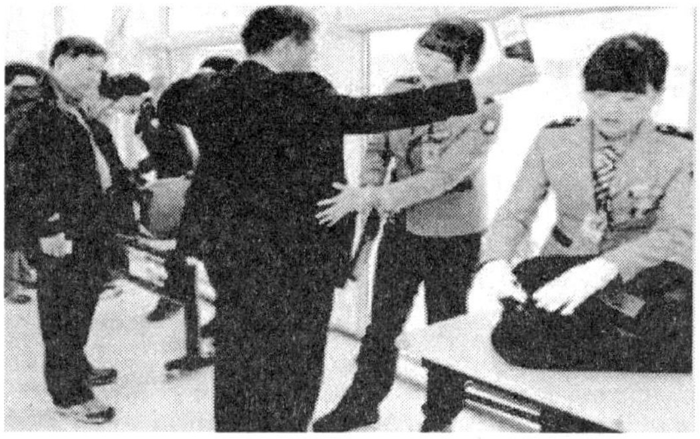

항공기 탑승전 2차 보안검색

(5) 항공기 출입문(Door)

항공기 출입문은 운항 전에 항공사에서 최종적으로 보안을 통제하는 관문이므로 객실승무원은 승객 항공권이 해당편과 본인 일치여부, 도착지, 탑승일시, 탑승구 번호 등을 확인하여야 하며, 탑승수속 대에서 발권한 항공권 숫자와 실제 탑승한 승객 숫자가 일치되어야만 항공기가 출발할 수 있는 것이다.

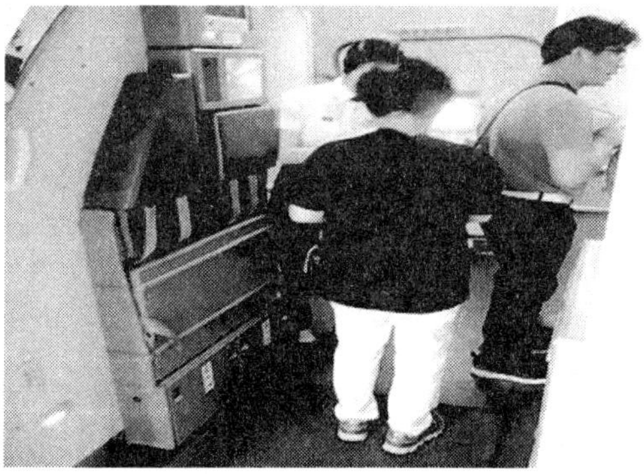

항공기 출입문에서 항공권 확인

객실승무원은 승객 탑승 완료 후에도 지속적으로 관찰 및 감시활동을 펼쳐야 하며 보안활동 요령은 다음과 같다.

가. 항공기에 탑승한 승객이 지정된 좌석에 앉지 않고 임의대로 빈 좌석에 옮겨 앉거나, 특별한 사유 없이 다른 승객과 좌석을 바꾸어 앉지 않도록 관찰하여야 한다.

나. 승객이 자기의 휴대물품을 본인 좌석의 선반에 넣지 않고 특별한 이유 없이 다른 사람의 좌석선반에 넣거나 본인 좌석에서 멀리 떨어진 선반에 넣지 않도록 하여야 한다. 이러한 승객과 휴대물품에 대해서는 기내보안요원에게 통보하여 주의 깊게 감시하도록 하여야 한다. 이는 테러범들이 좌석지정을 따로 받은 후에 동료 테러범의 휴대물품과 인접한 장소에 보관함으로서 폭발장치의 효과를 높일 수 있는 행위로 볼 수 있기 때문이다.

(6) 화물 및 기내식 · 저장품

화물 및 기내식 · 저장품에 대한 보안동선은 무기 등 위해물품이 화물 및 기내식 · 저장품 카트 등에 은밀하게 은닉되어 화물칸 및 객실로 반입될 수 있으므로 승객의 보안동선과는 전혀 다른 위치에서 보안통제가 적용되는 이동구간을 말한다.

화물 및 기내식 · 저장품을 운영하는 시설은 보안당국 보안측정과 보안성검토에서 적합성 평가가 전제되어야 하며, 기내식 제조 · 포장 · 탑재 과정에서 위해물품이 은닉되어 항공기내로 반입되지 않도록 종사원에 대한 신원조회와 시설 출입인원 및 차량에 대한 보안통제가 절차대로 수행되어야 한다. 기내식 · 저장품이 해당 항공편 객실승무원에게 인계되기 전까지 기내식 운반차량에 대한 비인가자 접근 여부를 확인할 수 있는 보안확인표시(Seal)에 의한 봉인조치 등 보안대책이 이행되어야 한다.

3. 항공기 보안체계

항공운송사업자는 승객과 화물 및 기내식 · 저장품에 대한 보안동선에 대하여 공항운영자와의 역할 분담으로 위험인물과 위해물품이 반입되지 않도록 하여야 하며, 엄격한 보안통제를 통하여 항공기에 탑승한 승객과 화물 및 기내식 · 저장품 등이 정상적으로 반입되었다 해도 위협요인이 완전히 차단되었다고 속단하여서는 아니 된다.

출발지 공항 계류장에서 출발준비 중에 있는 항공기에 대한 순찰 · 경비 · 보안점검을 통하여 비인가자에 대한 접근을 발견하여 사전에 차단하고 통제 및 보고되어야 하며, 출발지 공항을 출발하여 목적지 공항에 도착하기까지 운항 중에 있는 항공기내에서 불법방해 행위에 대비하여 보안점검 및 순찰과 기내보안요원 등이 보안활동을 실시하여 안전운항을 확보하여야 한다.

항공기 보안은 항공기 보호를 위하여 항공기가 주기하고 있을 때와 운항 중에 수행하는 보안대책으로 구분할 수 있으며 항공기 보안체계는 다음 그림과 같다.

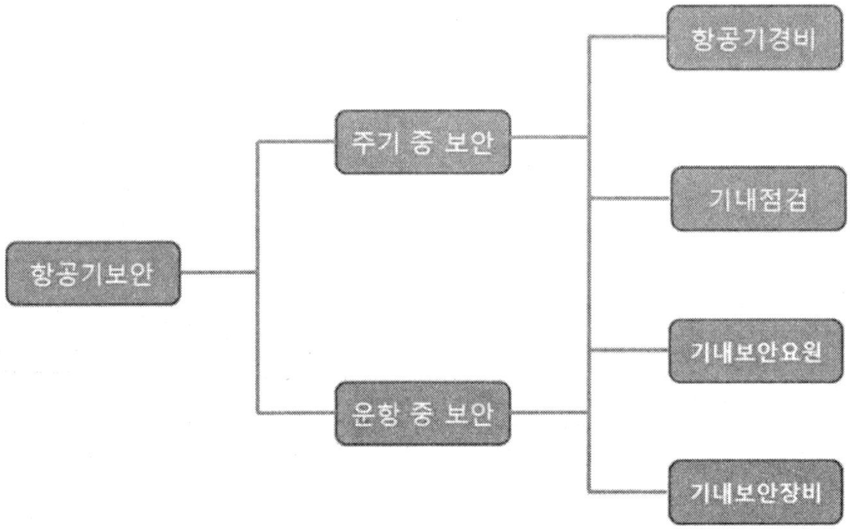

항공기 보안체계

제2절 승객, 휴대물품 및 위탁수하물 보안대책

1. 승객 및 휴대물품 보안통제

항공운송사업자가 운영하는 탑승수속 대에서 해당 편 승객의 항공권 발권을 위하여 다음과 같은 보안통제 절차를 적용하여야 한다.

(1) 승객 신원 확인절차

항공권 발권시와 발권후 승객의 신원 확인절차는 다음과 같다.

가. 항공권 발권 시 국제선의 경우 승객이 제시하는 여권으로 해당 승객이 본인과 일치하는지를 확인(인터넷 또는 무인항공권 발급의 경우에는 전자적인 방법도 포함)하여야 하며, 국내선의 경우 승객이 제시하는 여권 또는 국토교통부에서 지침으로 정한 유효한 신분증으로 해당 승객이 일치하는지를 확인하여야 한다.

나. 탑승권 발권 이후 국제선의 경우 운송직원은 탑승구 앞(1차)에서 승객의 여권사진과 대조하고 항공권을 인식기(BGR)에 스캔하여 본인 일치여부를 확인하며, 국내선의 경우 승객의 항공권을 인식기(BGR)에 스캔하여 확인하여야 한다.

다. 객실승무원은 국제선 및 국내선의 경우 항공기 출입문 앞(2차)에서 승객의 항공권 편명, 일시, 도착공항 등을 확인하여 항공기 오탑승을 방지하여야 한다.

(2) 승객 보안검색 절차

승객에 대한 보안검색 절차는 다음과 같다.

가. 항공기에 탑승하는 모든 승객은 반드시 공항운영자가 운영하는 보안검색장비로 보안검색을 받아야 하며, 폭발물이나 위해물품이 있다고 의심되는 경우에는 폭발물 탐지장비, 촉수검사 또는 개봉검색 등의 보안검색을 받아야 한다.

나. 보안검색을 통과한 지역에서 보안검색을 받은 승객이 보안검색을 받지 않은 승객과 접촉한 후 항공기에 출입하였을 경우에는 즉시 관계기관에 통보하고 해당 항공기 내·외부에 대한 정밀검색을 실시하여야 한다.

다. 비인가자가 항공기에 탑승한 경우 관계기관에 즉시 통보하여야 하고 해당 항공기에 대한 수색은 관계기관의 판단기준에 따라 실시하여야 한다.

(3) 승객 이동동선 보안통제대책

승객의 이동동선 이탈방지를 위한 보안통제대책은 다음과 같다.

가. 계류장 지역에서 버스 등을 이용하여 항공기로 이동하는 승객에 대한 보안조치를 위하여 국제선의 경우에는 버스 승·하차 지역에 항공사 직원(운송용역업체 직원포함) 또는 경비요원을 배치하여 승객의 이동동선 이탈을 방지하여야 한다.

나. 국내선의 경우에는 다음과 같이 승객의 이동동선 이탈방지를 위하여 감시 및 통제가 가능한 위치에 직원을 배치한다.

1) 탑승교 사용시 항공기 탑승을 위하여 승객의 이동 동선을 감시 및 통제하고, 탑승교 내 출입문 사용을 완료한 후에는 시건장치를 하여야 하며, 공항운영자가 관리하는 경우에 시건장치가 되어 있지 않을 시에는 잠금 상태를 유지하도록 요청하여야 한다.

2) 계류장 지역에서 승객이 탑승하는 경우, 지정된 이동경로 이외의 지역을 벗어나지 못하도록 버스 승·하차 지역에 직원(용역업체 직원포함) 또는 경비요원을 배치하여야 하며, 이탈 발견시 즉시 관계기관에 신고하여야 한다.

(4) 승객·승무원 휴대물품 보안검색 절차

승객·승무원 휴대물품에 대한 보안검색절차는 다음과 같다.

가. 승객·승무원의 휴대물품에 대한 보안검색 목적은 불법방해 행위에 사용될 수 있는 기내반입금지 물품이 보호구역이나 항공기내로 반입되는 것을 방지하는 것이다.

나. 체약국의 요구가 있거나 필요하다고 판단되는 경우 탑승 수속전 또는 탑승구 앞에서 추가 보안검색을 실시할 수 있다.

다. 휴대물품 등에 대한 보안통제가 실시되지 않았거나 실패한 채 항공기가 출발한 사실을 공항운영자로부터 통보 받은 경우 도착공항의 관계기관에 세부 내용을 즉시 통보하고 관련된 승객의 신병을 확보 후 인계하여 정밀조사를 받도록 하여야 한다.

라. 항공기가 공항에 도착한 때에는 모든 승객(통과 및 환승 승객 포함)이 항공기내 선반 등에 어떠한 물건도 남겨두고 내리지 않도록 객실승무원이 확인하여야 하며, 수상한 물품이 발견된 경우 즉시 공항상주 보안기관에 통보한 후 보안기관의 지침에 따라 기내 보안점검을 실시한다.

마. 다음 물품에 대해서는 개봉검색을 하거나 증명서류 확인 및 폭발물 흔적탐지장비 등으로 보안검색을 할 수 있다.

1) 골수, 혈액 등 인명구조용 의료품
2) 유골, 유해
3) 이식용 장기
4) 살아있는 동물
5) 의료용 · 과학용 필름
6) 그 밖에 검색장비 등에 의하여 보안검색을 하는 경우본래의 형질이 손상되거나 변질될 수 있는 것 등으로 지방항공청장의 허가를 받은 물품

(5) 기내반입 금지 휴대물품 처리절차

기내반입 금지 휴대물품에 대한 보안검색절차는 다음과 같다.

가. 위험물품이 아닌 경우에는 위탁수하물로 처리한다.

나. 공항규정이 허용할 경우 소화기류, 권총류, 무기류, 화학물질 및 유독성 물질, 폭발물과 인화성 물질, 고 위험이 예상되는 비행 편에 대한 추가 금지물품은 승객의 동의하에 폐기 처리한다.

2. 위탁수하물에 대한 보안대책

항공운송사업자는 공항 및 도심공항터미널의 탑승수속대에서 해당편 승객의 위탁수하물에 대하여 접수 및 보안검색 등 보안통제 절차를 준수하는 경우에만 접수하여야 한다.

(1) 접수시 보안통제절차

위탁수하물 접수시 보안통제절차는 다음과 같다.

가. 공항 내에 위치한 항공사 탑승수속대 또는 국토교통부장관이 인정한 도심공항터미널에서 탑승 수속하는 경우에는 별도의 보안통제 절차 없이 접수가 가능하다.

나. 탑승수속시 탑승예정 승객에 대하여 항공권, 여권 또는 승객 사진이 있는 신분증명서와 승객을 대조하여 이상이 없는 경우에는 접수가 가능하다.(무인기기를 이용할 경우에는 여권 등을 이용한 전자적인 방법으로 신원확인을 대체할 수 있음)

다. 위탁수하물 접수시 각 소지자에 대하여 위탁수하물 포장·보관 등에 대한 보안질문(전자적인방법 포함)을 하여 기내반입금지물품이 없다고 답변한 경우에는 접수할 수 있다.

라. 의심스러운 승객 또는 그 내용물을 알려주지 않는 승객의 위탁수하물에 대해 개봉검색 등 보안통제를 실시한 경우에만 접수할 수 있다.

마. 승객이 직접 위탁수하물의 운송을 접수하는 경우에는 접수가 가능하지만, 중환자·장애인 등 승객이 혼자서 접수할 수 없는 경우는 예외를 인정한다.

바. 불가피한 상황이 발생하여 국토교통부장관이 대리수속이 필요하다고 인정하는 경우에 접수할 수 있다.

사. 위탁수하물 접수시 의심승객 여부를 주의 깊게 확인하여야 하며, 의심 승객의 위탁수하물에 대해서는 공항운영자에게 의뢰하여 정밀검색(폭발물탐지장비 또는 폭발물흔적탐지장비, 개봉 등)을 실시하여야 한다.

(2) 접수된 위탁수하물 보호절차

도심공항터미널 위탁수하물 접수

승객으로부터 접수된 위탁수하물에 대하여 다음과 같은 보호 절차를 준수하여야 한다.

가. 승객으로부터 접수된 위탁수하물이 도착지에서 승객에게 반환 되거나 다른 항공사에 전달되기 전까지 위탁수하물을 비인가자로부터 접촉되지 않도록 보호하여야 한다.

나. 도심공항터미널에서 이송된 위탁수하물은 재검색이 완료된 시점부터 항공기에 탑재되기 전까지 보호하여야 한다.

다. 보안검색이 완료된 위탁수하물의 보호구역 내 운송 처리지역에 대한 비인가자 출입이 불가하도록 통제하여야 한다.

라. 위탁수하물을 탑재 및 하기하는 사람은 컨베이어 벨트·차량 등 운송도구를 통하여 비인가 위탁수하물이 섞여 들어오지 않도록 하고, 위탁수하물이 실린 운송도구를 비인가자가 출입할 수 있는 곳에 방치해서는 아니 된다.

마. 보호되지 않은 위탁수하물은 반드시 재검색 후 운송 조치하여야 한다.

(3) 무주수하물 운송방지 절차

주인이 없는 수하물에 대한 운송방지는 다음 절차에 따른다.

가. 항공기에 탑재된 위탁수하물이 실제 탑승한 승객 및 승무원의 위탁수하물과 일치하는지 여부를 확인하고 승객의 숫자와 위탁수하물의 수량이 일치하지 않을 경우 전체 수하물에 대한 개별 확인 작업을 실시한 후 항공기 출발을 지점장 등 항공사 대표이사가 승인하여야 한다. 또한 위탁수하물 일치여부 및 운송인가 기록은 1개월 간 유지하여야 한다.

나. 보안검색을 완료한 위탁수하물 소유주가 탑승하지 않았거나 승객이 출국하지 못한 경우에는 위탁수하물을 운송하여서는 아니 된다.

다. 승객의 귀책사유가 아닌 다음 사항을 포함한 특정 사유로 승객이 탑승하지 못한 경우에는 엑스선 검색 또는 개봉검색 등 보안조치를 취한 후 승객으로부터 위탁수하물을 분리하여 운송할 수 있다.

1) 항공기 공간 또는 중량제한 등 항공사에 의해 해당 항공편 탑승이 거부된 경우
2) 항공편 지연·결항, 그 밖에 공항운영 요건 등 항공사의 운영상 이유로 승객이 분리된 경우
3) 지연 또는 잘못 운송된 위탁수하물이 적절한 보안검색을 완료했을 경우
4) 상기 각 호에 해당하는 경우에는 위탁수하물 운송 시 반드시 비동반 수하물 관리대장에 기록이 되어야 하며, 엑스선 검색 또는 개봉검색 등의 보안검색과 보안통제를 거쳐 안전성이 확인된 후 운송되어야 한다.

(4) 환적수하물 검색면제 처리절차

환적수하물에 대한 검색면제 처리절차는 다음과 같다.

가. 국제민간항공기구(ICAO)에서 권고하는 원스톱 보안협정(One-Stop Security Agreement)에 따라 환승승객과 기내 휴대물품, 위탁수하물 및 화물이 출발지역에서 적절히 보안검색 되었으며, 환승공항에서 출발하는 지점까지 불법방해행위 등으로부터 보안이 확보되었을 경우 연결공항에서 재검색을 면제받을 수 있다.

나. 원스톱 보안협정이 효력이 없는 경우, 환승승객과 환적수하물을 포함한 모든 승객과 수하물은 항공기, 보안검색 완료구역 또는 보안제한구역에 접근을 허가받기 이전에 적절한 보안검색을 받아야 한다.

(5) 위탁수하물 탑재시 보안대책

위탁수하물 탑재시 보안대책은 다음과 같다.

가. 승객과 위탁수하물의 일치여부를 반드시 확인하여야 한다.

나. 승객과 위탁수하물 일치여부 확인자의 자격 기준 및 확인자를 지정하여야 한다.

다. 위탁수하물의 운송적합 여부결정, 운송인가자 또는 출발승인 책임자의 교육이수 등 자격기준 및 지정 절차를 준수하여야 한다.

라. 환승승객·승무원의 위탁수하물 및 비동반 위탁수하물 수량을 확인하여야 한다.

마. 항공사 자체문서 및 승객과 함께 가지 않는 수하물 탑재 확인 및 책임자를 지정하여야 한다.

자동 수하물위탁처리시스템

(6) 탑승거부 및 미확인 위탁수하물 처리절차

탑승거부 및 미확인 위탁수하물 처리절차는 다음과 같다.

가. 보안상 또는 보안검색 거부 등의 사유로 탑승이 거부된 승객의 위탁수하물을 항공기에 탑재하여서는 아니되며, 탑재된 경우 이를 즉시 하기하여야 한다.

나. 보안상 또는 보안검색 거부 등의 사유로 탑승이 거부된 승객의 위탁수하물을 하기한 경우 별도의 보안통제로 해당 승객에게 인계하여야 하며, 필요시 공항운영자와 협의하여 보안검색을 실시하여야 한다.

다. 보안통제 또는 보안검색 결과 이상이 없고 해당 승객에게 인계되지 아니한 경우 위탁수하물 보관지역에 보관할 수 있다.

라. 잘못 처리된 위탁수하물이 발견된 경우에는 보안검색을 완료한 후 소유자에게 운송되기 전까지 비인가자의 출입이 통제되는 장소에 보관하여야 한다.

마. 위탁수하물의 보관·이동·탑재 과정 중에 미확인 위탁수하물을 발견한 경우 즉시 공항운영자에게 통보하여야 하며, 보안검색결과 이상이 없는 경우 위탁수하물 보관지역에 보관할 수 있다.

(7) 승객 및 위탁수하물의 일치확인 절차

승객 및 위탁수하물 일치란 항공기에 탑재되는 위탁수하물은 소유주가 해당 편에 미 탑승하였을 경우 항공기에서 수하물을 하기하는 것을 말하여 지연, 오처리된 수하물 또는 항공기 운영상의 이유로 승객과 분리된 수하물이 적절한 보안검색을 거친 경우에 탑재되도록 하는 과정을 의미하며 다음 절차에 따라야 한다.

가. 공항지점 SOP 포함사항

1) 승객 및 수하물의 일치 확인 절차
2) 위탁수하물과 승객 일치여부 확인자의 자격 기준 및 지정
3) 위탁수하물의 운송 적합 여부결정, 운송인가자 또는 출발 승인 책임자의 교육 이수 등 자격기준 및 지정절차

BHS운영센터내 CCTV감시시스템

4) 환승승객 · 승무원 및 비 동반 위탁수하물 수량 확인절차
5) 항공사 자체문서 및 승객과 함께 가지 않는 수하물에 대한 탑재 확인 및 책임자 지정여부

나. 항공기 출발전 수하물 일치여부 확인 및 조치절차

운송직원은 항공기에 탑재된 수하물이 탑승한 승객 및 승무원과 일치하는지 여부를 확인 후, 항공기를 출발시켜야 하며, 다음과 같은 절차를 준수하여야 한다.

1) 탑승수속 후 탑승하지 않은 승객이 있을 경우 보안검색을 완료한 위탁수

하물 일지라도 운송될 수 없으며 해당 승객의 위탁수하물을 항공기에서 하기후 운항하여야 한다.

2) 운송직원은 상기 가항에 해당하는 위탁수하물을 하기 후 그에 대한 정보를 기장에게 W&B Sheet상의 LMC(LastMinute Changes)난에 기재하여 통보하여야 한다.

다. 미 탑승 승객의 수하물이 탑재되었다는 정보 입수시 대응절차

1) 공항지점에서 항공기 운항 중 미 탑승 승객의 위탁수하물이 탑재된 사실을 인지한 경우 출발지 공항 지점장은 해당 승객을 신속히 추적하여 해당 사실 및 승객 추적 결과를 관계기관 신고 후, 종합통제실 및 운송담당부서로 통보한다.

2) 출발지 공항 지점장은 해당 승객의 수하물의 탑재위치 및 수량, 내용 등의 자료를 확보한 후, 종합통제실로 통보하여 기장에게 정보가 신속히 전달되도록 한다.

3) 안전보안 담당부서(장)는 관계기관의 조사 결과에 따라 필요시 관련부서와 협의 후, 항공기 안전운항을 위해 가장 가까운 대체공항으로 회항(Divert)을 결정할 수 있다.

4) 단, 승객의 신병이 확보되고 관계기관에 의한 조사결과 의심점이 없다고 판단되며 해당 수하물의 검색이 완료되었음이 확인될 경우 목적지까지 운항하도록 할 수 있다.

5) 종합통제실에서 항공기 운항 중 미 탑승 승객의 위탁수하물이 탑재된 사실을 인지한 경우 Company Radio, ACARS, SATCOM, VHF/HF 무선통신장치로 해당편 기장에게 이 사실을 통보하고, 가장 가까운 공항에 회항준비를 하며, 항공기 회항 결정시에는 승무원에게 통보 및 회항에 필요한 제반 조치를 취해야 한다.

6) 기장은 종합통제실로부터 회항 결정을 통보받으면, 기장은 객실사무장에게 이 사실을 통보하고, 착륙준비를 한다.

7) 기장은 출발 전 탑승하지 않은 승객의 수하물이 하기 되었는지를 확인 후 운항하여야 한다.

3. 무기반입 등 보안통제

(1) 무기반입시 보안절차

항공기내로 무기를 반입하려는 사람은 「항공보안법 시행규칙」 제12조의2(기내 무기반입 허가절차) 절차에 따라 관할 지방항공청장의 허가를 받아야 하며, 항공운송사업자는 지방항공청장의 허가를 받은 무기 등을 기내로 반입할 수 있다.

가. 대상 무기류의 종류

1) 항공기 내 반입가능 무기류
외국 정부의 중요인물에 대해 「대통령 등의 경호에 관한 법률」, 「경찰관 직무집행법」, 「항공보안법」에 따른 경호업무 수행을 위한 무기
2) 위탁수하물 탑재가능 무기류 : 무기소지 증명서류를 소지한 승객의 무기

나. 모든 무기류는 다음과 같이 관계기관장의 사전 승인을 받거나, 적절한 허가증이 있을 경우에 항공기내 반입 또는 위탁수하물 칸에 탑재할 수 있다.
1) 항공기내 반입 : 지방항공청장
2) 위탁수하물 탑재 : 관할 지방경찰청장 또는 경찰서장이 허가한 총기소지 허가증을 소지한 개인 및 취급업체

다. 해당공항의 지점장은 해당 편 기장 및 객실사무장(선임승무원)에게 무기류 소지 인원 수, 이름, 무기종류, 좌석번호, 소지이유, 탑재위치 등의 정보를 설명해 주어야 하며, 기장은 이러한 사항을 확인 · 조치한다.

라. 항공기내로 반입한 경우에는 목적지 공항 도착 후 해당 공항 지점장은 현지 경찰, 세관 등 관계기관 담당자와 동행하여 기장으로부터 해당 무기류 및 총기류를 인수하여 통관 등 필요한 조치를 취하여야 한다. 이를 위하여 기장은 승객이 완전히 하기하지 않은 경우라도 조종실문을 개방할 수 있다.

마. 항공기내보안요원의 무기류 탑재는 지방항공청장의 승인을 받아 운영하여야 한다.

바. 무기류 및 기타 총기류를 운송할 경우에는 관련 국가의 법규를 위반하는 일이 없도록 관련 국가의 보안기관과 사전 협의를 완료하여야 하며, 출발 공항지점은 이를 확인하여 유관부서에 통보하여야 한다.

제3절 액체 · 분무 · 겔류(LAGs) 보안대책

1. 관련규정 및 적용범위

(1) 「항공보안법」 제14조(승객의 안전 및 항공기의 보안)에 따라 공항운영자 및 항공운송사업자는 액체, 겔(gel)류 등 국토교통부장관이 정하여 고시(액체 · 분무 · 겔류[12] 등 항공기내 휴대 반입 금지물질 운영기준)하는 항공기 내 반입금지 물질이 보안검색이 완료된 구역과 항공기 내에 반입되지 아니하도록 조치하여야 한다.

(2) 「액체 · 분무 · 겔류 등 항공기내 휴대 반입금지물질 운영기준」 국토교통부 고시는 액체 · 분무 · 겔류 등 항공기내 휴대반입금지물질을 정하여 액체폭발물에 의한 불법방해행위로부터 항공기를 이용하는 자의 생명과 재산을 보호하기 위함을 목적으로 하고 있다.

(3) 이 지침은 대한민국 내에 위치한 공항에서 출발하는 모든 국제선 여객항공편 또는 통과 및 환승 항공기를 이용하여 여행하는 승객이 휴대 운반하는 LAGs에 대하여 적용한다.

(4) 보호구역 및 항공기로 출입하는 공항근무자의 개인용품(음료, 향수, 화장품, 의료품 및 유사용품)은 국가 항공보안 우발계획에 의한 항공보안등급이 상향조정되거나 테러발생 위협이 고조되는 경우 등 필요시 승객에 대한 보안통제와 동일하게 적용한다.

2. 기내반입 허용요건

보안통제에서 제외되어 반입 허용되는 액체류 물질은 다음과 같다.

(1) 승객의 휴대물품으로써 다음의 요건을 모두 충족하는 액체류

가. 단위용기 당 100㎖(또는 이와 동등한 용량의 단위인 온스, 그램 등으로 표

12) 액체 · 분무 · 겔류는 Liquids, Aerosols and Gels를 말하며, 약어로 'LAGs'라 한다.

시 가능 : 3.4온스 또는 100g 등)이하의 용기에 담아 운반 (단, 100㎖를 초과하는 빈 용기는 반입 가능)

나. 최대용량 1L를 초과하지 않는 재봉인 가능 투명봉투(TRSPB , 크기: 20.5㎝×20.5㎝, 25㎝×15㎝, 또는 이와 동등한 크기)에 담아 운반 (단, TRSPB가 완전히 닫힐 수 있을 것)

다. 승객 1인당 1개의 TRSPB만 허용

(2) 유아식 · 의약품 · 특별식이 처방음식 등 비행여정 중 승객의 건강 등을 위해 반드시 휴대가 필요한 액체류 물품으로 공항검색대에서 검색이 완료된 물품과 승객에게 요구하여 물품의 출처에 대한 증명이 확인된 경우에는 상기(1)항의 반입요건을 충족시키지 않을 수 있다.

(3) 공항 또는 기내 면세점에서 구매한 액체류 면세품으로써 액체류보안봉투(STEB)에 구매영수증을 넣고 밀봉하여 기내로 반입되는 물품. 다만, 해당 항공편이 통과, 환승 또는 도착하는 공항의 보안당국 또는 외국정부가 허용하지 않는 경우에는 기내로 반입해서는 아니 된다.

(4) 비행 · 객실서비스 등 업무수행을 위해 해당 항공편에 탑승하는 운항승무원[조종사, 탑승정비사, 운항관리사, 객실승무원, 예비승무원(extra crew) 포함]의 개인용품

(5) 국가항공보안계획 및 자체보안계획에 따라 적절한 보안통제가 이루어진 기내식 및 기내 저장품(액체류 면세품 포함)

(6) 공항근무자가 직무를 수행하기 위해 합법적으로 소지한 LAGs용품(청소제재, 실란트, 위생제, 접착제, 페인트 및 오일류 등)

(7) 소방관 · 응급구조원 등이 긴급상황대응을 위해 반입하는 액체류

(8) 보안청정구역에서 구매 또는 취득한 뚜껑이 있는 음료수는 기내로 반입할 수 있으나, 커피 · 차 등 뜨거운 음료수는 제외된다.

(9) 재봉인 가능 투명봉투(TRSPB)를 이용하지 아니하고도 비행여정 동안 필요한 양만큼은 허용된다. 다만, 필요한 양에 대한 판단을 위해 승객은 보안검색요원에게 제외대상 품목과 관련된 증빙서를 제시하여야 한다.

(10) 승객이 자신의 의약품에 대해서 민감할 수 있으므로 의약품 검색시 주의해야 한다. 보안검색 결과 의심스러운 LAGs는 보안검색대를 통과할 수 없으며, 승객이 해당 LAGs가 반드시 필요하다고 주장하는 경우 항공여행을 중단하도록 권고하여야 한다.

(11) 기내반입 허용에도 불구하고, 해당 액체류가 항공기내 반입금지 위해물품과 유사한 특성을 보이거나 위해가능성이 있다고 판단되는 경우에는 항공기 내로 반입하여서는 아니 된다.

3. 액체류 보안통제 대책

승객의 액체류 휴대물품에 대한 검색은 1차적으로 공항운영자가 공항 보안검색대에서 실시하며, 항공운송사업자는 승객의 액체류 휴대물품에 대하여 다음과 같이 보안통제를 실시하여야 한다.

보안통제 대상 액체류

(1) 홈페이지 및 탑승수속대 보안통제

가. 홈페이지 홍보 및 탑승수속대 등에서 포스터 또는 안내판 등을 비치하는 등 승객에게 액체류 기내반입금지물질 및 반입요건에 대하여 적극 홍보하여야 한다.

나. 탑승수속시 운송직원은 기내 반입 허용요건을 충족하지 않는 액체류는 보안검색시 압수될 수 있음을 승객에게 알리고, 해당 액체류를 위탁수하물로 운송할 수 있도록 안내하여야 한다.

(2) 탑승구 보안통제

가. 탑승구 직원은 승객이 기내반입 허용 요건을 충족하지 않는 액체류 휴대물품을 소지한 것을 인지한 경우, 해당 액체류가 객실내로 반입되지 않도록 조치하여야 한다.

나. 탑승구 직원은 승객이 소지한 STEB이 개봉 또는 훼손된 것을 인지한 경우, 해당 액체류를 객실내로 반입되지 않도록 조치하여야 한다.

다. 탑승구 직원은 승객의 액체류 휴대물품에 기내반입금지 위해물품이 포함된 것을 인지한 경우, 해당 액체류를 객실내로 반입되지 않도록 조치하여야 한다.

라. 국제선 항공편이 통과, 환승, 도착하는 공항의 보안당국 또는 외국정부가 출발공항에서 별도의 액체류 탑승구 2차 검색을 요구하는 경우에는, 관련 절차에 따라 보안검색을 실시한다.

(3) 기내에서의 보안통제

가. 객실 승무원 등은 국토교통부 고시에서 규정하는 기내반입 금지 위해물품(액체류)이 객실 내에 반입된 것을 인지한 경우, 해당 액체류를 즉시 압수·격리하고 기장, 선임객실승무원 또는 해당 공항지점(보안담당자)에 통보하여야 한다.

나. 객실승무원 등은 기내에서 반입금지 위해물품(액체류)을 불법방해행위 등의 목적으로 사용코자 하는 것을 인지한 경우, 「항공보안법」 제22조(기장 등의 권한)에 따라 조치하여야 한다.

다. 업무수행을 위해 해당 항공편에 탑승하는 기장 등의 액체류 휴대물품은 보안검색을 받은 경우 별도의 요건 없이 반입할 수 있다.

라. 항공운송사업자는 기장 등의 휴대물품에 기내 반입금지 위해 물품이 포함되지 않도록 사전 교육과 조치를 취하여야 한다.

마. 항공기 청소 등 공항근무자의 직무수행에 필요하여 반입하는 액체류 물품은 반입이 가능하나, 해당 근무자의 신원조사 등 필요한 보안조치를 취하여야 한다.

바. 국토교통부장관이 지정한 'STEB 상용공급자'가 제조 또는 공급하는 STEB 만을 사용하여야 하며 STEB 보안에 대한 총괄 책임자는 항공사의 안전보안 부서의 장으로 한다.

(4) STEB 인수인계 절차

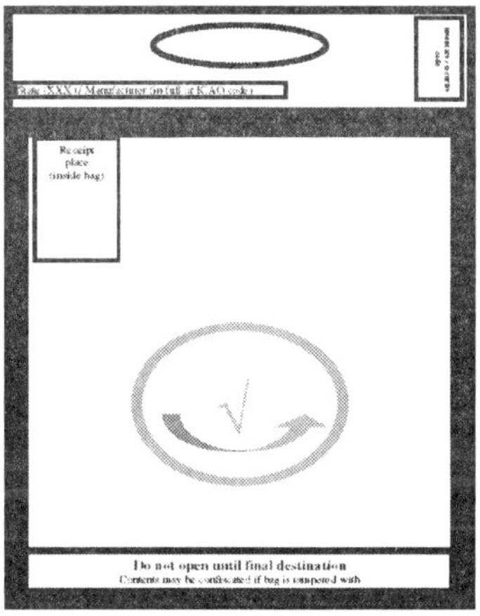

STEB 봉투

가. 항공운송사업자는 STEB 상용공급자 선정시 보안당국으로부터 승인된 STEB상용공급자 여부를 확인하며 비인가된 STEB상용공급자로부터 STEB을 공급 또는 인수받아서는 아니 된다.

나. 안전보안 부서의 장은 STEB 상용공급자로부터 STEB 인수 시, 다음 요건에 충족하는지 확인하고 요건에 부합되는 STEB 만을 수령하여야 한다.

1) 봉인된 포장박스(상단 및 하단의 봉합부에 봉인도장이 찍히고 투명 포장테이프로 밀봉한 후, 십자 모양으로 2차 봉인될 것)에 담겨져 운반된 것

2) 'STEB 상용공급자'와 계약시 지정된 차량 및 운전원에 의해 운반된 것

3) STEB 관련 서류와 배달 송장이 함께 배송될 것

다. 안전보안 부서장은 STEB 인수시 서식에 따라 STEB인계·인수대장에 서명하고, STEB관련 서류·배달 송장과 함께 최소 3년간 보관하여야 한다.

(5) STEB 보관관리 절차

가. 항공운송사업자는 인수한 STEB이 항공기내에서 사용되기 전까지 안전하게 보관 관리될 수 있는 보관장소를 지정하고, 보관된 STEB이 도난·훼손되지 않도록 출입통제 등의 보안 조치를 취하여야 한다.

나. STEB 보관관리 책임자를 지정하고, 보관된 STEB에 접근할 수 있는 직원을 최소한의 인원으로 인가하고 관리하여야 한다.

(6) STEB 탑재 및 기내 사용관리 절차

가. STEB은 기내식 및 기내 저장품과 동일한 보안절차에 따라 인가된 직원이 봉인된 차량으로 항공기까지 운반되어야 하며, 반드시 객실 사무장(선임승무원)에게 인계한다.

나. STEB 인수자는 반입되는 STEB 갯수 및 훼손여부를 확인하고, 별지 서식에 따라 'STEB 기내사용/인계인수대장'에 서명 한 후 인수받는다.

다. 객실사무장(선임승무원)은 일반 승객이 해당 STEB에 접근하지 못하도록 별도의 장소에 보관하거나 시건하여야 한다.

라. STEB은 기내에서 판매하는 액체류 면세품 중 비행여정의 단계(환승 · 통과 포함)에서 보안검색 대상이 될 수 있는 액체류에 대해서만 사용하고, 사용시 STEB 안(봉투 안쪽 주머니 또는 고정)쪽에 판매 영수증을 부착하고 승객에게 전달하여야 한다.

마. 객실사무장(선임승무원)은 해당 항공편에서 사용한 STEB과 남은 STEB의 수를 파악하여, 항공기 도착후 별지서식 'STEB 기내사용/인계인수대장'을 작성 · 서명후, 담당직원에게 남은 STEB과 함께 인계하여야 한다.

바. 객실사무장은 STEB의 인수인계를 기내판매담당 승무원에게 위임할 수 있다.

(7) 액체류(LAGs) 물품 상용공급자 지정 및 책무

가. 국제선 항공편에서 기내 액체류 면세품을 판매하기 위해서는 국토교통부장관으로부터 '액체류 물품 상용공급자'로 지정받아야하며, 액체류 보안대책을 철저히 이행하여야 한다.

나. 액체류 보안대책에 대하여 연 1회 이상 검토 후, 보완 필요시 보안계획의 개정을 신청 하여야 한다.

다. 항공운송사업자는 액체류 취급과 관련된 직원 및 외주업체 직원에 대하여 연 1회 이상 액체류 보안통제와 관련된 교육을 실시하거나 실시되고 있는지 확인하여야 한다.

라. 항공운송사업자는 관련 부서 및 외주 업체의 액체류 보안통제 관련 이행확인을 위해 분기별로 자체점검을 실시하고, 미흡 사항에 대해 보완조치토록 하며, 해당 자체점검 결과 및 보완조치 사항은 최소 3년간 보관하여야 한다.

제4절 외교행낭 및 우편물 등 보안통제

1. 외교행낭 및 우편물 등 보안통제

(1) 항공기내로 반입하려는 외교행낭 및 우편물(상업서류 송달 포함)의 개봉검색 등 보안검색을 면제하려는 외교행낭은 다음과 같은 조건을 모두 갖춘 경우에만 해당한다.

가. 외교행낭은 외교신서사(外交信書使)의 신분을 증명할 수 있는 공문서 및 외교행낭의 수를 표시한 공문서를 소지한 사람과 함께 운송하여야 한다.

나. 외교행낭의 외부에 외교행낭임을 알아볼 수 있는 표지와 국가표시가 있어야 한다.

다. 불법방해 행위에 사용할 수 있는 무기 또는 폭발물 등 위험성이 있는 물건들이 없다는 것을 증명하는 해당 국가 공관의 증명서를 관할 지방항공청장이 인증해야 한다.

(2) 외교신서사가 탑승하지 아니한 경우에는 보안검색이 면제된 외교행낭을 운송해서는 아니 되며 의심스러운 외교행낭 등의 물품은 공항보안감독자에 의해 확인되기 전까지 항공기로 운송할 수 없다.

(3) 외교행낭에 의하지 아니한 대사관의 서신은 일반 우편물 보안절차와 같은 방법으로 보안통제를 실시하여야 한다.

(4) 항공운송사업자의 우편물은 엑스선검색 또는 개봉검색 등의 보안검색을 완료한 후 위탁수하물(화물)로 송부하여야 한다.

(5) 항공운송사업자의 우편물을 접수한 공항지점은 회사 우편물에 대한 접수대장을 기록·유지하여야 하며, 우편물 발송 후 도착지 및 경유지 공항지점에 통보하여야 한다.

(6) 상업서류 송달 서비스는 한 명 혹은 여러 명의 의뢰인으로부터 접수된 물품을 한 명의 상업서류 송달업무 담당자가 일반 승객의 위탁수하물 서류와 동일한 절차에 따라 운송하는 절차로 일반 위탁수하물과 같이 검색되어야 한다.

2. 비행서류 보안관리

(1) 공항지점장은 위조된 항공권의 사용 및 허가되지 않은 물품 등의 반입을 방지하기 위하여 미사용 탑승권 및 수하물 꼬리표 등의 비행서류는 비인가자가 접근하지 못하도록 관리하여야 하며, 업무 종료후 시건장치가 있는 지정된 장소에 보관하여야 한다.

(2) 비행서류의 취급 및 배포는 항공사 직원 또는 지정된 항공사 대리인만이 할 수 있다. 다만, 키오스크(탑승권 무인발급기) 등 자동화 기기로 승객이 탑승권, 수하물 꼬리표를 직접 발급하는 경우에는 예외로 할 수 있다.

(3) 비행서류 관련 부서에서는 각 담당 지역별로 해당 비행서류를 관리하는 감독자를 지정하고, 지정된 감독자로 하여금 정기적인 검사를 실시하도록 하여야 한다.

(4) 탑승증명, 수하물표, 승객탑승명세서 등 승객 및 수하물 운송에 관련된 비행서류는 그 실물 또는 이를 대체할 수 있는 전산자료로 1년 이상 관리 보관하여야 하며, 기장통보서 및 무기운송보고서는 비인가자 접근이 불가한 통제된 장소에 보관하여야 한다.

(5) 탑승관련 전산자료의 접근은 별도의 담당자를 지정하여 담당자 외에는 임의 열람이 되지 않도록 관리하여야 하며, 비행서류(탑승권, 수하물 꼬리표, 승객탑승명세서, 화물탑재명세서, 기장통보서, 무기운송 보고서, 기타 국토교통부장관이 정하는 비행서류)의 배포 및 취급은 항공운송사업자 소속직원 또는 조업사 직원 등 지정된 대리인만 할 수 있다.

(6) 탑승권 발급기는 비인가자가 접근하지 못하도록 담당직원에 코드를 부여하는 등 접근권한을 제한하고 장비에 대한 암호화 등 보안조치를 하여야 한다.

(7) 공항지점장의 관리감독사항

공항지점장은 비행서류를 관리하는 감독자가 되어 비행서류의 보관 상태에 대한 정기적인 검사를 실시하여야 하며 규모가 큰 공항은 별도의 감독자를 지정하여 다음과 같이 운영할 수 있다.

가. 지점장이 비행서류 담당자 중에서 관리자를 지정한다.

나. 비행서류 보안담당자는 차하급자 중에서 지점장이 지정한다.

다. 지점장은 비행서류 총괄 감독자로서 다음사항을 주기적으로 점검을 실시하여야 하며. 지점장이 부재시에는 보안담당자가 업무를 대행할 수 있다.

1) 비행서류 보관함 시건여부(사용 후 시건상태 유지)

2) 비인가자의 취급 및 접근 가능성(접근 방지책 강구 등)

3) 비행서류 보관상태(보관 목록표 유지)

4) 비행서류 출납기록부 기록유지

5) 공항지점 사무실, 발권카운터 및 탑승구 등에서의 비행서류 방치 여부

라. 점검주기 : 지점장 매일 1회 이상, 담당자 업무 인수인계시

마. 비행서류의 배포 및 취급은 당사 직원 또는 조업사 직원 등 지정된 대리인만이 수행하여야 한다.

비행서류 보관함

제5절 기내반입금지 위해물품

1. 관련법규

(1) 「항공보안법」 제21조(무기 등 위해물품 휴대 금지)에 따라 누구든지 항공기에 무기, 탄저균, 천연두균 등의 생화학무기, 도검류, 폭발물, 독극물 또는 연소성이 높은 물건 등 국토교통부장관이 정하여 고시 「항공기 내 반입금지 위해물품」하는 위해물품을 가지고 들어갈 수 없도록 규정하고 있다.

(2) 다만 경호업무, 범죄인 호송업무 등 대통령령으로 정하는 특정한 직무를 수행하기 위하여 「항공보안법 시행령」 제18조의2(특정 직무의 수행) 규정에 따라 "경호업무, 범죄인 호송업무 등 특정한 직무"란 다음의 업무를 말한다.

가. 대통령 등의 경호에 관한 법률에 따른 경호업무
나. 경찰관 직무집행법에 따른 요인경호업무
다. 외국정부의 중요 인물을 경호하는 해당 정부의 경호업무
라. 법제24조에 따른 호송대상자에 대한 호송업무
마. 항공기내의 불법방해행위를 방지하는 기내보안요원의 업무

(3) 「항공보안법 시행령」 제19조(기내 반입무기)에서 "대통령령으로 정하는 무기"란 다음과 같은 무기를 말한다.

가. 총포 · 도검 · 화약류 등의 안전관리에 관한 법률 시행령 제3조에 따른 권총
나. 총포 · 도검 · 화약류 등의 안전관리에 관한 법률 시행령 제6조의2에 따른 분사기, 동법 시행령 제6조3에 따른 전자충격기
다. 국제협약 또는 외국정부 와의 합의서로 휴대 허용되는 무기

2. 기내반입금지물품 등 처리절차

(1) 기내반입금지물품 발견시 조치

보안검색요원은 보안검색과정에서 「항공기내 반입금지 위해물품」을 발견한 경우에는 승객에게 위탁수하물 처리 또는 운송 포기를 요구할 수 있으며, 처리 또는 포기를 거부할 경우에는 보안검색감독자에게 통보하여 조치하여야 하고,

승객이 운송을 포기한 물품은 절차에 따라 처리하여야 한다. 보안검색 과정에서 발생하는 포기물품은 공항운영자(검색업체)가 안전하고 투명한 절차에 따라 처리하여야 한다. 포기물품은 검색업체 별로 매일 수거하여 창고에 일시 보관한 후 매월 또는 수시로 복지시설·공익단체 등에 기증하거나 폐기하여야한다. (기증물품: 사회복지단체 등에서 재활용이 가능한 물건 등, 폐기물품: 유해한 화학물질 등) 검색업체가 포기물품을 처리하는 경우에는 포기물품의 기증 또는 폐기처리 결과를 공항운영자에게 제출하여야 하며, 기증내역 및 현황에 관한 기록을 유지하여야 한다.

(2) 기내반입금지물품 발견시 회수절차

출국장에서 보안검색시 적발된 기내 반입금지 위해물품은 환송객에게 인계하거나 위탁수하물(인화성 물질 등은 제외)로 처리할 수 있음을 안내하여야 한다.
승객 사정으로 환송객 인계 또는 위탁수하물 등의 방법으로 처리할 수 없는 경우 폐기함에 버릴 수도 있음을 안내하고 승객이 해당 물품을 폐기함에 넣을 경우에 해당 물품이 사회복지단체 등에 기증되거나 폐기됨을 알려야 한다.
환승장 보안검색과정에서 적발된 포기물품 중에 도검류·공구류 등은 위탁수하물로 처리하도록 안내하며, 해당 항공사에 연락하여 해당물품을 인계하되 인화성 물질 등은 회수한 후 폐기하여야 하며 해당 승객이 안내에 협조하지 않을 경우에는 항공사에 연락하여 승객을 인계하여야 한다.

(3) 항공기내 반입금지 위해물품

가. 국토교통부 고시 제2019-337호(2019.6.28)에 따라 항공기 기내 반입금지 위해물품 목록이며, 출발지 국가 규정과 상이할 경우 해당국의 규정을 우선 적용할 수 있다.

나. 국토교통부 고시에서 정하지 아니한 물품 또는 반입을 허용하는 물품이더라도 해당 공항의 보안검색감독자 또는 항공운송사업자가 항공기 안전 및 승객·승무원에게 위해를 줄 수 있다고 판단하는 경우에는 항공기내 반입을 금지할 수 있다.

다. 국토교통부 고시에서 정한 물품 중「항공위험물 운송기술기준」제210조에서 정한 위험물에 대해서는 해당 고시에서 정한 방식에 따라 반입·운송하여야 하며, 그 외의 항공위험물에 대해서는 해당 고시에 따라 객실 또는 위탁수하물로 반입해서는 아니 된다.

라. 항공기내로 반입코자 하는 물질이 화학성·유독성 물질인 경우에는 승객이「산업안전보건법」에 따른 물질안전보건자료를 해당 항공운송사업자에게 제시하고 안전한 물질로 판단되는 경우에 한해 위탁수하물로 반입이 가능하다.

마. 국제선 항공기 객실 내에 반입되는 액체·분무·겔류의 경우에는 국토교통부 고시에서 정한「액체·분무·겔류 등 항공기내 휴대반입금지 물질 운영기준」에 적합한 경우에만 객실반입이 가능하다.

바. 항공기내 반입금지위해물품의 처리절차는 다음 표와 같다

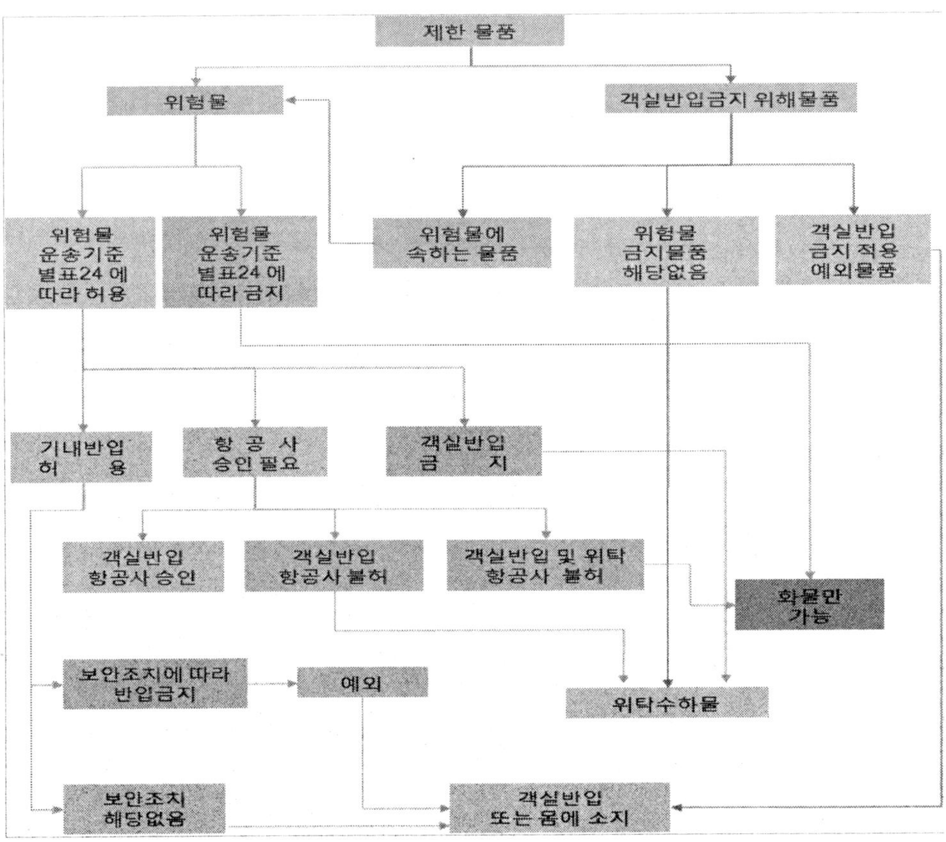

제5장 항공기 보안대책

제5장 항공기 보안대책

제1절 기장 등 권한 및 위임

1. 기장 및 승무원의 권한

항공기 기내에서 불법방해 행위로부터 항공기의 안전을 확보하기 위하여「항공보안법」및「항공안전법」에 명시된 기장 등 권한과 그 권한 위임에 대하여 설명하고자 한다.

(1) 관련법규

가.「항공보안법」제22조(기장 및 승무원의 권한)
나.「항공안전법」제62조(기장의 권한 등)
다.「사법경찰의 직무와 그 직무범위에 관한 법률」제7조
라. 기내범죄 및 기타 행위에 관한 협약(동경조약 제3장)

(2) 기장의 권한

기장의 권한은 다음과 같다.

가. 기장은 항공기내 보안업무에 대해 승무원을 지휘 및 감독할 책임이 있다.
나. 기장 등은 항공기내 불법방해 행위가 발생하였거나 발생이 우려되는 경우에는 필요한 조치를 하여야 한다.
다.「항공보안법」제22조(기장 등의 권한)에 따라 기장 등의 요청을 받은 항공기 탑승 업무를 지원하는 항공사 소속 직원 등은 항공기의 보안을 해치

는 행위, 인명이나 재산에 위해를 주는 행위, 기내의 질서 문란 및 규율을 위반하는 행위를 하려는 사람에 대하여 그 행위를 저지하기 위한 필요한 조치를 할 수 있다.

라. 기장 등은 운항중인 항공기내 불법 행위자를 사법경찰관리 권한으로 체포할 수 있으며, 항공기 내에서 죄를 범한 범인을 직접 또는 해당 관계기관 공무원을 통하여 해당 공항을 관할하는 국가경찰관서에 인도하여야 하고, 불법 행위자가 체포상태로 계속 탑승하는 것에 동의하거나 체포된 사람을 하기시킬 수 없는 특별한 사유가 있는 경우를 제외하고는 체포한 상태로 이륙하여서는 아니 된다.(「사법경찰관리의 직무를 수행할 자와 그 직무범위에 관한 법률」 제7조제2항, 「항공보안법」 제25조제1항, 「항공기내에서 범한범죄 및 기타행위에 관한 협약」 제7조)

마. 기장 및 승무원은 항공기 내에서 항공운송사업자의 자체 보안계획에서 규정한 사항을 이행하여야 한다.

(3) 객실승무원의 권한

객실승무원의 권한은 다음과 같다.

가. 구두경고 및 경고장을 제시-무시-안전운항 저해시 사무장은 기장과 협의하며, 보안장비(전자충격기, 포승줄 등)를 사용하여 구금조치하고 주변승객과 격리하여야 한다.

나. 전자충격기는 승객, 승무원의 생명이 위험하고 안전운항이 위태로운 경우에 한하여 소정의 교육을 이수한 승무원이 사용하여야 한다.

다. 위협대상(폭파, 납치 등)에 대해서는 정부 및 공항당국에 보안강화조치를 요청하고 해당 정부, 공항 당국의 보안 강화조치에 따라야 한다. 단, 보안 강화 조치 미흡 시는 더 높은 수준의 대책 요구를 하여야 한다.

2. 기장 · 객실승무원 책임 및 임무

(1) 기장 및 객실승무원 책임

기장 및 객실승무원에 대한 책임은 다음과 같다.

가. 기장 및 객실승무원은 승객의 인명과 재산 및 항공기의 안전을 확보할 책임이 있다.

나. 항공기가 매우 위급한 상황이 발생한 경우, 필요한 대책 강구하고 승객 대피 후 항공기에서 이탈하여야 한다.

다. 위급사태 발생시 또는 타 항공기 사고발생을 인지한 경우에는 즉시 관계기관 및 관련부서에 보고하여야 한다.

라. 범인을 구속한 상태로 착륙한 때에는, 구속된 자가 구속된 상태로 계속 탑승을 동의하거나, 하기시킬 수 없는 사유가 있는 경우 외에는 구속한 상태로 이륙하여서는 아니 된다.

마. 범인을 인도할 때에는 직접 관계기관에 인도하며, 범인을 인수한 기장 및 승무원은 항공기에서 구속을 계속할 수 없을 때에는 관계기관에 지체없이 인도하여야 한다.

바. 기장 및 승무원은 항공기 내에서 항공운송사업자의 자체 보안계획에서 규정한 사항을 이행하여야 한다.

(2) 운항 · 객실승무원 일반적인 임무

운항 · 객실승무원 일반적인 임무는 다음과 같다.

가. 승객, 승무원, 수하물, 화물, 항공기 등을 불법방해행위로부터 보호하여야 한다.

나. 대한민국의 모든 법적 요건과 국제적 기준을 준수한다.

다. 운항 중 보안에 관한 최종적인 책임은 기장에 있으며, 모든 승무원은 적극적으로 보안활동에 동참하여야 한다.

라. 승객과 승무원에 대한 업무수행 방해 및 위협행위, 조종실 무단출입행위 등은 비상상황으로 간주하여야 한다.

마. 특히, 승객, 승무원 및 항공기 안전에 직접 영향을 미치는 행위는 기장이 판단하여 적절한 대응조치를 취하여야 한다.

바. 객실승무원 중 선임 승무원은 자체 보안계획의 이행 및 객실 내 항공보안 업무에 대한 1차적인 지휘·관리감독 책임이 있다.

사. 기장은 항공기의 안전을 확보하기 위하여 운항 전에 합동브리핑을 실시하여야 한다.

(3) 합동브리핑시 포함사항

기장은 항공기의 안전을 확보하기 위하여 운항 전에 다음과 같은 내용이 포함된 합동브리핑을 실시하여야 한다.

가. 조종실 출입통제 절차 및 출입방법

나. 항공기 내외부 점검 결과

다. 기장의 객실승무원에 대한 통제, 명령절차 및 확인

라. 오탑승 방지를 위한 항공기 출입문 앞 탑승권 확인

마. 의심 승객 및 물품 발견 등 보안 위해상황 즉시보고

바. 운항중 조종실 출입을 위한 암구호 및 비상상황 대응을 위한 비상벨 신호 선정 등 조종실 출입절차 확인

사. 운항 전 기내 보안점검 실시 및 보안장비 상태 확인

아. 경유지 및 체류공항 보안활동

자. 긴급사태 발생시 비상연락 및 대응대책

자. 위해인물 탑승 정보

카. 귀중품 및 위험물 탑재 정보

타. 불법방해행위 발생시 승무원의 권한과 책임, 행동요령 등

파. 기타 필요한 정보교환 및 대책 협의 등

제2절 계류 및 운항중 보안대책

1. 계류중 항공기 보안대책

항공기가 계류장에 도착한 이후 승객이 모두 내린 이후부터 항공기가 출발하기 전까지 주기 중 항공기에 대하여 비인가자의 접근을 방지할 수 있도록 다음과 같은 보안대책을 준수하여야 한다.

(1) 기내진입 허용대상

항공기가 공항에 도착 이후부터 다른 목적지 공항으로 출발하기 전까지 업무수행을 목적으로 하는 다음 사람에 한하여 항공기 안으로 진입을 허용할 수 있다.

가. 운항 및 객실승무원

나. 항공사 신분증 소지와 보호구역 출입증을 패용한 직원

다. 해당 공항의 보호구역 출입증을 패용하고 회사 신분증을 소지한 사람으로 항공운송사업자의 자체 보안계획에서 규정한 지상 조업체 직원

라. 항공보안 업무 등 공무수행을 하는 항공보안 · 항공안전감독관으로서 감독관 증표 또는 공무원증을 소지하고 해당 항공사직원과 동행하는 사람

마. 불시평가를 수행하는 항공보안감독관은 항공사 직원과 동행하지 않을 수 있다.

(2) 비인가자 접근시 보안통제

가. 승무원을 포함한 모든 직원은 해당 항공편 탑승권을 발급받지 않은 승객 및 기타 상주직원 등 확인되지 않은 사람이 항공기에 접근시에는 먼저 출입을 통제하고 탑승권 또는 신분증을 요청하여 확인하여야 한다.

나. 비인가자 및 신원확인이 불가능한 경우에는 동 인원을 통제하고 즉시 관계기관에 알려 적절한 조치를 하여야 한다. 또한, 항공기내 비인가자의 불법출입을 인지하였을 경우에는 관계기관에 알리고 관계기관의 지침에 따라 항공기의 보안수색을 실시하여야 한다.

다. 정부 감독관을 포함하여 항공사 소속직원 이외의 사람들이 항공기를 출입할 때에는 감독관임을 확인할 수 있는 사진이 부착된 유효한 신분증명서 등을 확인하여야 한다.

비인가자 신원확인 및 출입통제

2. 운항중 항공기 보안대책

계류장에서 모든 승객이 탑승하고 항공기가 이륙 후 목적지 공항에 도착하여 승객 하기를 위하여 출입문이 열리 때까지 운항중인 항공기에 대한 보안확보를 위하여 다음과 같은 보안대책을 준수하여야 한다.

(1) 기내 순찰

객실승무원이 실시하는 기내 순찰요령은 다음과 같다.

가. 객실승무원은 승객 탑승 및 운항 중에 안전운항 확보 및 위해 행위 방지를 위하여 수시로 기내 순찰을 실시하여야 한다.

나. 기내 순찰 중에 안전운항을 저해할 우려가 있는 승객의 의심스러운 행동 발견 시 또는 의심물품 발견 시에는 즉시 선임 승무원에게 보고하고 브리핑시 약정된 방법 등으로 기장에게 보고하여 필요한 조치를 하여야 한다.

다. 객실승무원은 승무원 휴게실을 사용하지 않는 경우에는 항상 시건 상태를 유지하도록 하고, 항공기 착륙 전 승무원 휴게실 등 승객이 은신할 수 있는 장소에 대하여 보안점검을 실시한 후 이상 유무를 기록하여야 한다.

3. 도착 및 경유지공항 보안대책

운항 및 객실승무원이 도착지 및 경유지 공항에서 체류 중일 때 테러 위협으로부터 안전 확보를 위하여 개인별 및 호텔에서 준수하여야 하는 보안대책은 다음과 같다.

(1) 승무원 개인보안

가. 기장 등은 호텔 등 공공장소에서 항공기 테러를 감행할 수 있는 불순분자에 의해 위해물품이 승무원 가방을 이용하여 반입될 여지가 있으므로 방치해서는 아니 되며, 만약 승무원 가방을 잠시 방치했을 경우에는 항공기 탑승 전에 본인의 소유물이 아닌 다른 물품이 들어 있는지를 반드시 확인하여야 한다.

나. 승무원 ID 카드는 항공기 탑승 후에는 분실되지 않도록 별도 보관하여야 한다.

다. 대중시설 및 공공장소에서는 범행 대상이 될 수 있는 공금 및 개인의 돈을 취급 및 노출해서는 아니 된다.

라. 회사 유니폼 등 각종 지급품과 비행자료 관리책임은 개인에게 있으며, 분실·유출시 악용될 소지에 대비해 취급에 유의하여야 한다.

(2) 승무원 호텔보안

가. 호텔 등 공공장소에서 항공기 테러에 이용될 수 있는 Room List가 타인에게 노출되지 않도록 보관에 유의하여야 한다.

나. 가급적 지상층에 있는 방을 요청하여 배정받으며, 동료 승무원과 격리된 방은 배정받지 않도록 하여야 한다.

다. 외출시 사무장에게 행선지, 연락처, 용무 등을 알리며 호텔 전화번호와 주소 등을 숙지하고, 납치 등에 대비하여 2인 1조로 단체 행동을 권장한다.

제3절 항공기 조종실 보안대책

1. 조종실 보안통제

항공기 조종실 출입은 허가된 인원을 제외하고는 누구도 조종실에 출입할 수 없도록 다음과 같이 엄격한 출입통제가 이루어야 한다.

(1) 조종실 출입통제 근거

가. 「항공보안법」 제14조(승객의 안전 및 항공기의 보안)제3항에 따라 항공운송사업자는 조종실 출입문의 보안을 강화하고 운항 중에는 허가받지 아니한 사람의 조종실 출입을 통제하는 등 항공기에 대한 보안조치를 하여야 한다.

나. 운항전 합동브리핑시 기장은 모든 승무원에게 조종실 출입절차에 대해 설명하여야 한다. 조종실 출입문은 승객 탑승 전에 잠그고, 운항 중에는 항상 잠금 상태를 유지하여야 하며, 승객이 모두 하기한 후에 개방하여야 한다.

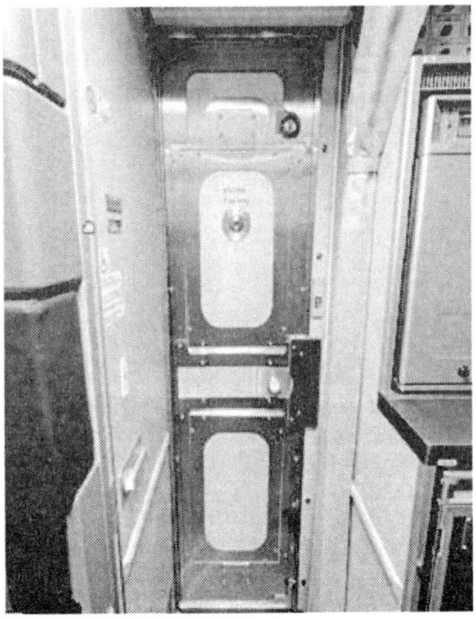

조종실 방탄출입문

다. 항공운송사업자는 조종실에서 열거나 잠글 수 있고 무기나 무력에 의한 비인가자의 조종실 진입을 막을 수 있는 방탄문(Enhanced Flight Deck Door)를 최대이륙중량 45,500kg 초과하거나 60인승 초과하는 모든 여객기의 조종실에 설치운영하여야 한다.

(2) 조종실 출입이 가능한 자

항공기 조종실 출입이 가능한 인원은 다음과 같다.

가. 해당 항공기의 운항 및 객실 승무원

나. 운항본부장이 승인한 조종실 출입허가서(Cockpit Auth)와 적절한 신분증을

소지한 다음에 해당하는 자는 출입이 가능하다.

1) 국가정보원, 경찰청 및 그 밖의 감독기관의 공무원
2) 공무수행 중인 중앙전파관리소 검사관
3) 운항안전에 관계되는 타 감독관청의 검사관
4) 항공기제작회사의 운항관계 기술자 또는 타 항공사의 직원으로서 운항안전에 관계되는 자
5) 해당 비행편에서의 임무수행을 위한 사내직원
6) 해당 비행편에 탑승함으로써 타 비행편에서의 임무수행이 가능한 사내직원
7) 노선 관숙비행을 행하기 위한 운항관리사
8) 승무원의 건강 확인을 위한 의무관
9) 기타 회사에서 필요하다고 인정하는 자

다. 공무수행 중임을 증명할 수 있는 신분증 및 조종실 출입요구서(국토교통부 또는 지방항공청 발행)를 소지한 다음 각 호에 해당 되는 자

1) 국토교통부 항공보안감독관
2) 국토교통부 항공안전감독관
3) 국토교통부 운항자격심사관

라. 항공사의 운항본부장 등 허가권자로부터 조종실 출입허가를 받은 자는 운항중 조종실 출입절차에 대하여 기장 및 사무장(선임승무원)과 사전 협의하여야 한다.

마. 조종실 출입허가를 받은 자라 하더라도 운항 중에는 업무수행, 화장실 사용, 음식물 제공 등을 제외한 불필요한 출입을 요구하여서는 아니 된다.

바. 조종실 출입은 운항승무원의 업무량이 적은 단계(고도 1만피트 이상)에서만 허용되어야 한다. 다만, 운항안전을 위하여 출입이 필요하다고 기장이 인정하는 경우에는 예외적으로 출입할 수 있다.

사. 운항중인 기내에서 기장 등에 대한 업무방해행위로 인해 타승객의 생명이 위협되거나, 조종실 파괴 시도 또는 실제 파괴행위로 진행될 것으로 예상될 때에는 기내 청정구역(Clear zone)을 선포하고 다음의 조치들을 취하여야 한다. 만약, 기내 청정구역이 선포되면 조종실 보호를 위하여 동 지역

에는 누구의 출입도 통제하여야 한다.

1) 모든 승객 착석

2) 조종실 앞 통로를 주방카트로 봉쇄

3) 필요시 협조승객에게 조종실 접근차단을 협조 요청

아. 운항 중인 항공기의 조종실 내에는 비정상 상황에 대비하여 최소 2명의 승무원이 있어야 하며 1명의 운항승무원이 조종실을 이탈할 경우 객실승무원중 1명이 대신 조종실로 들어와서 2명이 유지되어야 한다.

(3) 조종실 출입인가자에 대한 기장의 조치사항

조종실 출입인가자에 대한 기장의 조치사항은 다음과 같다.

가. 보안상, 조종실 출입인가 취득자의 출입시기 최종 결정

나. 출입인가자의 행동에 대하여 감독할 책임

다. 비상 탈출절차, 보안관련 등 조종실내 주의사항 주지

1) 신분증 및 조종실 출입 인가 서류 확인

2) 인가 취득자가 기내에 탑승하게 됨을 통보 받아야 함

3) 주의 산만한 행동, 운항에 지장을 주는 행동 자제시킴

4) 항공기 Control, Switch, 계기, C/B 조작행위 금지

5) 보안규정에 위배되는 행위 금지

(4) 조종실 출입허가(Cockpit Auth) 발급 대상

항공기 출입허가 시 발급 대상은 다음과 같으며, 기장은 국토교통부장관 지정 검사관이 항공기에 탑재하도록 요구된 서류의 제시를 요청시에는 이에 협조하여야 한다.

가. 해당 비행 편에서의 임무수행을 위한 사내 직원

나. 국가정보원, 경찰청 및 그 밖에 감독기관의 공무원

다. 항공기제작회사의 운항 기술자 및 안전 관계자

라. 노선 관숙비행 위한 항공교통 관제사 및 운항관리사

마. 승무원의 건강 확인을 위한 의무관 및 회사에서 필요하다고 인정한 자

2. 조종실 출입통제절차

항공기 운항 중에 항공기 조종실 출입 절차는 일반 출입 절차, 대체출입 절차, 비상 진입 절차 등으로 다음과 같이 구분하여 운영한다.

(1) 일반 출입절차

가. 객실승무원은 인터폰으로 운항승무원에게 출입허가를 요청하여 득한다.(지정된 암호사용 또는 이름확인)

나. 객실승무원은 화장실에 사람이 없고, 조종실 출입문 근처에 승객이 없음을 확인한 후, 조종실 앞 커튼을 치고 정해진 노크를 한후 Keypad에 Normal Access Code를 입력한다. 이때 출입상황을 모니터할 수 있는 객실승무원 1명이 반드시 Cockpit Door 입구에 있어야 한다.

다. 운항승무원은 인터폰 통화, 노크 및 Normal Access Code가 일치하면 Door Switch를 사용하여 문을 개방하며, 만일 의심스럽다면 출입문에 장착된 광폭렌즈(Viewer)를 통하여 외부의 안전을 먼저 확인한 후 출입문을 개방한다.

라. 운항승무원은 조종실 외부로 나갈 시 먼저 인터폰으로 객실 승무원에게 출입문 쪽에 승객이 없음을 확인하고 커튼을 칠 것을 요청한 후, 광폭렌즈로 외부의 안전을 확인한 후 출입문을 개방한다.

마. 운항승무원은 청정구역(Clear Zone)에 승객존재여부를 확인하여야 한다(청정구역 : 조종실과 조종실문 바로 앞에 있는 Galley 및 화장실을 포함함 객실지역 사이의 공간)

바. 조종실 앞에 장착된 커튼을 사용하여 조종실 출입을 은폐하여야 한다. 운항승무원이 조종실에 진입할 시에는 출입 상황을 모니터 할 수 있는 객실승무원 1명이 반드시 Cockpit Door 입구에 있어야 한다.

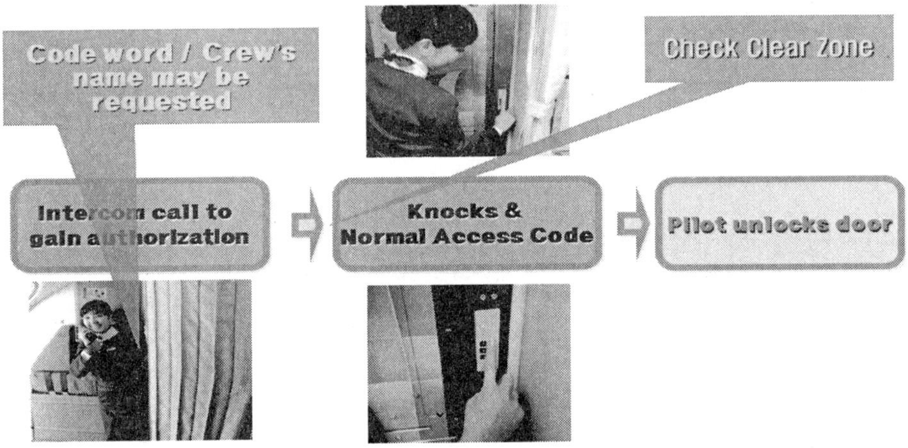

조종실 일반출입절차

(2) 대체 출입 절차

가. 운항전 또는 운항중 출입문 시스템이 작동하지 않을 경우 기장 전 승무원에게 대체 출입절차에 대해 통보하여야 한다.

나. 객실승무원은 조종실 진입 전 인터폰을 통하여 운항 승무원의 허가를 득한다.(지정된 음어사용 또는 이름확인)

다. 객실승무원은 화장실에 사람이 없고, 조종실 출입문 근처에 승객이 없음을 확인한 후, 조종실 앞 커튼을 치고 정해진 노크를 한다. 이 때 출입 상황을 모니터 할 수 있는 객실승무원 1명이 반드시 Cockpit Door 입구에 있어야 한다.

라. 운항승무원은 출입문에 장착된 광폭렌즈를 통하여 외부 안전을 확인한 후 수동으로 출입문을 개방한다.

마. 운항승무원은 조종실 외부로 나갈시 먼저 인터폰으로 객실승무원에게 출입문 쪽에 승객이 없음을 확인하고 커튼을 칠 것을 요청한 후, 광폭렌즈로 외부의 안전을 확인한 후 문을 수동으로 개방한다.

바. 운항승무원이 조종실에 진입할 시에는 출입상황을 모니터할 수 있는 객실승무원 1명이 반드시 Cockpit Door 입구에 있어야 한다.

(3) 비상 진입 절차

가. 객실승무원이 일반 출입절차를 3회 이상 시행해도 조종실의 반응이 없고 운항승무원의 임무불능상태가 예상되면 Keypad에 Normal Access Code를 입력하고 비상 진입절차를 시행하여야 하며, 객실승무원 1명이 Cockpit Door 입구에 있어야 한다.

나. 운항승무원은 사전에 통보되지 않은 상태로 비상 진입절차가 시도된다면 즉시 Door Switch를 Lock 또는 Deny로 선택하여 문이 열리지 않도록 조치해야 한다. 이후 객실의 상황을 살피고 위험상황이 해소된 것을 확인 후 출입문 개방 등의 필요한 조치를 한다.

다. 출입문 잠금상태가 해제되기 전에 Bell 또는 Buzzer가 지속적으로 울리며 LED Light가 점멸한다.

라. Normal Access Code는 사외비이며 관련 직원은 정보가 외부에 유출되지 않도록 관리하여야 하며, 동 Access Code는 항공보안부서에서 지정 및 관리한다.

마. 기내 보안 음어

조종실로 들어가기 전, 승무원은 인터폰을 통하여 조종실내 운항승무원의 허가를 받아야 한다. 만일 기장이 사전에 음어를 지정하여 승무원에게 전파하였다면 인터폰 통화시 이를 사용한다.

제4절 비정상 승객 처리절차

1. 이륙전 하기승객 처리절차

항공기 이륙전 하기승객 발생시 하기승객의 유형, 처리절차, 보안통제사항은 다음과 같다.

(1) 하기승객의 유형

하기승객은 자발적인 하기승객과 비자발적인 하기승객으로 다음과 같이 구분할 수 있다.

가. 자발적인 하기승객

개인적인 약속취소, 친인척 유고 및 응급상황, 폐소공포증 증상악화 등으로 탑승을 포기한 경우를 말한다.

나. 비자발적 하기승객

1) 시스템오류, 발권실수 등으로 좌석이 중복된 탑승권 교부, 예약 초과로 인한 좌석 부족으로 인해 승객 본인의 의사와 관계없이 부득이 하기하여야 하는 경우
2) 기상, 정비 등과 같이 승객의 의사와 무관한 사유에서 비롯한 운항지연으로 승객이 항공기에 탑승한 채 장시간이상 대기하여 이에 따른 피로 또는 여행 계획의 차질 발생 등을 이유로 여행을 포기하기 위하여 하기를 요청하는 경우
3) 입국거부 승객, 강제퇴거 승객 및 호송대상 승객, 여행을 강행하고자 하는 환자승객이 여행을 지속할 경우 운항중 항공기 및 승객의 안전에 영향을 줄 것이 우려되어 기장의 판단으로 강제하기 조치한 경우

(2) 보안조치 및 처리절차

가. 신고 및 보안조치 절차

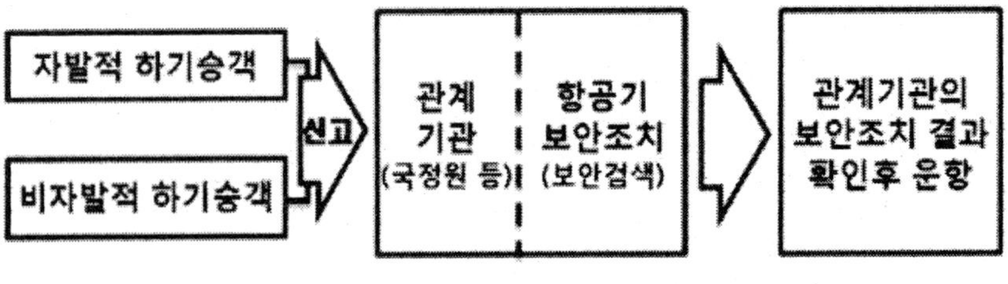

신고 및 보안조치 절차

나. 책임 및 처리절차

1) 하기승객에 대한 최종 하기결정은 해당편 기장에게 있으며 관계기관 신고 책임은 공항지점장에게 있다.
2) 해당편 기장에 의한 하기결정시 객실승무원은 공항지점 운송직원에게 승객하기 결정사유를 통보하고 운송직원은 즉시 관계기관에 동 상황을 신고하여야 한다.
3) 공항지점장은 관계기관에 신고 후 관계기관의 보안조치 사항을 운항 및 객실승무원에게 지체 없이 통보하여야 하며 운항·객실승무원 및 운송직원은 관계기관의 보안검색 및 수색에 적극 협조하여야 한다.
4) 관계기관의 보안조치는 하기승객의 유형 및 상황에 따라서 모든 승객이 하기하는 경우와 해당 승객만 하기하는 경우가 적용될 수 있으며 만약 관계기관에서 해당 승객만 하기하도록 요구할 때에는 보안조치 사항을 항공사에 위임할 수도 있으며, 위임시에는 객실승무원은 절차에 따라 기내 보안검색을 실시하여야 한다.
5) 객실승무원은 해당 승객하기 후, 폭발물 및 위해물질 은닉 여부 확인을 위해 객실 보안점검표에 따라 기내 점검을 실시하여야 하며, 해당승객 좌석열 및 전열과 후열에 대해서는 좌석 전, 후면 Seat Pocket, Life Vest, Seat Cushion 하단을 추가로 점검한 후 이상 유무를 기장과 운송직에게 통보하고 운송직원은 빠른 시간 내에 관계기관에 점검결과를 통보해야 한다.
6) 기장은 관계기관에서 위해사항이 없다는 보안조치 결과를 확인 후 운항을 할 수 있다. 관계기관에 신고하지 않고 임의로 운항시에는 관계기관의 합동조사 및 「항공보안법」 제32조 보안조치 위반으로 과태료가 부과될 수 있다.
7) 운송직원은 하기사유 승객을 관계기관 합동조사반에 반드시 인계하여야 하며, 하기승객 발생으로 인한 관계기관 및 객실자체 보안조치 결과를 공항상황실과 회사 항공보안 담당부서로 지체없이 구두 및 서면으로 통보하여야 한다.

(3) 보안통제사항

가. 탑승수속대에서는 국가항공보안계획에 따라 항공기에 탑재된 수하물이 탑승한 승객 및 승무원과의 일치 여부, 탑승구에서 승객 본인의 탑승권, 도착지 및 본인(INFT 승객 포함)과의 일치 여부를 반드시 확인하여야 한다.

나. 운항 및 객실승무원은 불법방해행위, 부정탑승 및 오탑승 승객의 방지를 위하여 항공기 DOOR에서 승객의 탑승권 소지 여부를 확인하고 또한, 탑승승객과 위탁수하물이 일치되었음을 확인 후에 운항하여야 한다.

다. 정비결함 등 사유로 항공기를 교체하는 경우 대체 항공편으로 이동하는 승객들이 다른 동선 및 항공기로 접근하지 않도록 전담직원을 배치하여 감시 및 통제를 실시하여야 한다.

2. 수감중인 자 호송절차

수감중인 자를 호송시에는 모든 승객이 탑승하고 항공기 이륙 후 목적지 공항에 도착하여 승객 하기를 위하여 출입문이 열릴 때까지 운항 중 안전 확보를 위하여 다음과 같은 보안절차를 준수하여야 한다.

(1) 호송기관에서 항공사에 통보사항

사법경찰관리 또는 법 집행 권한이 있는 공무원은 항공기를 이용하여 피의자, 피고인, 수형자, 그 밖에 항공기내 안전에 위해를 일으킬 우려가 있는 사람(이하 "호송대상자"라 한다)을 호송할 경우에는 다음 사항을 미리 항공사에 통보하여야 한다.

가. 호송대상자의 인적사항

나. 호송 이유 (죄명 등)

다. 호송 방법 및 호송 안전조치

라. 위험평가를 위한 기타 정보 등(불법방해행위 여부, 호송대상자의 정신적 및 육체적 상태 등)

(2) 호송기관으로 요청사항

항공운송사업자는 호송대상자를 운송하여야 하는 경우 호송기관에 호송대상자 1명당 2명 이상의 사법경찰관리 또는 법 집행 권한이 있는 공무원의 동승을 다음과 같이 요청할 수 있다.

가. 비행시간이 4시간 이하의 단거리이면서 호송대상자가 경제사범 등 단순 범죄자인 경우 호송대상자 1명당 사법경찰관리 또는 법 집행 권한이 있는 공무원 1명을 탑승시킬 수 있다.

나. 강력범죄자(살인, 강도, 폭력상해범 등)는 2명의 사법경찰관리 또는 법 집행 권한이 있는 공무원을 필요로 한다. 다만, 강력범죄자의 결정은 호송 의뢰기관이 판단하며, 항공운송사업자는 추가 보안조치를 요청할 수 있다.

다. 호송은 동일 항공기에 1건을, 호송대상자는 2명으로 한정하며, 항공보안담당부서의 위험평가 등에 따라 그 인원을 조정하거나 운송을 거절할 수 있다.

(3) 호송책임자에게 요청사항

항공운송사업자는 다음 사항을 호송책임자에게 요구할 수 있다.

가. 호송대상자를 타국으로 운송하는 경우 해당 체약국의 동의서

나. 호송대상자 구속이 필요한 경우 도구가 확보되어야 한다.

다. 정상적인 경우 비상시에 대비하여 호송대상자에게 의자나 테이블 등 항공기 일부분에 수갑 사용을 금지한다.

라. 기내에서 불법방해행위가 발생한 경우 기장의 명령에 따라 행동

마. 기장은 호송이 항공기 안전운항을 심각히 저해한다고 판단되는 경우 선임승무원 및 운송직원과 협의하여 호송책임자에게 적절한 안전조치를 요구할 수 있으며, 이러한 조치가 이루어지지 않을 경우 호송을 거부할 수 있다.

바. 호송대상자와 책임자의 탑승은 승객 탑승전에 완료하며, 목적지 도착후에는 승객이 모두 내린 이후에 하기하여야 한다.

(4) 공항지점 조치사항

가. 승객안내 등을 담당하는 운송직원은 호송대상자와 책임자의 탑승 실시전에 기장과 선임 승무원에게 호송사실 및 좌석번호 등을 통보하며, 특별승객명단에도 이를 기재하여야 한다.

나. 도착공항 및 환승공항에 다음의 사항을 통보하여야 한다.

1) 호송대상자 성명, 성별, 호송 이유
2) 항공여행 거부 행동 여부
3) 호송자의 감정 또는 상태
4) 주의사항 등

(5) 객실승무원 조치사항

가. 호송대상자와 호송책임자의 좌석은 가능한 후미 좌석으로 배정되어야 하며 기내 주방 근처, 비상구 옆 좌석 또는 통로 인근좌석에 배정되어서는 아니 된다.

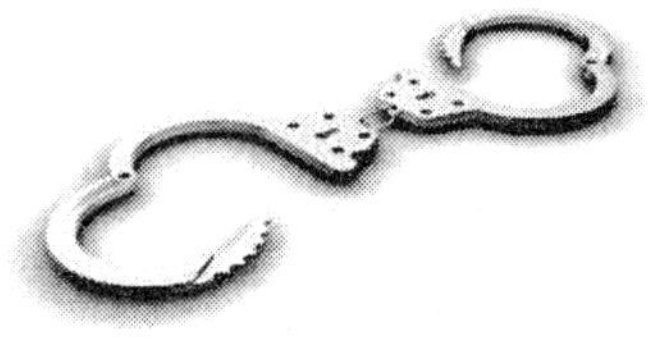

호송용 수갑

나. 호송대상자 옆에는 호송책임자가 착석하며 호송대상자의 기내 이동 시에는 반드시 호송책임자가 동행하여야 하며, 알코올성 음료, 철제 식기류, 칼 종류 등을 제공하여서는 아니 된다.

3. 강제퇴거자 등 처리절차

강제퇴거자 및 입국거부자의 처리절차는 다음과 같다.

(1) 출입국관리사무소 서류 확인사항

강제퇴거자에 대한 정보를 법무부 출입국관리사무소로 부터 24시간 전에 통보받은 경우 항공기로 운송하기 위한 조치를 하여야 하며, 강제퇴거자 운송에 관한 다음의 사항을 기장에게 미리 알려 주어야 한다.

가. 강제퇴거명령서 사본
나. 강제퇴거자에 대한 위협평가 정보
다. 호송관이 동행하는 경우 호송관의 성명 및 국적

(2) 객실승무원 조치사항

객실 선임승무원은 강제퇴거 승객이 항공기에 탑승하기 전 다음의 사항을 확인하고 조치하여야 한다.

가. 여권, 항공권 및 송환지시서 또는 강제퇴거 명령서 사본 등 기타 제반 항공여행 서류를 확인하며, 별도의 가방 및 장소에 해당 서류 등을 보관하여야 한다.
나. 항공여행의 적합 여부(정신적 또는 정서상의 심각한 장애나 항공 여행에 대한 강한 거부감 등에 대한 사전 평가)를 판단하여야 한다.
다. 강제퇴거 승객은 다른 승객이 모두 탑승한 후에 탑승하여야 하며, 탑승좌석은 가능한 항공기 후미 좌석으로 배정하여야 하고 비상 탈출구에서도 떨어져 있도록 하여야 한다. 또한, 목적지 도착 시는 다른 승객이 모두 하기한 후에 하기하여야 한다.

(3) 공항지점 조치사항

가. 어떠한 경우에도 강제퇴거 승객이 탑승권 등 여행 서류를 소지케 하여서는 아니 된다.
나. 운송직원은 강제퇴거 승객의 서류 일체를 해당 항공편 선임승무원에게 인계하여야 한다.
다. 항공기 출발후 강제퇴거 승객의 목적지 또는 경유지 지점에 동 승객의 운송에 관한 정보를 동 항공기가 도착하기 전에 통보하여야 한다.

4. 주류 및 약물남용 등 승객 처리절차

(1) 항공기 Push Back 전

가. 과음·약물에 취한 것으로 판단되는 승객은 탑승이 불가하다.

나. 주류나 약물에 취한 것으로 판단되는 승객이 승무원의 업무를 방해하거나 신변 안전을 위협하는 경우 기장과 운송직원에게 즉시 통보하여야 한다.

다. 승객을 하기할 필요가 있다고 판단되는 경우 기장은 객실사무장 및 공항지점장과 협의하여 하기할 수 있다.

(2) 항공기 Push Back 후 이륙 전

가. 항공기 Push Back 이후 주류나 약물에 취한 것으로 판단되는 승객을 발견한 경우 사무장은 기장에게 즉시 통보하고 협의하여 승객 하기를 위한 탑승구로의 복귀 여부를 결정하여야 한다.

나. 탑승구로 복귀결정시 기장은 관제기관에 통보하고 Company Radio를 통해 공항 지점장에게 이를 사전에 통보한다.

(3) 항공기 이륙 후

가. 항공기 이륙 후 주류나 약물에 취한 것으로 판단되는 승객을 발견한 경우 기장에게 이를 즉시 통보하며, 기장은 사무장에게 필요한 조치사항을 지시한다.

나. 주류나 약물에 취한 것으로 판단되는 승객에게 알코올성 음료를 제공하지 않아야 하며, 해당 승객과 물리적 충돌을 피하기 위해 정중하나 단호한 조치를 취한다.

다. 기장 지시에 따라 객실승무원은 비치된 보안장비를 이용하여 승객을 제압하여 기내 질서를 유지하고 도착시까지 통제한다.

(4) 정신이상자 운송시 조치사항

정신이상자를 운송하는 경우 의사 진단서 요구 등 필요한 조치를 취한 후 운송하여야 하며, 정신이상자가 항공기 운항에 중대한 위협을 미칠 것으로 판단되는 경우 탑승을 거절할 수 있다.

제5절 보안점검 및 경비대책

1. 항공기 보안점검

항공운송사업자는「항공보안법」제14조 ④항에 따라 항공기의 보안확보를 위하여 운항 전·후에 다음과 같이 보안점검을 하여야 한다.

(1) 직무별 보안점검사항

가. 운항승무원 : 조종실

나. 객실승무원 : 객실, 주방, 화장실 및 승무원 휴게실(배전실포함) 등 승객 은신가능 장소

다. 정비담당 : 항공기 동체, 항공기 외부, 화물칸 내부

라. 지정된 대리인 : 화물칸 또는 필요시 객실, 화장실 및 승무원 휴게실 등 승객 은닉가능 장소 등 지정된 대리인에 의해 항공기 보안점검이 실시되는 경우 해당구역 점검 총괄책임자에 의해 점검 중 감독 및 점검 후 최종 확인이 시행되어야 한다.

(2) 운항전 보안점검사항

항공기가 운항하기 전에 실시하는 항공기의 보호대책으로는 항공기의 외부에 대한 외부침입흔적, 항공기의 바퀴부분과 출입문에 대한 보안점검 등으로 이루어지고, 항공기의 내부에 대한 보안점검으로는 기내의 좌석, 수하물보관 선반, 화장실, 저장품 창고, 주방, 옷 보관 장소 등에 대한 보안점검을 실시하여야 한다.

가. 항공기 외부 보안점검

항공기의 외부에 대한 운항 전 보안점검은 다음과 같은 요령으로 실시되어야 한다.

1) 주기된 항공기에 외부에 침입흔적이 있는지 알아보기 위하여 출입문의 봉인상태와 개방된 흔적여부 확인
2) 항공기의 랜딩 기어부위와 바퀴의 타이어 및 바퀴 보관대 기어의 상태를 점검하고, 외부의 침입여부 확인
3) 지상의 전원이나 공기연결 패널에 대한 점검과 엔진의 공기흡입구 및 배기구 등 확인
4) 항공기의 날개부분과 보조날개의 가장자리 플랩부분에 대한 확인

나. 항공기 내부 보안점검

항공기 내부에 대한 운항전 보안점검절차에서 다음과 같은 요령으로 위해물품 은닉여부를 확인하여야 한다.

1) 객실에 대하여서는 천정에 설치된 선반, 외투보관함, 조명시설 부착부분, 산소마스크 보관대 등 확인
2) 객실좌석은 좌석상태, 좌석에 부착된 주머니, 쿠션, 구명 자켓 보관 등 확인
3) 음식을 조리하는 주방, 저장품 보관함, 냉장고, 온장고, 오븐, 음식용기, 선반 등 확인
4) 화장실은 종이타월 보관함, 개수통, 변기, 선반 등 확인

(3) 운항 전 · 중 · 후 보안점검 절차

항공기 기내의 운항 전 · 중 · 후 보안점검 절차는 다음과 같다.

가. 승객 탑승전 보안점검(기내청소 등 완료 후)

1) 승무원은 각 업무 위치에서 항공기 보안점검표에 따라 보안점검을 실시
2) 운항승무원은 운항교범(POM)에 명시된 조종실내 보안점검을 실시하고

해당 운항에 영향을 미칠 수 있는 사항은 추가로 점검 실시

3) 객실승무원은 승객 탑승 시작전 기내 방치된 물품, 수하물, 밀수품 등 여부를 확인하며 이러한 물품은 반드시 항공기 출발전에 하기 조치

4) 수하물을 체크인한 승객이 항공기에 탑승하지 않거나 탑승 후에 출발 전 하기하는 상황발생시 운송직원은 체크인한 수하물을 하기 조치후 객실사무장을 통하여 기장에게 통보

나. 운항중 보안점검

1) 운항중 발생되는 항공안전 및 보안에 관한 비정상 상황에 유의하며, 난폭하거나 통제 불응승객은 비행중 안전 및 보안에 위협 요인이 될 수 있다.

2) 운항중 적절한 기내 순찰(Walk Around)를 통하여 승객의 동태를 살피고 업무수행을 방해하거나 승객 및 항공기의 위협행위에 대비하여야 한다

3) 승객의 비정상적인 행위에 대하여 객실승무원은 사무장 및 기장에게 보고하여 조치할 수 있도록 하여야 한다.

다. 경유지 공항 보안점검

1) 기내에 비인가자 출입 또는 반입금지물품의 기내반입방지를 위하여 보안활동을 다시 실시

2) 승무원의 감독없이 기내에 승객을 방치하여서는 아니 되며, 특별한 사유없이 승무원의 기내 이탈금지

3) 승무원이 교대할 시는 승무원 상호간 인계인수 철저

4) 경유지에서 기내 보안장비와 보안점검을 다시 실시

라. 착륙 및 승객 하기 후 보안점검

1) 객실승무원은 기내 확인이 되지 않는 물품 및 수하물 또는 다음 운항 안전에 영향을 미치는 의심 품목이 있는지 확인하고 발견시는 사무장에게 보고

2) 특히 선반(Overhead Bin), 좌석 밑, 기내 화장실에 방치된 물품이 있는지 주의하여 확인

(4) 보안점검시 조치사항

항공기 보안점검시 기장, 객실승무원, 지점장 등이 수행하야야 하는 조치사항은 다음과 같다.

가. 기장 및 객실승무원 조치사항

1) 객실승무원은 항공기 운항전에 무기, 폭발물, 기타 위해물품 및 의심스러운 물건이 있는지 보안점검을 수행하고, 의심이 되는 경우에는 선임 승무원이나 기장에게 지체 없이 보고하여야 하며, 승객이 모두 하기한 경우에는 잔류승객, 잔류물품(Left Behind Item)에 대하여 확인하고 특이사항 발견시 즉시 선임승무원 및 기장에게 보고하고 필요한 경우 관계기관에 신고하여야 한다.
2) 모든 승무원이 항공기를 5시간 이상 떠나 있다가 다시 운항을 위해 점검하는 경우 또는 항공보안등급 주의경보 발령시 별도의 서식 보안조치 확인표에 따라 주 2회 이상 점검하여야 한다.
3) 위협 증가 등으로 항공보안등급이 상향된 노선의 운항편은 별도 지침을 정해 항공보안등급 기준보다 상향된 항공기 보안점검을 실시할 수 있다.
4) 기장은 승무원 및 정비사로부터 항공기 보안점검이 완료되었음을 통보 받은 후 승객을 탑승시켜야 한다.

나. 지점장 등 조치사항

항공사지점 책임자 등은 자체보안 수준관리 지침에 따라 '항공 보안등급에 따른 항공기 보안조치 확인'을 다음과 같이 실시한다. 다만, 해외 취항국가에서 요구하는 항공기 보안점검 규정이 아래 각 규정과 상이할 경우 해당국가의 규정에 따른다.

1) 운항전 점검으로 항공보안등급 평시 및 관심경보 발령시 별지서식 보안조치 확인표에 따라 주1회이상 점검을 실시하여야 한다.
2) 항공보안등급 주의 발령 시 별지서식 보안조치 확인표에 따라 주 2회 이상 점검을 하여야 한다.
3) 항공보안등급 경계 및 심각경보 발령시 별지서식 보안조치 확인표에 따라 주 3회 이상 점검을 하여야 한다.

4) 전자적인 방법을 포함하는 항공기 보안점검표는 24시간 이상 보관하며, 다만, 운항시간이 24시간 이상인 경우에는 운항 종료시까지 보관하면 된다.

다. 항공기 보안점검표

운항 및 객실승무원이 항공기 보안점검시 사용하는 보안점검표는 항공보안 경보등급에 따라 상황별로 적용하며, 운항 및 객실승무원과 정비사는 별지서식의 양식을 사용한다.

2. 항공기 수색

(1) 일반원칙

가. 항공기에 대한 수색절차 관련 점검표를 개발해야 하고 운항 및 객실승무원을 위한 교육훈련 프로그램을 수립하여야 한다.

나. 국가는 정상적인 운영과 위협 고조시 항공기 보안점검 및 수색을 위한 절차를 수립하여야 한다.

다. 정상출발 항공편에 대한 보안점검은 승객 탑승 전과 위탁수하물 적재 전에 실시하여야 한다.

라. 환승지점에서의 기내수색은 항공기에 대한 위협이 고조된 경우 필수적으로 실시하여야 하며 타 항공기에 대한 위협 발생시 필요하다고 판단될 때 실시할 수 있다.

(2) 기내 수색절차

가. 항공기가 이륙 전에 자발적인 하기 승객이 발생된 경우 관계기관에 통보 후 관계기관이 판단하여 기내수색을 실시하고 기내수색 전에 폭발물처리반(EOD), 탐지견 등 투입 여부에 대한 수색 범위를 결정하여야 한다.

나. 중복수색을 피하기 위하여 기내 수색은 항공기 내부를 잘 알고 있는 직원에 의해 점검표를 이용하여 각 담당자별 지역을 배분하여 체계적으로 수색되어야 한다.

다. 승객 객실, 주방 및 화장실 등 일반 승객이 출입할 수 있는 지역에 특히 중점을 두며 조종실 또한 주의를 기울려야 한다.

라. 항공기 수색은 밝은 조명하에 실시되어야 하다.

마. 수색은 승객이 탑승하기 전에 실시되어야 하며, 시작전에 비인가자 접근을 통제하고 보안성을 유지하는 것이 필요하다.

바. 폭발물, 무기가 항공기 장비 또는 부품에 은닉되어 있을 가능성이 있을 경우, 고 위협 대상 항공기에 대한 수색이 필요하다면, 항공기 승무원 또는 기술지원 인력의 도움을 받아 훈련된 보안요원에 의해 수색되어야 한다.

사. 만약 항공기내 또는 항공기 인접지역에 의심스런 폭발물이 발견되었다면, 안전한 곳으로 사람들을 이동시키고 폭발물처리반이 올 때까지 대기하도록 하는 초동조치가 취해져야 한다.

3. 항공기 경비대책

「국가항공보안계획」7.6.3(주기중 항공기 보호)에 따라 항공운송사업자는 주기중인 항공기 보호를 위하여 다음과 같은 경비대책을 수립 · 시행하여야 한다.

(1) 항공기 경비시 고려사항

항공기는 승객들에 의한 금지물품 반입에 취약할 뿐만 아니라 주기중이거나 비행을 준비하기 위해 지상에 있는 동안 외부 사람들에 의한 금지물품 반입에도 취약하므로 경비대책을 강구시에는 다음 사항을 고려하여야 한다.

공항에 주기중인 항공기

가. 항공기에 비인가자의 접근을 방지하는 최초 방어선은 랜드사이드와 에어사이드의 경계선이므로 이 경계선 내에서 비인가자의 접근을 방지하는 것은 항공기 인접지역과 주기장에서의 적극적인 보안대책에 달려있다.

나. 항공기 보안에 대한 근본적인 책임은 항공운송사업자에게 있으므로 자체 보안계획에 수립되어 있는 보안대책에 대한 조정을 위하여 공항운영자의 보안프로그램을 고려하여야 한다.

지상조업 중인 항공기

(2) 항공기 접근통제

항공기 접근통제를 위하여 다음과 같은 내용이 포함된 자체 보안계획을 마련하여 항공기를 보호하도록 하여야 한다.

가. 공항에 주기중인 항공기에 인가받지 않은 자의 접근을 방지할 수 있도록 항공기 출입문 잠금장치, 탑승교 및 스텝카를 항공기로부터 이격시키는 등 통제대책이 반영되어야 한다.

나. 항공기에 무단으로 접근하는 것을 방지하고, 항공기 보호를 위하여 야간에는 경비인력을 배치하는 대책이 있어야 한다.

다. 운항에 투입되지 않은 항공기 출입문은 시건장치와 함께 보안확인표시(seal)를 부착하여 봉인하고 항공기가 출발하기 전에 개방흔적이 있는지 확인할 수 있어야 한다.

라. 항공기 착륙기어, 엔진은 덮개로 덮어 외부로부터 위험 물질이 반입되지 않도록 하는 보안대책이 강구되어야 한다.

마. 항공기 주기지역은 항상 적절한 조명시설과 CCTV 감시카메라를 설치하여 항공기에 접근하거나 침입하는 자를 감시할 수 있는 보안대책이 강구되어야 한다.

(3) 주기중 보안순찰

가. 주기중인 항공기 보호를 위한 항공사 경비대책으로는 항공기의 출입 및 접근통제 외에도 계류장에 주기되어 있는 항공기의 안전을 확인하기 위한 보안순찰을 실시하고 공항운영자가 운영하는 종합상황실의 CCTV 모니터를 활용하여야 한다.

나. 보안순찰은 도보순찰과 차량순찰이 있으며, 순찰자는 경비원의 근무상황과 항공기 보안상태를 점검하며 항공기에 외부침입이 있었다는 흔적이 있을 때에는 항공기 내부에 대한 수색을 실시하도록 하여야 한다.

다. 항공기 보안요원은 활주로 및 유도로에 있는 항공기에 대한 공격을 방지하고 일상의 보안 임무를 위해 규칙적 및 불규칙적으로 공항전체와 그 주위를 순찰하여야 한다. 필요시 공항 종합상황실과 교신할 수 있는 통신장비를 갖추어야 한다.

라. 순찰도보 및 차량순찰시 취약지점과 어둠을 틈타 잠재적인 불법방해자가 은닉하는 것을 철저하게 수색할 수 있도록 휴대용 조명장비를 갖추어야 한다.

(4) 항공기 출입통제

가. 비인가자의 접근을 방지하기 위해서 운항 예정인 항공기 접근을 통제하는 인원 없이 방치하여서는 아니 된다. 운항·객실승무원 및 현장 정비사는 다음 그림과 같이 항공기로 접근하거나 탑승하는 사람의 보호구역 출입증 및 신분증 등으로 먼저 신원 확인하고 의심이 나거나 수상하면 관계기관에 즉시 신고하여 관계기관 조치에 따른다.

나. 높은 위협으로 고도의 보안이 필요한 경우 항공기나 항공기 주변에 비인가

자의 접근통제 및 신원 확인을 위하여 정비사 등 보안통제요원을 배치하고 항공기 보안에 대한 전반적인 책임을 부여하여야 한다.

다. 운항하지 않거나 정비 수리중인 항공기의 모든 출입문은 보안통제를 하여야 하며, 출입 계단이나 여객 탑승교는 제거되어야 한다. 항공기 주변에 방치된 이동형 계단은 비인가자의 출입 수단으로 사용하지 못하도록 조치하여야 한다.

항공기내 출입자 신원확인

(5) 주기중인 항공기보호 위한 준수사항

항공운송사업자는 보호구역뿐만 아니라 보호구역 외의 지역에서도 항공기 보안확보를 위하여 자체 보안계획에 포함하여 수립하며, 주기중 항공기 보호를 위하여 다음 사항을 준수하여야 한다.

가. 야간에 항공기를 주기하거나 주간에 5시간 이상 주기가 예상되는 경우 비인가자가 항공기에 접근하거나 항공기 안으로 진입할 수 없도록 대책을 수립하여야 한다.

나. 탑승교 또는 탑승계단과 접속한 상태로 주기중인 항공기 출입문을 잠그지 아니한 경우 비인가자가 항공기 안으로 진입하지 못하도록 필요한 조치를 하여야 한다.

항공기 탑승장비

다. 정비사는 정비작업중 비인가자의 출입 및 물품의 기내 반입 사실을 발견시 이를 통제하여야 하며, 정비작업 후에는 출입문을 닫고 기내 진입이 가능한 탑승 장비를 제거하여야 한다.

라. 항공기에 대한 위협이 증가할 경우 항공기 출입문에 봉인조치를 하거나 경비원을 배치하여야 하며 경비원을 배치할 수 없는 경우 이를 대체할 보안대책을 수립하여야 한다.

마. 당일 비행을 마친 모든 항공기는 관련 작업이 종료되었을 경우에 최종 점검자가 탑승 장비를 제거하기전 항공보안등급에 따라 출입문 등 "지정된 보안확인표시(Seal) 부착 위치"에 따라 봉인조치(Door당 보안확인표시 씰 1개 이상 부착)를 실시하고, 다음 운항 전에 최초 점검자는 "보안확인표시(Seal)"의 이상 유무를 반드시 확인하고 최종 / 최초 점검자는 그 결과를 "주기중 항공기 야간 경비관련 점검대장"에 기번별로 기록유지를 하며, 항공기 보안확인표시(Seal) 및 주기중 항공기 야간 경비관련 점검대장은 다음 표와 같다.

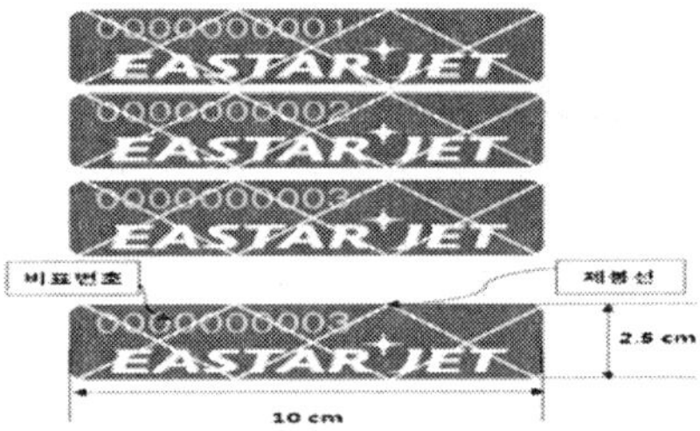

보안확인표시(Seal) 양식

DATE : 20 . .	HL NO. : HL	SPOT NO. :	공항

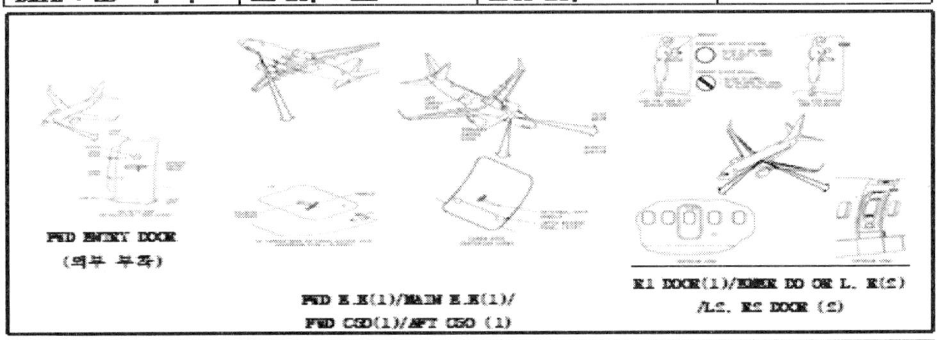

순번	점검내용	DOOR	SECURITY SEAL NO	봉인자 (주기중)	확인자 (운항전)	이 상 유/무	입장 확인
1	1. 항공기 기내 이상유무 2. 항공기 주변 보안사항 이상 유무확인 3. 항공기 DOOR SECURITY SEAL 부착 4. 항공 탑승 장비제거 5. 기타(　　　)	FWD ENTRY					
2		FWD E.E					
3		MAIN E.E					
4		FWD CGO					
5		AFT CGO					
6		R1 DOOR					
7		L2 DOOR					
8		R2 DOOR					
9		EMERGENCY "L"					
10		EMERGENCY "R"					

※ 항공보안등급에 따른 부착기준 : 평시.관심 / 1-5 번, 주의.경계 / 1-8 번, 심각 / 1-10 번

주기중 항공기 야간 경비관련 점검대장

(6) 운항 관련부서 보안대책

유관 관련부서의 보안대책은 다음과 같다.

가. 기장은 운항전에 정비사로부터 각 출입문에 봉인되었던 보안확인표시(Seal)의 비정상적인 상태 유무를 확인 후 출발하여야 한다.

나. 기장은 도착지 공항에서 항공기가 주기하게 될 경우에 대비하여 운항전 브리핑시 승객하기 완료후 비인가자의 기내 출입을 철저히 통제하도록 보안사항을 강조하여야 한다.

다. 객실승무원은 승객 탑승 전에 객실 전반에 무기, 폭발물, 기타 위험성 물품 및 의심스러운 물건이 있는지를 반드시 항공기 보안점검표에 따라 기내 보안점검을 수행하고 이상유무 결과를 사무장과 기장에게 보고하여야 한다.

라. 객실승무원은 항공기가 공항에 도착한 때에는 모든 승객(통과 및 환승승객 포함)이 기내에 어떠한 물건도 남겨두고 내리지 않게 하여야 한다, 다만 수상한 물품이 발견된 경우 즉시 해당 공항 관계기관에 통보한 후 기내 보안점검을 실시하여야 한다.

마. 항공기가 계류장에 도착한 후 승객이 모두 내린 이후부터 항공기가 출발하기 전까지 기내청소, 기내식 등 조업사 직원에 대한 위해물품 반입여부와 비인가자 출입 등을 감시 및 통제하고 기내 보안장비에 대한 보관 상태를 점검하여야 한다.

바. 정비사는 항공기 외부에서 수행되는 수하물, 기내식, 기내청소, 급유, 정비 등의 지상조업중인 조업사 직원에 대한 보안감독을 실시하고 비인가자의 항공기 불법접근을 감시 및 통제하여야 한다.

사. 정비사는 보안관련 문제 발생시는 기장에게 통보한다.

(7) 야간 주기시 경비책임

야간 주기시 경비 및 조치관련 부서별 책임은 다음과 같다.

가. 항공기 경비 및 보안조치에 대한 총체적 책임은 항공사의 정비본부장에게 있으며, 항공기 출입문 보안확인표시(Seal) 봉인전 기내의 감독 책임은 기장에게 있다.

나. 항공운송사업자가 직접 정비하는 공항의 항공기 경비 및 보안조치 책임은

해당 공항 정비팀장에게 있으며, 정비품질팀장은 위탁정비 공항의 정비 용역업체에 대한 직접지시 등의 관리감독 책임이 있다.

(8) 용역업체 등 감독사항

용역업체 등 감독사항은 다음과 같다.

가. 정비 유관부서 보안담당자는 용역업체 등으로 하여금 국가민간항공보안교육훈련 지침의 요구사항을 충족한 자를 배치토록 하고 출입자에 대한 보안통제 등을 하는 경비요원에 대한 관리감독을 하여야 한다.

나. 국내외 지점에서는 위탁수하물, 화물, 기내식, 기내청소 및 급유 등의 지상조업이 수행되는 동안 조업요원에 대한 업무감독을 하여야 한다.

제6절 폭발물위협 등 비상시 대응절차

1. 폭발물 위협정보 입수시 대응절차

(1) 대응순서

위협정보는 전화, 우편물, E-mail, Fax 등 다양한 수단으로 입수될 수 있으며 대응순서는 폭발물 위협접수-보고-분석-대응 순이며 다음 그림과 같다.

위협정보 입수시 대응순서

(2) 단계별 조치사항

폭발물위협정보 입수시 단계별 조치사항은 다음 그림과 같다.

가. 입수 및 보고 단계에서 위협 정보를 입수하면 위협 메세지를 있는 그대로 정확하게 기록하고, 전파 체계도에 따라 신속히 관계기관에 보고하여야 한다.

나. 정보 분석단계에서 위협정보에 대한 분석책임은 공항의 합동조사팀에게 있으며, 허위, 불특정, 실제여부에 대한 진위를 분석한다.

다. 대응 단계에서 대응요령은 주기중 / 운항중 항공기 및 폭발물 발견 시에 따라 상황에 맞게 적절하게 대응하여야 한다.

(3) 대응요령

폭발물 위협정보 입수시 대응요령은 다음과 같다.

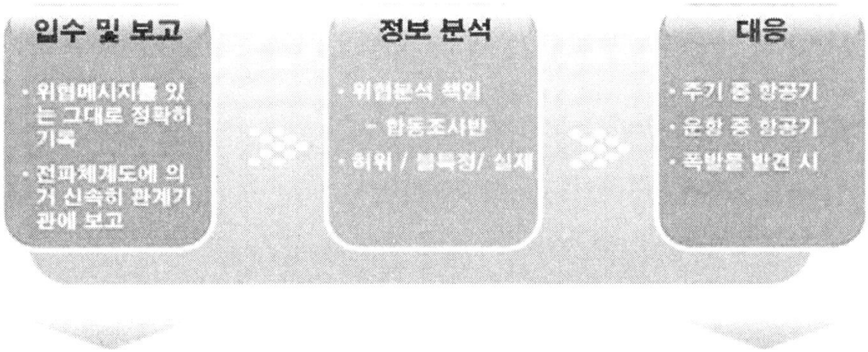

위협정보 입수시 단계별 조치

가. 당황하지 말고 침착하게 협박자를 리드할 자세를 취하며 필기준비, 위협내용 집중청취, 통화내용 정확히 기록하여야 한다.

나. 발신지 추적 및 음성녹음을 위한 조치를 하며, 필요시 동료에게 손짓, 신호 등으로 관계기관 신고를 취하게 하여야 한다.

다. 협박자의 성별, 연령, 언어, 음색, 말씨, 음주여부, 주위 소음 등 파악, 상황 허락시 다음의 질문을 순서대로 하여야 한다.

1) 폭발물(폭탄)은 어디에 있습니까?

2) 언제 폭발합니까?

3) 폭발물은 어떻게 생겼습니까?

4) 전화 주시는 분은 누구십니까?

5) 왜 이런 행위를 하십니까?

라. 별지서식의 폭발물 위협정보 보고양식에 따라 통화내용을 체크하여 수사기관에서 요청시 제공하여야 한다.

2. 주기중 폭파위협시 대응

(1) 객실승무원 조치사항

주기중 항공기 폭파위협시 객실승무원 조치사항은 다음과 같다.

가. 기장과 우선 협의하여야 한다.

나. 항공기 안전거리 밖으로 승객대피 안내, 하기 지연 방지를 위해 지갑이나 기타 귀중품, 서류가방에 한하여 개인보관을 유도한다.

다. 기내 위해물품의 검색은 우선 폭발물처리 전담반이 실시하고, 객실승무원은 기내구조 안내 등 검색에 필요한 제반사항에 대하여 협조하여야 한다.

라. 폭발물처리 전담반이 휴대물품 및 화물을 항공기로부터 격리, 검사 장소까지 옮기는 작업을 지원하여야 한다.

마. 의심스러운 물건 발견 시 폭발물처리 전담반에게 처리를 인계하여야 한다.

바. 의심스러운 물건제거 후에도 다른 물건이 기내에 남아 있을 수 있으므로 객실 재점검을 실시하여야 한다.

사. 검색이 완료되면 항공기 출입문을 CLOSE하여야 한다.

아. 휴대물품 및 일반화물을 소유자와 대조 업무에 협조한다.

자. 승무원 단독으로 기내 위해물품 검색시 요령

1) 검색 조 편성은 2인 1조

: 검색은 좌측 ☞ 우측, 전방 ☞ 후방으로 실시

2) 검색도중 수시로 눈을 감고 조용히 귀를 기울여 시계 소리 등 음향 확인

(2) 운항승무원 조치사항

주기중 폭파위협시 운항승무원 조치사항은 다음과 같다.

가. 객실사무장과 협의하여 결정하여야 한다.

나. 타 항공기가 없는 비상격리주기장에 주기하여야 한다.

다. 객실승무원이 수행하는 승객대피 및 수색에 협조하여야 한다.

3. 운항중 폭파위협시 대응

(1) 운항승무원 조치사항

운항중 폭파위협시 운항승무원 조치사항은 다음과 같다.

가. 기장은 비상착륙 실시 여부를 결정하여야 한다.

나. 초비상 상황 시 승객들 무릎위에 휴대물품을 올려놓은 후 점검하고, 승객 휴대물품이 아닌 것이 있는지를 확인하여야 한다.

다. 기장은 파괴 위협정보 입수와 관련한 방송을 실시하여야 한다.

라. 기장은 공항경찰의 폭발물 전문가와 교신하여 도움을 요청하여야 한다.

마. 기장은 폭발물 피해 최소구역의 전원을 차단하여야 한다.

바. 운항승무원은 가능한 신속히 항공기를 착륙하여야 한다.

4. 폭발물 발견시 조치

(1) 운항중 조치사항

운항중 폭발물 발견시 운항 및 객실승무원 조치사항은 다음과 같다.

가. 사무장은 즉시 기장에게 보고하여야 한다.

나. 객실승무원은 폭발물의 외형, 크기, 종류, 수량 등 자세한 정보를 기장에게 보고하여야 한다.

다. 폭발물 주위의 승객을 신속히 대피시켜야 한다.

라. 전 승객을 좌석 등받이 또는 좌석 아래로 몸을 대피하도록 안내하여야 한다.

마. 사무장은 방탄자켓 착용 후 방폭담요로 폭발물을 덮어야 한다.

바. 기장은 관제기관(ATC)에 상황을 통보, 여압이 없는 상태로 비행이 유지되도록 강하할 것을 추천하여야 한다.

사. 기장은 종합통제실과 협의, 적절한 공항으로 가능한 빨리 비상 착륙 후 비상사태를 선포하여 해당공항에 소방 및 구급차량을 대기 요청하여야 한다.

(2) 이륙전 또는 하기 전 조치사항

이륙전 또는 하기전 폭발물 발견시 운항 및 객실승무원 조치사항은 다음과 같다.

가. 사무장은 즉시 기장에게 보고하여야 한다.

나. 폭발물 주위의 승객을 신속히 대피시켜야 한다.

다. 전 승객을 좌석 등받이 및 좌석 아래로 몸을 피하도록 안내 하여야 한다.

라. 사무장은 방탄자켓 착용 후 방폭담요로 폭발물을 덮어야 한다.

마. 폭발물 처리반이 도착 시까지 폭발물에 대한 접촉을 금지하여야 한다.

바. 전 승객을 신속, 질서정연하게 다음 그림과 같이 하기하도록 안내하고 항공기로부터 100m이상 대피시켜야 한다.

사. 승무원 또는 승객의 휴대물품을 필요시 재검색을 실시하여야 한다.

5. 착륙 후 폭발물 이동시 주의사항

(1) 운항 및 객실승무원의 조치사항

항공기 착륙 후 폭발물 이동시 운항 및 객실승무원의 조치사항은 다음과 같다.

가. 우선 폭발물 하단에 이동방지 장치가 있는지 얇은 책받침으로 확인하며, 이동방지장치가 있으면 이동하여서는 아니 된다.

나. 폭발물에 장치된 전선, 끈 또는 테이프 등은 접촉하면 폭발 물위험이 있으므로 절단하여서는 아니 된다.

다. 폭발물의 외부 용기를 개방하여서 아니 된다.

라. 폭발물 이동 시는 면밀한 계획을 세우고 이에 따라 천천히 가능한 한 발견

시 높이를 유지하여 이동하여야 한다.

마. 기내물품, 쿠션 등으로 비상도어 중간 높이까지 단을 쌓고 그 위에 폭발물을 놓고 방폭 담요를 덮고 나머지 공간은 젖은 모포 등으로 채워야 한다.

바. 기내 소화기와 산소통을 준비하여 필요시 즉시 사용하도록 하여야 한다.

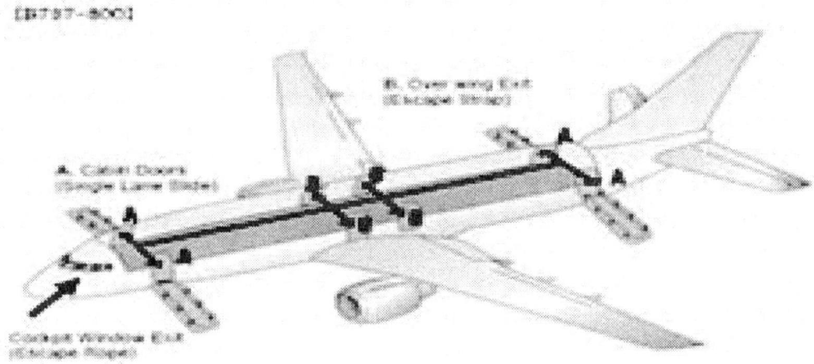

승객 대피시 출입문 위치

(2) 항공기내 최소폭발물 위험위치

기내 최소폭발물 위험위치(LRBL : Least-risk bomb location)는 폭탄 / 폭발장치가 폭발 시 항공기상에 영향을 최소화시키는 장소이며 위치는 다음 그림과 같다.

A/C Type	LRBL	Mat, Jacket Location
B737	R2	R side최 후방 승객 좌석 하단

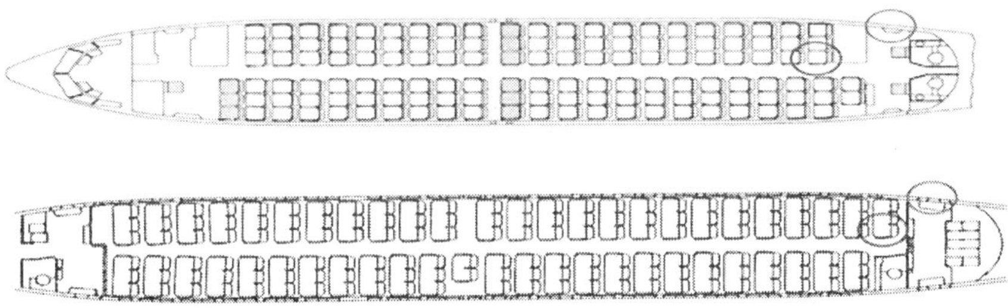

항공기 최소폭발물 위험위치

6. 이상한 물체 및 인물 발견 시 대응요령

공항에서 의심스런 이상한 물체 발견시 주의사항 및 경계해야 할 인물은 다음과 같다.

(1) 의심스러운 이상물체 발견시 주의사항(접근 · 접촉 금지)

가. 접촉, 동작, 가열, 주위에서 담배를 피우는 행위 금지
나. 개봉하거나 전선 등을 끊거나 물로 적시는 행위 금지
다. 상표만 보고 속단하거나 노출된 선을 당기는 행위 금지
라. 가연성 물질을 옆에 놓거나 하는 행위 금지
마. 관계기관에 즉시 신고 후 주위인원을 안전한 곳으로 대피시킨 후 처리요원이 도착할 때까지 현장을 보존하여야 한다.

(2) 공항에서 경계해야 할 인물

탑승수속대 등에서 경계해야 할 인물은 다음과 같다.

가. 항공권 발급 및 입·출국 수속 시 직원과 눈을 마주치지 않으려 하거나 대화를 기피하는 인물
나. 수차 심사를 거친 여권보다 상대적으로 위조가 용이한 신규 및 임시발급 여권 소지자에 대한 철저한 검색 필요

여객터미널을 순찰중인 보안요원과 탐지견

다. 타 여행객에게 접근하여 가방이나 박스를 건네주며 도착지에서 전달해 달라고 하는 사람(마약 등 밀반출 수법)
라. 실물과 여권사진이 현저히 다르거나 유럽·영국·미국·호주 여권을 사용하면서도 영어가 서툰 사람

제6장 항공기내보안요원 운영 등

제1절 개요

제2절 권한 및 책임, 자격기준

제3절 불법행위 승객 대응절차

제4절 기내 무기 등 운영절차

제6장 항공기내보안요원 운영 등

제1절 개요

1. 법규 및 용어

항공운송사업자가 승객이 탑승한 항공기를 운항하는 경우 테러 등 불법행위로부터 승객의 안전 및 항공기의 보안을 위하여 탑승시키고 있는 항공기내보안요원 등의 운영에 관련된 법규, 용어의 정의, 항공운송사업자의 책무 등에 대하여 설명하고자 한다.

(1) 관련법규

항공기내보안요원 운영에 따른 관련법규는 다음과 같다

가. 「항공보안법」 제14조제2항

나. 「국가항공보안계획」 7.6.1

다. 국토교통부지침 제22호 「항공기내보안요원 등 운영지침」

(2) 용어의 정의

항공기내보안요원 운영지침에서 사용하는 용어에 대한 정의는 다음과 같다.

가. "무기" 란 「항공보안법」 시행령제19조에 따른 무기 중 분사기 및 전자충격기를 말한다.

나. "관계기관"이란 국가정보원(공항보안실), 국토교통부(지방항공청) 및 경찰청(도착공항 경찰관서)을 말한다.

다. “동 · 하계”란 국제항공운송사업을 위한 시즌별 운항스케줄을 시작하는 매년 10월 및 3월 마지막주 일요일을 말한다.

라. “항공기내보안요원”이란 항공기 내의 불법행위를 방지하는 직무를 사법경찰관리 또는 그 직무를 위하여 항공운송사업자가 지명하는 사람을 말하며, “항공기내보안요원 등” 이란 항공기 내 보안요원과 일반 객실승무원을 말한다.

2. 책무 및 임무

(1) 항공운송사업자의 책무

항공운송사업자에게 부여되는 책무는 다음과 같다.

가. 불법행위 발생시 위협수준에 따른 무기 사용 절차 등 대응기준을 수립 · 시행하여야 한다.

나. 승객이 탑승하는 항공기에 적정수의 항공기내보안요원을 탑승시켜야 한다. 다만, 위협의 정도가 심한 항공기 또는 항공노선에 대해서는 평시보다 항공기내보안요원을 추가로 탑승시켜야 하며, 추가 탑승 인원수는 관계기관과의 협의를 거쳐 결정한다.

다. 항공기내보안요원이 규정에서 정한 임무를 성실히 수행하도록 감독하여야 한다.

라. 객실내 거동 수상한 행동을 하거나 보안 위반의 경우 항공기내보안요원이 운항승무원에게 긴밀히 알릴 수 있는 절차를 수립 · 시행하여야 한다.

마. 항공기내보안요원에 대한 교육훈련을 실시하여야 한다.

(2) 항공기내보안요원의 임무

항공운송사업자는 항공기내보안요원에게 다음 사항을 포함하여 임무를 부여하여야 한다.

가. 승객 탑승전 항공기 객실내 보안 점검 및 수색

나. 최초 출발공항 또는 중간 경유지공항에서 항공기에 탑승하는 승객 또는 재탑승하는 승객과 휴대물품에 대하여 의심스러운 경우 수색 및 점검
다. 운항중 항공기 객실 내 보안 순찰
라. 운항중 및 경유지에 있는 동안의 객실 내 보안감독
마. 항공기 불법 점거 또는 파괴 행위제지
바. 객실내 폭발의심물체가 발견된 경우 최소 위험폭발물위치 사용절차에 따른 수행
사. 불법행위 발생시 녹화 실시 및 불법행위 승객 도착공항 경찰관서에 인도
아. 기타 승객의 안전 및 항공기 보안에 필요한 사항

제2절 권한 및 책임, 자격기준

1. 권한 및 책임

항공기내보안요원의 권한 및 책임은 다음과 같다.

(1) 항공기내보안요원은 항공기안으로 무기를 휴대하고 탑승할 수 있다.

(2) 항공기내보안요원은 부여된 임무를 수행하여야 하고, 이 경우 항공기내보안요원을 포함한 일반 객실승무원은 「사법경찰 관리의 직무를 수행할 자와 그 범위에 관한 법률」 제7조제2항에 따른 사법경찰리의 직무도 수행하여야 한다.

(3) 항공기내보안요원(일반 객실승무원 포함)은 객실내 불법행위 및 항공안전을 해치는 범죄행위 등을 녹화할 수 있으며, 그 행위를 저지시키기 위한 필요한 조치를 할 수 있다.

(4) 항공기내보안요원은 항공기 내에서 불법행위가 발생한 경우 신속하게 대응하기 위하여 일반 객실승무원에게 임무를 부여하여야 하며, 항공기 내 주변 승객에게 협조 요청 등 필요한 조치를 요구할 수 있다.

(5) 객실내 거동 수상한 행동을 하거나 보안위반의 경우 항공기내보안요원이 운항승무원에게 긴밀히 알릴 수 있어야 한다.

(6) 항공기내보안요원은 항공기내에서 불법행위를 행한 자 및 항공안전을 해치는 범죄자를 현행범으로 체포(물리적으로 신체를 속박한 경우에 해당)한 때에는 별지서식의 현행범인체포서를 작성하여야 한다. 이 경우 항공기내보안요원은 피의사실의 요지, 체포의 이유와 변호인을 선임할 수 있음을 말하고 변명할 기회를 준 후 피체포자로부터 별지 서식의 확인서를 받아야 한다.

(7) 항공운송사업자는 규정에 따라 현행범인체포서 및 확인서를 작성할 경우에는 원본은 도착공항 경찰관서에 피체포자와 함께 인계하고 그 사본을 사건이 종료된 날로부터 1년 이상 보존하여야 한다.

(8) 항공기내보안요원은 기밀을 엄수하여 피의자 · 피해자 기타 관계인의 명예를 훼손하지 아니하도록 하여야 한다.

2. 자격기준

항공운송사업자가 선발하는 항공기내보안요원의 자격기준은 다음과 같다.

(1) 항공기내보안요원은 2년 이상의 선임객실승무원 또는 객실승무원 경력을 갖춘 자로서 정신적으로 안정되고 성숙된 자이어야 한다.

(2) 연령 및 성별을 고려하여 선발하여야 한다.

제3절 불법방해행위 대응절차

1. 기내 불법행위

기내 불법행위는 항공기의 안전운항을 저해할 우려가 있거나 운항을 불가능하게 하는 행위를 말하며, 항공기내에서 발생할 수 있는 유형은 다음과 같다.

(1) 불법행위 유형

가. 「항공보안법」 제2조(정의)8항에 따른 불법행위 유형은 운항중 인 항공기납치 및 시도, 항공기에서 인질, 항공기의 파괴·손상 및 무단 침입하거나 운영을 방해, 범죄의 목적으로 항공기내로 위해물품 반입, 지상 또는 운항중인 항공기의 안전을 위협하는 거짓정보제공, 사람을 사상(死傷), 재산 또는 환경에 심각한 손상을 입힐 목적으로 항공기를 이용하는 행위 등으로 명시하고 있다.

나. 「항공보안법」 제23조(승객 협조의무)를 위반하여 항공기내에서 승객 업무방해 행위는 승무원의 정당한 직무 집행을 방해하거나 승무원과 탑승객 안전한 운항이나 여행을 위협하는 일체의 행위를 말하며, 폭언, 고성방가 등 소란, 기내흡연(전자담배 등), 음주 및 약물 복용하고 다른 사람에게 위해나 성적 수치심유발, 전자기기 사용, 기장 승낙 없이 조종실 출입기도, 폭행·협박·위계 행위를 하거나 출입문·탈출구·기기 조작, 착륙 후 항공기를 점거 및 농성, 기장 등 정당한 직무상 지시를 불이행, 위계 또는 위력으로 기장 등 업무를 방해하는 행위를 말한다.

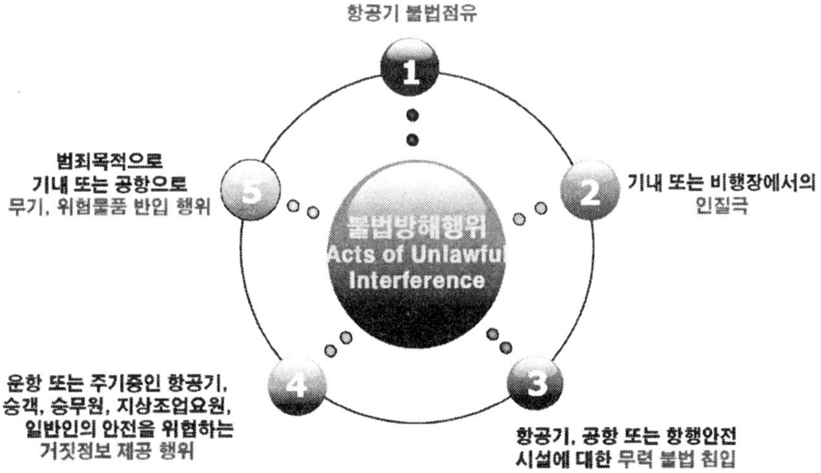

불법방해 행위의 유형

(2) 승객 협조의무 등 위반자 대응절차

기장 및 기장으로부터 권한을 위임 받은 승무원은 정당한 직무집행을 방해하거나 승무원과 승객의 안전운항이나 여행을 위협하는 행위를 하는 자에 대하여 그 행위를 저지시키기 위한 불법 행위 임을 고지하는 등 다음과 같은 필요한 대응 조치를 하여야 한다.

가. 불법행위가 발생하는 경우 항공기내 보안요원 및 일반 객실승무원은 휴대전화 등을 활용하여 불법행위를 녹화(불가피한 제약이 있는 경우는 제외)하여야 한다.

나. 항공기내 보안요원 및 일반 객실승무원은 폭행행위, 조종실 진입 기도행위, 출입문 · 탈출구 · 기기 등의 조작행위와 기내 안전을 위협하는 협박 · 위계행위, 승무원 업무방해행위, 음주 후 위해행위 등 불법행위를 범한 승객에 대해서는 신속히 제압 및 구금 조치하고, 구금 이후에도 고성 · 폭언 등 위해행위를 지속하는 경우 추가 조치를 포함하여야 한다.

다. 항공기내 보안요원 및 일반 객실승무원은 성적수치심 유발행위, 흡연행위, 단순 소란행위, 기장 등의 정당한 직무상 지시를 따르지 않은 행위 등 불법행위를 중단할 것을 경고할 수 있으며, 경고 이후에도 불법행위를 지속하는 승객은 항공기내 보안요원의 판단에 따라 나항과 같이 처리할 수 있다.

라. 기장 또는 항공기내 보안요원은 도착공항 경찰관서에 사전협조를 요청하여 불가피한 경우를 제외하고는 항공기 출입문 앞에서 불법행위 승객을 인계하여야 한다.

마. 기장 또는 항공기내 보안요원은 라항에 따라 불법행위 승객을 도착공항 경찰관서에 인계하는 경우 가항에 따른 불법행위 녹화자료와 정해진 서식에 따라 피해 · 목격 경위 및 내용 등이 포함된 진술서를 작성하여 경찰관서에 제출하여야 한다.

바. 참고인의 진술이 있는 경우에도 이와 같으며, 항공기내 보안요원 또는 승무원은 도착공항 경찰관이 피해 · 목격내용에 대하여 추가 진술을 요구할 경우 경찰서에 동행하여 조사에 적극 협조하여야 한다.

2. 불법행위 대응 및 처리절차

운항 중에 발생할 수 있는 불법행위에 대응 및 처리절차는 다음과 같다.

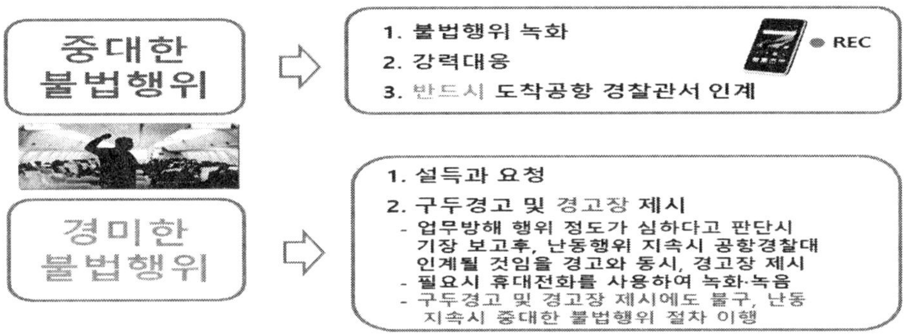

불법행위 대응 및 처리절차

(1) 항공기 내에서 불법행위가 발생하는 경우 항공기내보안요원 및 일반 객실승무원은 휴대전화 등을 활용하여 불법행위를 녹화(불가피한 제약이 있는 경우는 제외)하여야 한다.

(2) 항공기내보안요원 및 일반 객실승무원은 폭행행위, 조종실 진입기도행위, 출입문·탈출구·기기 등의 조작행위와 기내 안전을 위협하는 협박·위계행위, 승무원 업무방해행위, 음주 후 위해행위 등 중대한 불법행위를 범한 승객에 대해서는 신속히 제압 및 구금조치(구금 이후에도 고성·폭언 등 위해행위를 지속하는 경우 추가 조치 포함)하여야 한다.

(3) 항공기내보안요원 및 일반 객실승무원은 성적수치심 유발행위, 흡연행위, 단순 소란행위, 기장 등의 정당한 직무상 지시를 따르지 않은 행위 등 경미한 불법행위에 대하여 중단할 것을 경고할 수 있으며, 경고 이후에도 불법행위를 지속하는 승객에 대해서는 항공기내보안요원의 판단에 따라 상기(2)항과 같이 처리할 수 있다.

(4) 기장 또는 항공기내보안요원은 도착공항 경찰관서에 사전 협조를 요청하여 불가피한 경우를 제외하고는 항공기 출입문 앞에서 불법행위 승객을 인계하여야 한다.

(5) 기장 또는 항공기내보안요원은 불법행위 승객을 도착공항 경찰관서에 인계하는 경우 불법행위 녹화자료와 피해·목격 경위 및 내용 등이 포함된 별지 서식의 진술서를 작성하여 경찰관서에 제출하여야 한다. 또한, 참고인의 진술이 있는 경우에도 이와 같으며, 항공기내보안요원 또는 승무원은 도착공항 경찰관이 피해·목격내용에 대하여 추가 진술을 요구할 경우 경찰관서에 동행하여 조사에 협조하여야 한다.

3. 위협수준별 대응기준

(1) 위협수준 단계별 대응기준

불법행위 위협수준에 따른 단계별 대응기준은 다음과 같다.

구분	불법행위 유형	대응기준
1 단 계	• 수상한 행동이나 구두로 위협하는 방해행위 1. 성적수치심 유발행위 2. 흡연행위 3. 단순 소란행위 4. 기장 등의 정당한 직무상 지시를 따르지 않은 행위 등	1. 기장 및 다른 승무원에게 연락 2. 다른 승객들의 행동 주시 3. 조종실 출입문 잠금 조치 4. 청정지역(clear zone) 이동금지 조치 5. 상황 저지를 위한 구두 조치 6. 불법행위 경고장 제시 등 ...
2 단 계	• 육체적으로 폭력적인 행위 1. "1단계" 행위가 악화되는 경우 2. 폭행행위 3. 출입문·탈출구·기기 등의 조작행위 4. 기내 안전을 위협하는 협박·위계행위, 승무원 업무방해행위, 음주 후 위해행위 등	1. "1단계"의 1번~3번 조치 2. 청정지역(clear zone) 이동금지 조치후 해당 지역을 차단 3. 관계기관에 상황 통보 4. 무기·수갑·포승줄 등을 사용하여 신속히 제압 및 구금 조치 5. 필요시 주변 승객에게 도움을 요청 6. 기장은 회항 및 착륙계획을 고려 ...
3 단 계	• 목숨을 위협하는 행위 1. "2단계" 행위가 악화되는 경우 2. 무기 등을 사용하여 사람의 목숨을 위협하는 행위 등	1. "2단계"의 1번~4번 조치 2. 승객에게 가용한 모든 도움을 요청 3. 범인 관련 정보를 기장에게 제공 4. 범인 제압을 위해 물리력 사용 5. 필요시 폭발물 또는 생화학무기 최소위험(least-risk) 절차 이행 6. 기장은 비상 선언 및 착륙계획 개시 ...
4 단 계	• 조종실에 침범하거나 침범을 시도하는 행위 등 1. "3단계" 행위가 악화되는 경우 2. 항공기를 납치하거나 납치를 시도하는 행위 3. 항공기를 파괴하거나 손상시키는 행위 4. 항공기에서 사람을 인질로 삼는 행위 등	1. "3단계"의 1번~3번 조치 2. 반드시 항공기 명령·통제 유지 3. 필요한 모든 물리력을 사용하여 조종실을 방어 4. 범인 제압 및 위협 제거를 위해 모든 가용자원 및 물리력 사용 5. 폭발물 또는 생화학무기 최소위험(least-risk) 절차 이행 6. 기장은 비상 선언, 가장 가까운 적당한 공항에 착륙계획 개시 ...

위협수준 단계별 대응기준

제4절 기내 무기 등 운영

1. 무기 등 운영

(1) 무기사용 기준

항공기내보안요원의 무기사용 기준은 다음과 같다.

가. 항공운송사업자는 항공기내보안요원에게 임무수행을 위하여 무기와 수갑 및 포승줄(올가미형) 등을 필요시 사용가능하도록 지급 및 탑재하여야 한다.

나. 항공운송사업자는 무기·수갑·포승줄 등을 항공기내보안요원 등이 객실내 위협수준에 따라 즉시 사용이 가능하도록 운영하여야 한다.

다. 항공기내보안요원 등은 현장 상황을 합리적으로 판단하여 무기·수갑·포승줄 등 중에서 가장 적합한 장비를 정확하고 안전하게 사용하여야 하며, 불가피한 경우를 제외하고는 항공기내보안요원이 무기를 사용하여야 한다.

(2) 무기반입 허가 신청절차

항공기내보안요원이 운영하는 무기의 기내반입을 위한 허가 신청절차는 다음과 같다.

가. 무기반입 허가요청은 매년 동·하계 마다 무기 반입자, 반입사유, 종류 및 일련번호를 관할 지방항공청장에 제출하여 승인을 받은 후 기내 반입하여 운영할 수 있다.

나. 지방항공청장은 항공운송사업자가 기내 무기반입을 신청하는 경우 「항공보안법」 제21조에 따라 허가를 하여야 한다.

2. 지정 등 관리절차

(1) 지정 절차

항공운송사업자의 항공기내보안요원 운영에 따른 지정절차는 다음과 같다.

가. 매년 동·하계마다 항공기내보안요원 지정신청서를 관할 지방항공청장에 제출하여 승인을 받아 운영하여야 한다.

나. 지방항공청장은 항공운송사업자가 항공기내보안요원 지정 신청을 할 경우 동 요원의 적격여부를 판단하고 항공기내보안요원 지정서를 발급하여야 한다.

(2) 기내방송 등 관리절차

항공운송사업자가 기내에서 탑승객을 대상으로 방송 등 수행하여야 하는 안내 등 관리절차는 다음과 같다.

가. 승객이 탑승을 완료한 후 항공기 이륙전에 「항공보안법」 제23조제6항에 따라 불법행위를 하지 말 것을 기내 안내방송을 이용하여 사전에 안내(경고)하여야 한다.

나. 이 경우 안내방송 문구는 소속 항공기내 보안요원(기장 · 승무원)의 의견을 들어 작성하고, 형사상 처벌대상임을 알려야 할 필요가 있는 흡연 · 전자기기 사용 · 승무원의 업무를 방해하는 행위를 포함하여야 한다.

다. 항공운송사업자는 제5항에도 불구하고 「항공보안법」 제23조제1항부터 제4항까지의 행위를 하지 말 것을 기내에 구비된 승객브리핑카드(안전정보카드)에 포함시켜 승객이 잘 볼 수 있는 곳에 비치하여야 한다.

라. 매 홀수월 첫번째 주 금요일까지 이전 월 마지막 날 기준으로 불법행위 발생현황 및 세부내용 등 국토교통부에서 요청한 자료를 작성하여 국토교통부에 제출하여야 한다.

마. 항공기내보안요원으로 임명된 자에 대한 명단, 초기 · 정기교육 실적 및 지급된 무기의 종류 · 수량 등을 기록하여 1년 이상 보존하여야 한다.

3. 항공보안장비 운영 및 관리

항공기내에 탑재 항공보안장비의 운영 및 관리는 다음과 같다.

(1) 운영책임 및 탑재근거

「국가항공보안계획」 9.1(구매)에 따른 항공보안장비 운영책임 및 탑재 근거는 다음과 같다.

가, 항공운송사업자 등 보안장비를 사용하고자 하는 자는 국토교통부장관이 고시한 항공보안장비 종류, 성능 및 운영기준」에 적합한 보안장비를 구입하여 사용하여야 한다.

나. 보안장비의 구매, 설치 및 유지보수는 각 보안장비 운영자가 책임을 가진다.

다. 모든 보안장비는 장비사용 설명서와 공항운영자 등의 자체 보안계획에 포함되어 있는 표준 운영규정에 따라 운영하여야 한다.

라. 항공기내 보안장비 탑재근거

1) 「항공보안법」 제27조(항공보안장비)

① 국토부장관이 고시하는 항공보안장비 사용(인증)

② 고시된 보안장비 미사용시 과태료부과(1천만원)

2) 「국가항공보안계획」 9.1.1(항공보안장비 구매)

① 국토교통부장관이 고시하는「항공보안장비 종류, 성능 및 운영기준」에 적합한 보안장비를 구입 사용

3) 항공사 자체보안계획 및 운영지침(항공보안장비)

① 운항 중 탑재된 장비의 정상적인 작동이 가능하도록 항상 최상상태를 유지 및 관리

(2) 운영 및 관리절차

항공기 안전운항과 승객의 안전을 위하여 항공기내 탑재 또는 보안장비를 효율적으로 운영하기 위하여 다음과 같은 운영 및 관리절차에 따른다.

가. 적용대상

항공기 운항중 장비를 취급하는 운항 및 객실승무원 등 운항관련 임직원에 적용한다.

나. 운영책임

1) 항공보안 부서장은 운항 중 장비의 정상적인 작동이 가능하도록 항상 최상의 상태를 유지하도록 관리하여야 한다.
2) 기장은 승무원의 운항 중 장비운영 전반을 지휘, 통제하여야 한다.
3) 항공기내보안요원 등은 장비 사용법에 대한 교육을 이수 받아야 하며, 항공기 운항 중에는 장비 작동상태를 사전 확인하고 운항 중 사용절차에 따라 운영하여야 한다.

다. 보관관리

1) 항공보안장비 운영관련 직원은 업무상 알 필요가 없는 사람에게 장비운영 정보를 누설하여서는 아니 된다.
2) 항공기에 탑재하지 않는 예비 장비는 경비대책이 강구된 사무실에 시건장치가 되어있는 철제 캐비넷에 별도 보관 및 관리하여야 한다.

(3) 보안장비 탑재기준

기내 보안장비 탑재 및 사용절차는 다음(B737기종)과 같다.

장비명	탑재기준	관련사진
전자충격기	1정	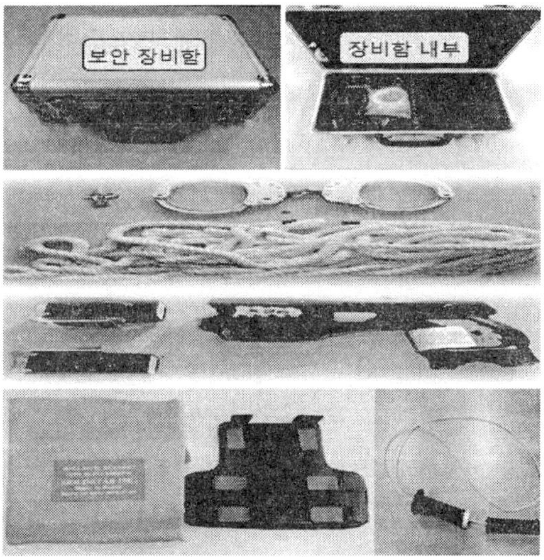
수 갑	1개	
포승줄/올가미형	각 1개	
타이랩(TIE-WRAP)	10개	
방폭매트/방탄자켓	1개/1개	
비상벨	4개	

(4) 보안장비 사용절차

전 객실승무원은 기내에 탑재된 보안장비에 대한 사용법을 숙지하여야 하며 사용 절차는 다음과 같다.

가. 전자충격기는 매우 위험한 장비로 사용에 신중을 기하여야 한다. 객실 사무장은 전자충격기 사용이 필요하다고 판단시 기장에게 보고 후 사용함을 원칙으로 하고, 운항중 기내에 비상상황으로 인하여 부득이 사용하였을 경우에는 하기후, 즉시 관계기관에 통보후 후속조치를 취해야 한다.

나. 수갑, TIE-WRAP, 올가미형 포승줄은 안전운항을 저해하는 행위자에 대하여 제압 후 행동제한을 위한 포박용 장비이며, 위해분자의 행동제한을 위하여 사용시는 우선 수갑을 사용후 여의치 않을 경우 TIE-WRAP, 올가미형 포승줄을 사용하여야 한다.

다. 방탄매트 및 방폭자켓은 항공기 운항중 기내에 탑재된 폭발물 발견 시 폭파로 인한 피해 최소화를 위해 객실 내에 비치하며 다음과 같이 사용한다.

1) 방폭매트는 가능한 한 선임자가 사용하며, 선임자 사용이 여의치 않을 경우 차선임자 순으로 사용하여야 한다.

① 폭발물에 방폭매트를 덮을 시에는 충격을 가하지 않도록 신중을 기하여 덮도록 하며, 기타 발생할지도 모를 폭발에 대비하여 사용자는 사전에 방탄자켓을 착용하여야 한다.

② 방탄자켓은 방폭매트와 인접한 위치에 함께 보관하여야 한다.

라. 비상벨은 항공기 운항중 테러 등 불법방해행위 상황 발생시 최초발견 객실승무원은 운항승무원과 사전에 약정된 절차에 따라 가능한 한 신속히 운항승무원에게 비상벨을 이용하여 은밀하게 동 상황을 전달하여야 한다.

1) 객실승무원은 정상적인 방법으로 운항승무원에게 전달이 여의치 않을 경우에 대비하여 장착된 비상벨을 사용하여야 한다.

2) 객실승무원은 항공기 운항중 언제든지 사용가능하도록 비상벨 위치를 숙지하여야 하며, 상황 발생시 자연스럽게 은밀히 사용하여야 한다.

3) 보안장비 사용시 승무원은 승객의 안전과 항공기 운항에 지장을 초래한다고 판단되는 상황에 한하여 사용하며, 필요이상의 장비사용으로 인하여

승객에게 위화감을 주어서는 아니 된다.

마. 항공기내보안요원이 기내에서 운영하는 전자충격기는 관련법령(총포 · 도검 · 화약류 등 단속법)에 따라 관할 경찰서에 소지허가를 받아야 하며, 지방항공청에는 항공기내 무기휴대 허가를 받아 운영하여야 한다.

(5) 장비점검 및 인계인수

가. 보안장비 점검

승무원은 항공기 운항중 기내 불법방해행위 상황 발생대비 장비를 항상 긴급사용 가능한 최상의 상태로 유지·관리하여 안전운항과 인적·물적 피해를 최소화하는데 최선을 다하여야 한다.

1) 객실사무장은 운항 전 전편 승무원으로부터 비상벨 등의 장비를 인수받아 장비의 비치 및 작동여부를 확인하고 특이사항(보유기준 미달, 작동불능) 발생시 항공보안담당 부서에 통보하여, 정상작동이 가능토록 조치한 후 운항하여야 한다. 단, 운항지연 가능성이 있을 경우 운항 종료후 교체한다.

2) 장비사용은 항공운송사업자의 항공기내로 제한하며, 승무원은 여하한 경우에도 휴대한 상태로 항공기 외부로 유출할 수 없다. 단, 장비의 보수수리를 위한 외부유출은 항공보안 담당부서의 소속직원에 한해 적용된다.

나. 보안장비 인수인계

보안장비 점검 및 인수인계는 자체보안계획의 항공보안점검기록대장에 의해 이루어지며 객실사무장은 운항전 · 후 보안장비를 점검하여야 하고, 분실 및 비인가자에게 접촉이 되지 않도록 관리를 철저히 하여야 한다.

제7장 항공화물 보안대책

제7장 항공화물 보안대책

제1절 항공화물보안 개요

1. 항공화물보안 개념

항공화물보안이란 불법적인 항공범죄의 예방, 대응 및 저지를 위하여 화물검색 활동 등 화물 부문에서의 항공기 안전운항 확보를 위한 제반 활동을 말하며, 용어의 정의, 항공화물의 특성, 운송시 주의사항에 대하여 설명하고자 한다.

(1) 용어 정의

가. "항공화물(Cargo)"이란? 항공기에 탑재되어 운송되는 물품중 기내식, 승객 휴대물품, 위탁수하물을 제외한 모든 화물을 말한다.

나. "통과화물(Transit cargo)"이란 공항에 도착한 화물을 같은 항공기를 통해 다른 공항으로 운송하는 화물을 말한다.

다. "통제화물"이란 상용화주에 의해 보안통제가 완료된 화물을 말한다.

라. "환적화물(Transfer cargo)"이란 도착 항공기에 실린 화물이 다른 항공기에 실려서 출발하는 화물을 말한다.

마. "고위험 화물 또는 우편물(High-risk cargo or mail)"이란 발신처가 불분명하거나 포장 등을 훼손한 흔적이 있는 화물 또는 우편물로서 다음 각 호의 어느 하나에 해당하는 것을 말한다. 다만, 발신처가 분명한 경우라도 관련기관의 구체적인 정보에 근거하여 해당 화물과 우편물을 고위험으로 간주할 수 있다.

1) 화물 또는 우편물이 민간항공에 위협을 준다는 구체적인 정보가 제공된 것

2) 화물 또는 우편물이 의심스러운 이상 징후를 보이는 것
3) 화물 또는 우편물이 기본적인 보안검색 및 보안조치만으로는 항공기를 위험에 처하게 할 수 있는 기내반입 금지위해물품으로써 적발하기 어려운 속성을 가진 것

바. '화주'란 화물 운송 준비자와 화물을 항공화물로 확인하는 자를 말한다.

사. "화물명세서"란 항공기로 운송되는 항공화물의 목록을 기록한 서 류를 말한다.

아. "항공화물보안신고서"란 상용화주가 항공화물을 운송하기 전에 화물에 대한 보안통제를 실시한 사실을 증명하는 서류를 말한다.

(2) 항공화물 특성

항공화물은 특성은 다음과 같다

가. 유행품 등 수요기간이 짧은 물품과 선박, 항공기 등 부품 신속한 조달, 긴급한 의약품·구호물자, 시간이 지나면 가치가 소멸되는 신문 등 긴급한 화물운송 수요를 충족시켜 준다.

나. 고유 성질상 변질 상품(과일 등)의 신속한 수송으로 원격지시장의 확대와 기존시장에 대하여 판매경쟁력을 높일 수 있으며, 급격한 수요변화에 대응하여 판매시기를 잃지 않는다.

다. 최소의 포장과 경량화로 포장 및 운임비 절감, 신속하고 안전한 운송으로 보험료 저렴, 운송기간이 짧아 그 만큼 상품투자자본의 이자절감과 화물취급회수가 줄어 도난·파손 위험 감소, 수요에 적시, 적량을 빈번하게 조달할 수 있어 발착지 등에서 보관시설비 및 보관비 절감 등 기회비용을 절감할 수 있다.

라. 항공화물은 비행 안전을 고려함으로 중량과 용적에 대한 제한이 심하고, 공항시설이 있는 대도시만 운송이 가능하며, 에너지 소비량이 높아 운송원가가 높으므로 고가의 운임이 단점이다.

(3) 항공화물 운송시 주의사항

가. 항공화물은 항공기에 탑재되는 형태 및 운송의뢰자의 구분에 따라 승객의 위탁수하물, 별송 수하물, 일반화물, 우편물, 외교 행낭, 기내저장품 등 여러 형태로 운송될 뿐만 아니라 대형화물이나 운송되는 모든 화물에 대한 보안검색을 완벽하게 실시하기에는 현실적인 어려움 점이 있기 때문에 테러범들이 이러한 취약점을 이용하여 테러행위를 시도하지 못하도록 화물을 포장하고 운송하는 과정에서부터 보안에 주의하여야 한다.

나. 항공운송사업자는 항공화물 운송을 위하여 「항공보안법, 동법시행령, 동법 시행규칙」, 국가항공보안계획 및 국토교통부의 화물보안 고시 등 제 법규를 준수하여야 한다.

(4) 항공화물 취급시 기본원칙

항공화물의 취급시 기본원칙은 다음과 같다.

가. 예방이 치료보다 우선

나. 모든 위탁화물은 불법방해 행위로부터 안전하게 보호

다. 화물운송 경로의 보안 확보

라. 물품이 항공운송업자에게 전달되기 전 보안확보 필요

2. 항공화물 운송체계

(1) 항공화물 운송의뢰

가. 항공화물은 운송을 의뢰한 화주(貨主)로부터 소비자인 화물인수자에게 운송되는 과정에서 통상적으로 화물운송업자를 통하여 운송하게 되는데, 이는 대기업이나 대량화물의 운송을 의뢰하는 화주라 할지라도 항공화물취급업무에는 전문적인 지식과 경험이 필요할 뿐만 아니라 화물운송업무가 대기업이나 대량화주의 전체적인 업무비중에서 차지하는 비율이 미미하기 때문에 전문적인 화물운송업자에게 화물운송을 의뢰하게 되는 것이다.

나. 항공화물의 운송체계에서 화주, 항공사, 공항, 화물운송업자 및 화물인수자의 관계를 다음 그림에서 보는 바와 같이 화주가 직접 화물을 운송 의뢰하는 방법과 화물운송업자를 통하여 화물을 운송하는 방법이 있는데, 일반적으로 화물운송업자를 통하여 운송하는 경우가 대부분이다.

(2) 항공화물 운송과정

항공화물의 운송과정은 다음 그림과 같다.

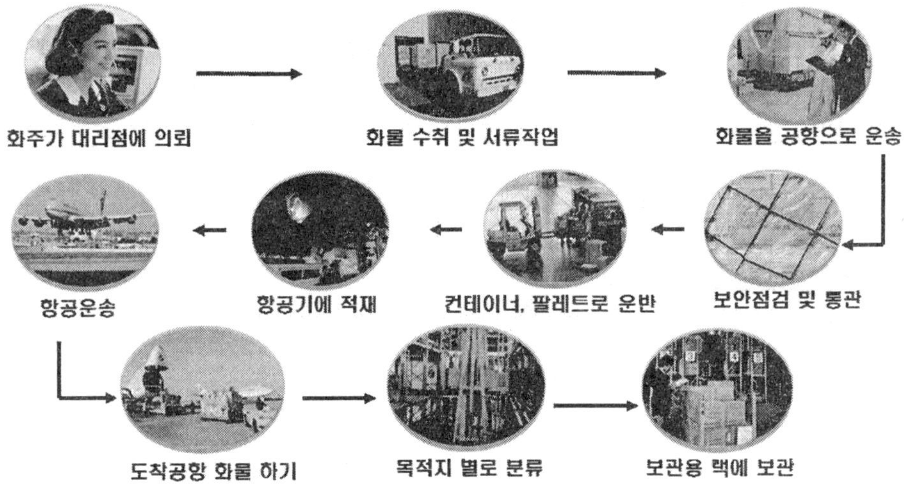

항공화물 운송과정

가. 항공사와 협약을 맺은 대리점은 화주로부터 화물운송 예약을 접수 받을 수 있다.

나. 대리점은 여객의 티켓 번호와 같이 화물운송장 번호를 항공사로부터 발급받고 화물에 관한 서류들을 취합한다.

다. 대리점은 해당 화물을 서류와 함께 화물터미널로 운송한다.

라. 화물이 화물터미널에 도착하면 보안검색원의 보안점검과 함께 통관업무 절차를 밟고 터미널 안쪽으로 입고한다.

마. 입고된 화물은 항공기에 로딩될 수 있도록 해당 항공편 검수관의 체크 하에 컨테이너 및 팔레트 넷트 작업을 한다.

바. 패킹작업이 완료된 화물은 항공시간에 맞춰 램프지역으로 이동한다. 화물이 외부에 노출됨으로서 보안과 파손에 주의해야 한다.

사. 항공기의 무게중심(weight & balance)에 맞게 안전하게 포지션을 미리 배치하고 적재기(Loader)로 선적한다.

적재기에 의한 화물선적

아. 도착지에 도착한 화물은 하기 후 화물 종류에 따라 혹은 항공사별로 해당 창고 지역에 배정된 후 보관되어 진다.

자. 수탁인(Consignee)은 통관 절차를 거쳐 수취한다.

3. 화물기 종류 및 특성

항공화물은 화물만을 운송하는 화물전용기와 여객과 화물을 함께 운송할 수 있도록 제작된 화물혼용(콤비) 항공기 및 여객운송용 항공기의 화물칸을 이용하여 화물을 운송하는 방법이 있다. 항공화물은 출발지에서 도착지까지 동일한 항공기로 직접 수송하는 기종점 운송을 하는 경우와 중간에 다른 항공기로 화물을 환적하여 운송하는 경우가 있으며 화물기 종류 및 특성은 다음과 같다.

(1) 화물전용기

이륙중인 화물전용 항공기

화물전용기는 화물의 용적과 중량을 고려하여 화물수송량이 많은 노선에 투입되기 때문에 주요 항공화물시장이 있는 노선에 운항되고 있으며, 화물전용기로 사용되는 항공기는 대형 항공기인 보잉747F, 에어버스330F급 항공기가 보통이며, 화물전용기의 화물적재량은 기종에 따라 80~100톤 정도이다.

화물전용기 (747기종)

화물전용기 보잉747F 화물칸 내부

(2) 화물혼용기(콤비)

화물혼용 항공기는 그림과 같이 항공기의 일부는 여객탑승용으로 일부는 화물탑재용으로 사용하는 항공기로서 화물 운송량이 비교적 많은 항공노선에 운항되고 있으며, 화물혼용기로 사용되는 항공기는 대형항공기로서 보잉747급 항공기가 보통이며 화물혼용기의 화물적재량은 30~40톤 정도이다.

B747 콤비기종 내부구조 및 로딩작업중인 항공화물

(3) 여객기 화물운송

여객기에 의한 화물운송은 일반적인 여객기의 수하물운송을 위한 화물칸에 화물을 같이 운송하는 것으로서 항공화물수송량이 화물전용기나 화물혼용 항공기를 투입할 만큼 많지 않은 항공노선에서 운송하는 형태로서 항공기의 규모와 관계없이 운항되는 여객기의 수하물칸의 여유 있는 공간을 이용하는 형태로서 항공기의 크기에 따라 다르겠지만 화물적재량은 보통 10톤 정도가 된다.

(4) 화물기 특수장비(ULD)

가. 항공화물운송은 벌크화물운송이나 화물을 낱개로 운송하기에는 적합하지 않기 때문에 항공운송을 위해서는 화물을 Unit Load화하는 작업이 반드시 필요하다.

나. 항공화물의 Unit Load화는 컨테이너, 팔레트, 카트랜 스포터, 말전용컨테이너(Horse Stall) 등 특수한 탑재용기에 적재가 가능하도록 화물을 일정한

용기에 담거나 용기단위로 적재하여 운송할 수 있도록 포장하는 것을 말하며, 일반적으로 항공화물운송업자가 담당하는 것이 보통이다.

다. 화물의 Unit Load화는 화물을 항공기에 탑재하거나 하기하는 하역시간을 단축하여 항공기의 가동율을 높일 수 있는 이점과 항공기 화물칸의 공간이용을 극대화할 수 있는 이점이 있으며, 또한 화물의 도난이나 손상을 방지할 수 있는 효과도 있다.

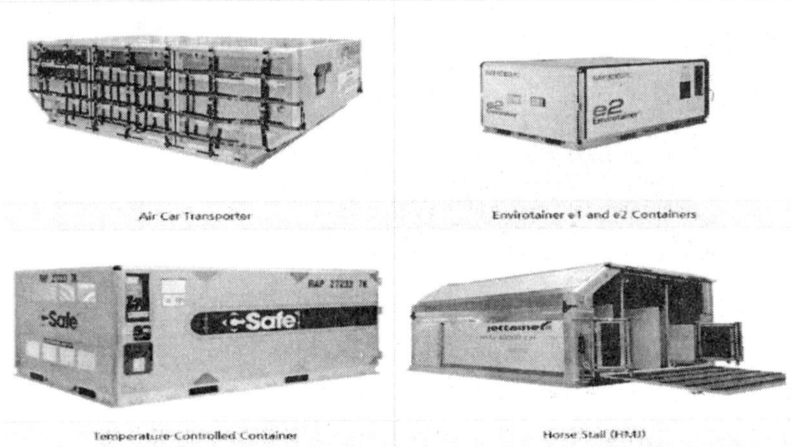

화물기 특수장비(ULD)

3. 항공화물의 특징 및 분류

(1) 항공화물의 특징

항공운송사업자가 운송하는 항공화물의 특징은 다음과 같다.

가. 항공사 자체보안실시 책임

나. 항공화물의 특성상 100% 검색이 어려움

다. 항공화물의 긴급성, 크기, 밀도, 본질의 다양성

라. 항공기 자체 무기화 가능성

마. 타 산업 보안과의 연관성 있음

바. 관련 산업종사자에 의한 테러가능성이 높음

사. 국제적(TSA 등)으로 화물보안 강화 추세

화물계류장에서 작업중인 항공화물

(2) 항공화물의 분류

항공화물은 화물을 취급하는 방식에 의한 분류와 화물의 특성이나 수요자의 요구에 분류방식으로 나누어 고찰할 수 있는데, 화물을 취급하는 방식에 의한 분류는 예비화물, 정규화물, 긴급화물, 귀금속, 위험화물, 가축 및 금지화물 등으로 나누어진다.

가. 예비화물은 항공운송을 의뢰한 화물이 아니고 항공운송이 적합하다고 판단되는 화물로서 항공화물운송의 잠재적 수요가 되는 물품으로서 항공운송의 장점인 안전성, 정시성, 신속성이 요구되고 비교적 운송비용이 저렴하고 부가가치가 높은 화물이다.

나. 정규화물은 일반적으로 수출입절차에 의하여 운송되는 화물을 말하며 비교적 상품주기가 짧아 신속한 운송이 요구되는 화물로서 항공운송이 불가피한 물품이 이에 해당되며 신문, 생화, 어패류, 부식성 물품, 야채, 과일, 등을 말한다.

다. 긴급화물은 상품의 수명이 신속한 운송에 절대적인 영향을 미치는 혈액, 혈청, 혈소판, 이식수술을 위한 장기 등이 긴급항공화물로 분류되고, 항공기 및 선박 또는 기계 등의 고장수리를 위한 부품으로서 긴급히 운송하지 않으면 큰 손실을 입게 되는 종류의 상품도 긴급화물로 분류된다.

라. 귀금속 물품은 고도의 안전과 주의가 필요한 화물로서 선박운송에 의하여서는 목적달성이 어렵거나, 국제해상강도 등 도난이나 탈취의 가능성이 있는 금괴, 보석, 화폐 등으로서 특별한 보안대책이 필요한 화물이다.

마. 위험한 화물은 운송하는 과정에서 특별한 용기에 담거나 대단한 주의가 필요하고 충격이 있어서는 안되는 화물로서, 탄약이나 화학약품과 같이 폭발성이 있는 물질과 석유류와 같이 인화성이 있는 물질 및 압축가스나 방사능 물질이 위험물질로 분류된다.

바. 가축은 살아 있는 동물이므로 특별한 운송장비가 필요할 뿐만 아니라 운송기간 중에 동물들을 위한 먹이와 식수를 제공받아야 하므로 사료와 식수를 먹고 견딜 수 있는 시설이나 장비가 필요한 화물이다.

사. 금지화물은 특별한 보안대책이나 국가의 허가 없이 일반적으로 항공운송이 금지된 화물로서 무기, 폭약, 마약 등은 허가없이 항공기로의 운송이 금지되어 있는 것이다.

제2절 화물터미널 보안대책

1. 화물터미널 보안대책

(1) 보호구역 설정

가. 화물터미널의 보호구역 설정을 위하여 (공항)테러대책협의회 등 관계기관과 협의하여야 하며, 관할 지방항공청장의 승인을 받아 보호구역을 지정받아야 한다.

나. 보안구역은 보안울타리 또는 장벽 등을 설치하여야 하며, 보호구역 안의 보안울타리 또는 장벽을 정상적인 상태로 유지하여야 하며, 화물선적 등을 위한 조업구역 등은 일반지역과 보호구역 간의 경계가 구분될 수 있도록

적색선으로 표시한다. 다만, 화물조업에 필요한 최소한의 경우는 예외로 할 수 있으며 이 경우 경비를 통해 보안통제를 실시하여야 한다.

다. 보호구역 안으로 진입하는 출입구에는 물리적 방어기능을 갖춘 장벽 또는 이와 유사한 시설물을 설치하여야 한다. 다만, 화물조업에 필요한 최소한의 경우는 예외로 할 수 있으며 이 경우 경비를 통해 보안통제를 실시하여야 한다.

라. 화물터미널의 보호구역으로 출입하려는 모든 인원, 차량, 장비, 물품 등에 대하여 신원확인 및 보안검색을 실시하여야 하며 보안검색을 거부하는 경우에는 출입을 금지하여야 한다.

인천공항 화물계류장과 화물터미널

마. 출입증 소지자는 보호구역으로 진입하거나 보호구역 내에 있는 경우에 출입증이 상체 전면, 의복 외부로 노출되도록 패용하여야 한다.

바. 화물터미널의 항공보안검색요원·항공경비요원 등은 보호구역으로 출입하려는 자에 대하여 출입증을 확인하여야 하며 금속탐지기, 엑스선 검색기 등 이용하여 위해물품의 반입을 통제하여야 한다.

사. 화물터미널은 출입구역 등 보호구역이 상시 확인 가능하도록 CCTV, 보안경비 등 적절한 감시체계로 운영되어야 한다.

(2) 화물청사 출입통제

가. 출입통제 원칙

1) 청사에는 인가된 인원 및 차량만 출입하도록 한다.
2) 비인가자의 출입은 철저히 통제 한다.
3) 인가된 인원들은 보안에 필요한 임무를 이해하고 수행할 수 있도록 보안 교육을 받아야 한다.

나. 출입통제 방식

1) 보안경비 등의 직원을 포함한 모든 출입인원은 출입증을 확인할 수 있도록 항상 패용하여야 한다.
2) 비 운영시간에 출입구 폐쇄 또는 잠금 장치를 실시하여야 한다.
3) 24시간 운영되는 화물청사의 경우 심야 감시체제(CCTV 24시간 보안경비, 기타 감시 등)를 운영하여야 한다.

인천공항 화물터미널 전경

(3) 화물에 대한 접근통제

보안검색이 완료된 화물에 대한 접근통제 대책은 다음과 같다.

가. 화물보관

1) 보안검색이 완료된 화물은 비인가자의 출입이 통제되는 지역에 보관하여 외부침입으로부터 보호한다.
2) 화물의 접수처 및 보안검색이 완료된 시점부터 항공기 출발전까지 보안 활동이 보장되어야 한다.
3) 모든 화물은 보호구역 안에서 지정 화물 보관장소 외의 다른 장소나 감시 불가지역에 방치하여서는 아니 된다.
4) 방치된 화물이 발견되면 해당 화물에 대하여 보안검색을 실시하는 등 보안조치를 시행한다.

나. 지상이동 : 보안검색이 완료된 화물은 외부로부터 공항보호구역 또는 항공기내로 이동시키는 경우 폭발물 및 불법 위해물품이 반입되지 않도록 잠금장치가 설치되거나 보안상태가 감시되는 차량 또는 컨테이너로 운송한다.

다. 단위화물탑재용기(ULD) 및 화물 처리장비에 대한 점검 및 보관요령은 다음과 같다.

1) 화물 작업전 컨테이너 및 팔레트, 화물처리장비는 위해물질이 없음이 확인되어야 한다.
2) 화물탑재를 위한 컨테이너 및 팔레트, 화물처리장비는 비인가자의 출입이 통제되는 보안구역에 보관한다.

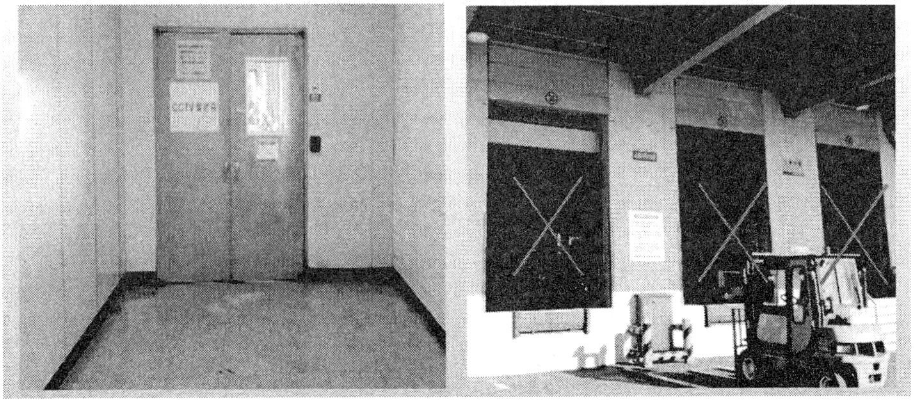

화물터미널 허용된 출입구만 이용

2. 화물터미널 보안 통제기준

이 기준은「항공보안법」제16조에 따라 공항 화물터미널에 대한 보안통제기준을 마련하여 화물보안을 확보함을 목적으로 국토교통부 항공보안과 지침으로 제정되었다. 이 기준은 공항의 화물터미널운영자 및 화물터미널 보호구역 내의 사람, 차량, 장비, 시설에 대하여 적용한다.

(1) 보호구역 보안통제 및 표지

화물터미널 운영자는 화물터미널내의 보호구역에 대한 출입통제 및 보안검색을 위하여 다음 사항을 이행하여야 한다.

가. 화물터미널내에 인가되지 않은 사람 및 차량에 대한 출입통제를 하여야 한다.

나. 화물터미널내에 지정된 보호구역을 들어가는 사람 또는 물품에 대한 보안검색을 하여야 한다. 단, 계류장 출입구에서는 출입통제 시스템에 의한 출입통제로 보안검색을 생략할 수 있다.

다. 화물터미널운영자는 청사 내의 보안검색이 완료된 구역 등은 정해진 보안절차를 이행하여야 하고, 변색 또는 퇴색이 되거나 식별이 불분명한 표지는 곧바로 재 도색을 하여야 한다.

(2) 보안검색 완료구역 및 계류장 출입구 표지

가. 보안검색 완료구역의 표지의 위치는 화물터미널내 엑스레이 보안검색대 앞쪽과 뒤쪽 사이를 기점으로 좌우 연결선으로 한다. 단, 고정펜스가 설치되어 있는 바닥은 보호구역 표지를 생략할 수 있으며, 수입화물처리 보호구역 표지는 화물청사운영자가 현장 실정에 맞게 도색한다. 보안검색 완료구역의 표지는 적색 실선으로 하고 선폭은 30cm로 한다.

나. 계류장 출입구 표지의 위치는 계류장 출입구 바닥에 표시한다. 계류장 출입구 표지의 색상은 황색 실선이며, 규격은 선폭을 30cm로 한다.

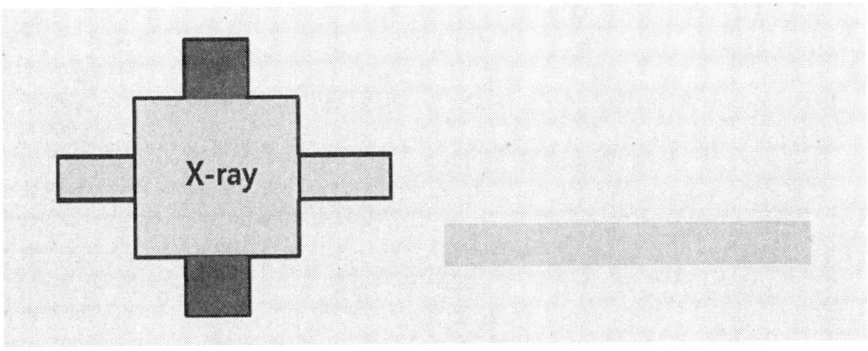

보호구역 구분 및 계류장 출입구 표지

(3) 사람 출입통로 및 시설물보호 표지

사람 출입통로 표지는 화물청사내 보호구역 출입구 통로 바닥에 표시한다. 사람 출입통로 표지는 사다리 형태의 실선으로 하고, 선폭은 15cm로 한다. 화물터미널내 시설물보호 표지는 이동 또는 운반차량, 장비로부터 시설물을 보호하기 위하여 각종 시설물에 대하여 표시한다. 시설물보호 표지는 황색과 흑색의 교차 빗금 실선으로 하고, 선폭은 15~50cm로 한다.

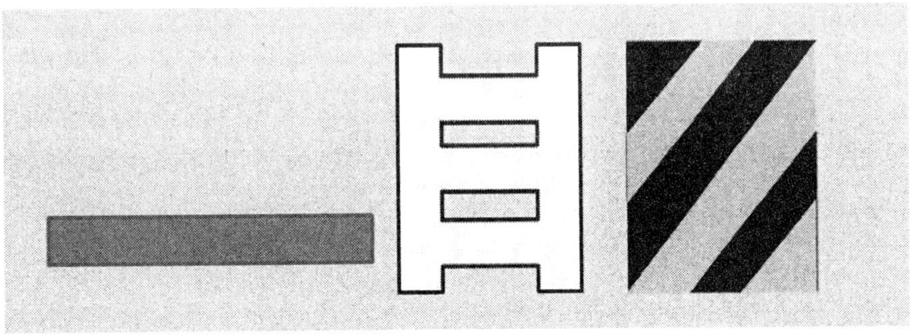

출입통로 및 시설물보호 표지

(4) 일시정지 표지 및 보안동의

가. 화물터미널내 화물운반시설의 안전을 위하여 차량 및 운반장비(지게차 등)의 일시정지가 필요한 경우에 선로 횡단통로 양쪽에 표시한다. 일시정지 표지는 황색 점선으로 하고, 선폭은 30cm,선 사이의 간격은 90cm로 한다.

화물터미널내 차량 및 운반장비정치장 표지는 청색 실선으로 하고, 선폭은 15cm로 한다.

일시정지 표지

나. 화물터미널운영자는 화물청사내 보호구역에서 소속직원 및 화물터미널 상주업체 직원이 회사 유니폼을 착용하도록 하여야 하며, 대리점 직원 등 외부 출입자는 보안동의를 착용할 수 있게 하여야 한다. 아울러 변색 또는 퇴색이 되었거나 식별이 불분명한 회사유니폼 및 보안동의는 곧바로 교체 사용하여야 한다. 화물청사내에서 착용하는 유니폼 및 보안동의는 업체별로 동일규격 동일 색상으로 제작되어야 한다. 보안동의는 화물터미널운영자에 의해서만 발급 회수 폐기되어야 한다.

3. 항공화물 보안통제

(1) 항공화물에 대한 보안대책

항공화물에 대한 보안대책은 9.11테러 이후 승객 및 수하물에 대한 보안대책이 강화됨에 따라 불법행위를 시도하려는 테러범들이 화물을 이용하기 시작하면서 강화되기 시작하였다. 항공화물은 운송하는 과정에서 다음과 같은 보안대책이 마련되어 있어야 화물을 안전하게 운송할 수 있을 것이다.

가. 항공화물을 항공기에 탑재하기 위하여 분류하고 포장하는 과정에서 위험물품이 은닉되지 않도록 보안대책이 강구되어야 한다. 이러한 보안대책으로

는 화물의 분류 및 포장작업은 지정된 장소에서 이루어져야 하고, 작업에 참여하는 직원에 대한 철저한 신원조사와 작업장에 CCTV카메라를 설치하여 모든 작업과정을 관찰할 수 있는 보안조치가 이루어져야 한다.

나. 포장이 완료된 화물을 항공기에 탑재하기 위하여 운송하는 도중에 위해물품이 은닉되지 않도록 컨테이너 또는 밀폐된 포장용기에 포장하여 인가된 보안차량에 의하여 운송되도록 하여야 한다.

다. 승객의 위탁수하물 등은 항공기에 탑재되기 전에 엑스선 검색장비나 폭발물탐지장비에 의한 보안 검색을 실시하여야 하고, 대형 화물의 경우에는 운송되는 화물 중에서 일정비율을 무작위로 선정하여 화물용 엑스선 검색장비 등에 의한 보안검색을 실시하여야 한다.

라. 화물대리점이나 국제물류주선업체에 위임되어 화물의 분류 및 포장업무가 수행되는 경우에도 항공사에서 시행하는 화물보안프로그램과 동등한 수준 이상의 보안대책이 이루어지도록 하여야 한다.

마. 보안통제가 완료된 항공화물은 보세운송사업자가 소유한 보세운송차량이나 국토교통부장관의 허가를 받은 화물자동차운송사업자 소속의 차량으로 운송하여야 하고, 운전자는 화물운송종사자자격증을 취득하고 보안교육을 이수한 자가 운송하여야 한다.

(2) 항공화물 접수시 보안조치

화물을 항공기로 운송을 의뢰하는 화주 또는 상용화주가 포장한 화물을 항공기에 탑재하기 위하여 공항의 화물터미널에서 접수하는 화물에 대해서는 다음과 같은 보안조치가 이루어져야 한다.

가. 공항의 화물창고 등 보안장치장에 접수되는 화물은 CCTV등 보안성이 확보된 장소에서 처리되어야 한다.

나. 접수된 화물은 화물의 특성에 따라 독립되어 분리된 보안장소에서 보관할 수 있도록 조치하여야 한다.

다. 보안검색이 완료된 화물은 일반인의 접근통제를 할 수 있는 보안장치가 있어야 한다.

라. 항공화물은 신원조사를 거쳐 보안교육을 받은 직원이 취급하도록 하고, 보안책임자를 두어야 한다.

마. 화물과 관련되는 모든 보안서류는 비인가자가 접근하지 못하도록 시건장치가 있는 서류함에 보관 관리되어야 하며, 항공사 직원 또는 허가된 항공사 대리인만이 취급할 수 있도록 한다.

4. 상용화주 보안통제

(1) 적용범위 및 책임

가. 국토교통부고시 제2018-44호('18.1.15)에 따라 "상용화주 항공화물 보안기준"에서 정한 상용화주란 「항공보안법」 제17조2(상용화주)1항과 「시행규칙」 제9조2에 따라 지방항공청장 지정을 받아 항공화물에 대하여 보안검색을 하는 자를 말한다.

나. 이 기준은 「항공보안법」 제17조2제1항 및 「시행규칙」 제9조3(상용화주 지정절차 등)에 따라 지방항공청장이 지정한 상용화주와 상용화주 화물을 운송하는 운송사업자 · 차량과 운전자에 적용한다.

다. 공항이외 지역에서 화물기에 탑재하기 위해 운송되는 항공화물에 대한 보안통제 책임은 항공운송사업자에게 접수하기 전까지는 상용화주에게 있으며 접수 이후에는 항공운송사업자에게 있다.

라. 상용화주로 지정받으려는 자는 지정신청서를 제출할 때에 신원조사의뢰서를 국토교통부장관에게 제출하여야 하며, 국토교통부장관은 경찰청에 신원조사를 의뢰하여 그 결과를 상용화주에게 통보하여야 한다. 다만 공항운영자로부터 보호구역출입증을 발급받은 자는 신원조사 대상에서 제외한다.

마. 상용화주는 항공화물 보안통제를 담당하는 직원에 대한 경찰청 신원조사 결과를 보안통제 업무를 하는 동안 계속 보관하여야 하며 항공보안감독자가 요청시는 이를 제시하여야 한다.

(2) 지정 및 승인절차

가. 상용화주로 지정받고자 하는 자는 다음과 같은 구비서류를 첨부하여 관할 지방항공청에 제출하여야 한다.

1) 상용화주 지정신청서
2) 항공화물보안프로그램
3) 국제물류주선업 등록증(국제물류주선업자만 해당)
4) 화물운송 거래실적
5) 화물 보안통제를 담당하는 자의 명단 및 신원조사의뢰서
6) 보안통제 취급직원 교육이수 증명서

나. 지정신청서를 접수한 관할 지방항공청장은 상용화주의 지정을 위해 항공보안감독관 등 관계공무원으로 하여금 심사를 할 수 있도록 하고, 필요시 전문가를 위촉하여 실시할 수 있다. 지방항공청장이 심사를 완료하고 상용화주로 지정하고자 하는 때에는 상용화주명, 지정번호, 지정일자 등을 포함하여 상용화주 지정서를 교부하며, 항공화물보안프로그램 승인 결과와 상용화주로 지정받은 자를 항공운송사업자에게 통보하여야 한다.

5. 보안통제 직원의 자격

(1) 보안통제업무 대상 직원

항공화물의 보안통제를 담당하는 대상자는 다음과 같다.

가. 상용화주업체의 보안업무감독자
나. 보안업무감독자로부터 위임받아 항공화물을 통제하는 직원
다. 보안검사 또는 탐지장비를 사용하여 검색하는 요원
라. 항공화물관리지역으로 접근 또는 출입자를 통제하는 경비요원
마. 항공화물을 직접 포장하고 운반하는 사람

항공화물 적재작업

(2) 보안통제 담당자 자격

가. 항공화물의 보안통제를 담당하는 자는 경찰청의 신원조사를 받아야 하며, 신원조사결과 범죄와 마약 또는 알코올중독 경력이 없어야 한다. 다만 경범죄 및 업무상 과실 또는 중대한 과실이 아닌 교통사고 등은 제외한다.

반입금지물품 보안확인작업

제3절 항공화물 보안검색

항공기에 탑재하여 운송되는 항공화물은 항공운송사업자의 책임으로 보안검색을 실시하여야 한다. 항공 운송사업자가 항공화물을 항공기에 탑재할 때에는 여객기와 화물전용기로 구분하여 각각 정해진 규정대로 보안검색을 실시하여야 한다.

1. 항공화물 보안검색 방법

(1) 보안검색 방법

가. 엑스선(X-ray) 검색장비를 이용한 검색

모든 탑재화물은 폭발물 또는 기타 불법 위해물질이 없다는 것을 확인하기 위해 엑스선 검색장비로 검색을 하여야 하며, 검색 완료 후 항공기 탑재 전 섞임이 발생하여선 아니 된다.

나. 개봉검색

화물이 특별한 경우에 해당되면, 화물에 폭발물 또는 기타 위험물질이 없음을 확인하기 위해 개봉하여 그 내용물을 검색하여야 한다. 이러한 특별한 경우의 예는 다음과 같다.

다. 폭발물탐지기 및 폭발물탐지견 검색

엑스선 검색 또는 개봉검색 후에 폭발물이 있다고 의심되는 때에는 폭발물흔적탐지장비(ETD) 또는 폭발물 탐지견을 이용하여 보안검색을 하여야 한다.

라. 압력실(Decompression chamber)을 사용한 검색

대형화물의 경우 압력실을 사용한 검색을 실시할 수 있으며, 이스라엘 등 유럽국가에 많이 사용하고 있으며, 국내 항공사에서는 운영하고 있지 않고 있다.

항공화물 보안검색방법(5가지)

(2) 항공기별 보안검색 방법

항공기별 보안검색 방법은 다음 절차에 따른다.

가. 여객기 탑재 화물(위탁수하물)

항공운송사업자가 여객기에 탑재하는 화물에 대한 보안검색을 실시할 때에는 항공기에 탑재하기 전에 엑스선 검색장비를 사용하여 보안검색을 하여야 하며, 다음의 하나에 해당하는 경우에는 화물을 개봉하여 그 내용물을 검색하여야 한다. 이 경우에 폭발물이 있다고 의심되는 화물에 대해서는 폭발물 탐지장비를 사용하여 보안 검색을 하여야 한다.

1) 엑스선 검색장비가 미설치되었거나 정상작동하지 않는 경우
2) 무기류 또는 위해물품이 은닉되어 있다고 의심되는 경우
3) 엑스선 검색장비에 의한 검색결과 내용물 판독불가 경우
4) 보안에 위협이 증가하는 등 특별한 사유가 발생한 경우

항공운송사업자는 보안검색이 완료된 화물을 항공기에 탑재하되, 위탁수하물의 경우에는 위탁수하물의 소유자인 승객이 탑승하지 아니한 때에는 그 위탁수하물을 항공기에 탑재하여서는 아니 된다. 다만, 항공사가 위탁수하물에 대한 운송처리를 잘못하여 다른 항공기로 운송하여야 할 경우

에는 위탁수하물의 소유자인 승객이 탑승하지 않게 되므로 별도의 보안 조치를 한 후에 탑재할 수 있다.

나. 화물기 탑재 화물(CARGO)

항공운송사업자가 화물기에 탑재하는 화물에 대한 보안검색을 할 때에는 항공기에 탑재하기 전에 다음의 하나에 해당하는 방법에 의하여 보안검색을 실시하여야 한다.

1) 포장된 화물의 개봉검색
2) 엑스선 검색장비에 의한 보안검색
3) 폭발물 탐지장비에 의한 보안검색
4) 폭발물 탐지견에 의한 보안검색
5) 압력실을 사용한 보안검색

항공운송사업자는 화물기에 탑재하는 화물에 한하여 항공보안법에 의한 항공화물보안기준을 갖춘 상용화주와 보안검색 책임 및 절차 등에 관하여 상호협약을 체결한 때에는 그 상용화주의 운송화물에 대해서는 상용화주가 실시한 보안검색을 신뢰하는 경우 항공사가 별도의 보안검색을 하지 않을 수도 있다.

2. 항공화물 보안검색 절차

(1) 일반적인 보안검색 원칙

항공운송사업자는 운송된 통제화물이 다음 사항에 해당되는 때에는 보안통제가 되지 아니한 화물로 취급하여 화물의 접수를 거부하거나 「항공보안법 시행령」에 따라 보안검색을 실시하여야 한다.

가. 항공화물보안신고서를 동반하지 않고 운송하거나 부적절하게 작성된 서류 또는 의심이 가는 경우에 보안검색을 하여야 한다.

나. 혼재화물인 경우 항공화물보안신고서에 보안검색이 완료된 항공 화물과 완료되지 아니한 항공화물로 구분하여 기재되지 아니한 경우에 보안검색

을 하여야 한다.

다. 보안통제가 되지 않고 운송된 항공화물과 혼재된 항공화물 중 보안통제가 되지 아니한 화물에 대하여 보안검색을 하여야 한다.

① X-ray 검색(판독) ② 검색완료화물 보호 ③ 항공기 탑재

항공화물 보안검색 절차

(2) 접수 및 보안검색 절차

항공화물 접수 및 보안검색 절차는 다음과 같다.

가. 화주 또는 운송업체의 화물을 접수하는 경우 반드시 화물의뢰인의 신분을 확인하여야 한다.

나. 화물 접수시 외관상 불법훼손 여부, 전선노출 또는 내용물의 유출여부 등을 확인하며, 이상 발견 후 화주의 설명 및 적절한 보안검색이 수행되지 않은 경우 화물운송을 금지하여야 한다.

다. 화물에 대한 외관검사를 하는 경우 다음 사항을 포함하여 불법훼손 또는 침입흔적을 확인하여야 한다.

1) 기계의 나사 또는 플라스틱 용기에 긁힌 흔적
2) 비정상적인 무게와 형태
3) 이상한 냄새
4) 훼손 또는 개조된 징후나 임의 조작된 표시
5) 화물 서류와 일치하지 않는 부품 또는 물건

라. 항공운송사업자와 우편물을 취급하는 기관(이하 “국제우편물류센터”라 한다)간 협약을 체결한 경우 국제우편물류센터가 우편물에 대한 보안검색을

실시할 수 있으며, 우편물을 운송하는 항공운송사업자는 상호 협의하여 특정 항공운송사업자를 지정하여 연 1회 이상 우편물 보안검색에 대한 이행 실태를 확인하여야 하고 우편물에 대한 보안검색 수준은 항공보안 등급에 따라 결정하여야 한다. 또한 보안검색이 완료되지 아니한 화주의 화물 및 우편물을 운송해서는 아니 된다.

인천공항 국제우편물류센터

마. 항공화물 및 우편물에 대한 보안검색시 다음 사항에 유의하여 실시하여야 한다.

1) 검색대상 화물 · 우편물은 포장 단위별로 검색하며, 다만 화물 전체를 검색할 수 있는 장비가 있는 경우는 예외

2) 화물 접수시 신고된 선적서류를 확인하여야 하며, 만약 신고된 선적서류상 화물의 출 · 도착지, 접수자 서명 등이 누락된 경우 화물접수를 거절할 수 있다.

3) 정기적인 거래를 하지 않은 화주 또는 운송업체 화물을 접수하는 경우 반드시 화주의 신분 확인후 접수하여야 한다.

4) 고위험 화물 또는 우편물로 분류된 경우 통상적인 보안검색 이외에 그 내용물을 확인하기 위한 개봉검색 등 추가적인 보안조치를 실시하여야 한다.

5) 화물운송을 의뢰하는 대리점에 대해서는 등록 여부(물류 정책기본법에 의한 국제물류주선업 등) 확인 후 접수

바. 보안검색을 완료한 화물은 항공기 탑재 전까지 지정된 장소에 보관하고 비인가자의 접근을 통제하며, 지정된 장소에는 경비요원을 배치하여 인가된 직원만 출입이 가능하도록 하여야 한다.

보안검색 완료 화물 접근통제

사. 보안검색이 완료된 화물·우편물·기내물품 등을 외부로부터 공항 보호구역 또는 항공기 안으로 이동시키는 경우 위해물품이 반입되지 않도록 경비요원에 의한 호송을 받거나, 시건장치가 되어 있는 컨테이너에 보관하여 운송하는 등 보안통제 절차를 이행하여야 한다.

아. 화물처리장비, 단위화물탑재용기(ULD) 등은 비인가자의 접근을 통제하여야 하며, 화물 적재작업 전 내·외부에 위해물품이 존재하는지 여부를 확인하

여야 한다.

자. 상업서류송달업자가 접수한 물품(COB)에 대하여 위탁수하물과 같은 방법으로 보안검색을 실시하여야 한다.

차. 통과·환적화물의 경우 다음 각 호의 경우를 제외하고는 출발 화물 처리절차와 동일한 보안검색을 하여야 한다. 단, 해외공항의 경우 각 국가 또는 관계기관의 보안규정에 따른다.

1) 동일편명 항공기로 중간 경유지에서 미 하기한 경우
2) 단위화물탑재용기(ULD)로 이동되는 경우
3) 동일한 항공운송사업자의 항공기로 운송되는 경우

카. 다른 국가에서 출발하여 국내공항에서 환적되는 화물 및 우편물중 보안검색이 면제되는 대상에 대해서는 전자·문서 형태의 증명서류 등을 통해 최종 출발지 국가에서 적정한 보안통제가 이루어졌는지를 확인하여야 한다.

타. 화물 및 우편물에 대해 보안검색을 완료한 경우 전자·문서형태의 보안 증명서 또는 보안표식을 이용하여 화물 및 우편물의 최종 도착지까지 보안검색이 완료된 상태임을 확인할 수 있도록 한다.

3. 기타 보안검색

(1) 보안검색 예외시 조치사항

다음의 어느 하나에 해당하는 것에 대해서는 개봉검색을 하거나 입증서류 확인 등의 방법으로 보안검색을 할 수 있다.

가. 골수 혈액 등 인명구조용 의료품 : 관련기관(병원, 연구소 등)의 서류를 확인한다.

나. 유골, 유해: 사망확인서, 장의증명서등 관련서류를 확인한다.

다. 이식용 장기: 관련기관(병원, 연구소 등) 서류를 확인한다.

라. 살아 있는 동물

마. 기타 검색장비 등에 의하여 보안검색을 하는 경우 본래의 본질이 손상되거나 변질될 수 있는 것 등으로서 국토교통부장관의 허가를 받은 것

바. 통과화물: 자사 항공기 간에 환적되는 화물에 대해서는 통과 지점에서 추가적인 보안검색을 면제한다.

사. 타 항공사로부터 접수된 통과화물 : 적절한 보안검색의 증명을 요청하거나 추가 보안검색을 실시하여야 한다. 여객기로 운송되는 타 항공사로부터 접수된 통과화물은 단위화물탑재용기(ULD)로 이동되지 않은 경우에는 보안검색을 한다.

(2) 비인가된 폭발물 또는 기타 불법 위해물질 발견시

보안검색 후 화물에 비인가된 폭발물 또는 기타 불법 위해물질이 발견시 다음 사항을 이행하여야 한다.

가. 폭발물 또는 기타 불법 위해물질이 포함되어 있는 화물에 대하여 통제 및 격리한다.

나. 각 지점의 비상연락망에 따라 관련기관에 통보한다.

다. 의심화물의 화주가 운송 요청한 화물은 다른 화물에 대하여 격리보관 및 관련기관에 통보한다.

(3) 항공보안등급별 보안검색 기준

항공운송사업자는 보안 통제된 항공화물에 대하여 무작위로 표본검색을 실시하며, 무작위 표본검색은 개봉검색과 엑스선 검색장비 등에 의하여 실시하여야 한다. 무작위 표본검색은 국가항공보안계획에서 정한 항공보안등급에 따라 다음과 같이 실시하여야 한다.

가. 평시(Green)단계는 불법행위 위협이 낮은 단계로서 이 단계에서는 1일 기준 접수된 항공화물보안신고서 중 항공운송사업자가 정하는 기준에 따라 무작위 표본검색을 실시하여야 한다.

나. 관심(Blue)단계는 테러징후가 있으나 테러발생가능성이 낮은 단계로서 이 단계에서는 1일 기준 접수된 항공화물보안신고서 중 항공운송사업자가 정하는 기준에 따라 무작위 표본검색을 실시하여야 한다.

다. 주의(Yellow)단계는 테러징후가 있고, 테러로 발전할 수 있는 경향이 나타나는 단계로서 항공기 등에 대한 위협정보가 있거나 국빈방문과 같은 행사 때의 보안등급으로서 이 단계에서는 1일기준 접수된 항공화물보안신고서의 최소 5% 이상 무작위 표본검색을 실시하여야 한다.

라. 경계(Orange)단계는 테러유사 활동이 매우 활발하고 테러 가능성이 농후한 상태로 국빈이 참가하는 행사 때의 보안등급으로서 이 단계에서는 1일 기준 접수된 항공화물보안신고서의 최소 10% 이상 무작위 표본검색을 실시하여야 한다.

마. 심각(Red)단계는 테러정보가 있거나 테러가 발생이 확실시 되는 상태로 국빈이 참가하는 국제행사장에 적용되는 보안등급으로서 상용화주가 위탁한 모든 항공화물에 대하여 보안검색을 실시하여야 한다.

바. 국토교통부장관은 필요한 때에 관계기관과 협의하여 무작위 표본검색비율을 조정할 수 있으며, 항공운송사업자는 무작위 표본검색 실적을 기록, 유지하고 최소한 1년 이상 보관하여야 한다.

4. 보안검색 실패시 대책 및 보고절차

다음 각 호와 같이 보안검색 실패된 화물 등이 항공기에 탑재된 사실을 인지한 사람은 즉시 항공사가 지정한 보안감독자 또는 책임자등에게 그 사실을 통보하고, 통보받은 자는 국토교통부장관(지방항공청장) 및 국가정보원 공항보안실장에 즉시 보고한다.

(1) 검색장비가 정상적으로 작동되지 아니한 상태로 검색을 하였거나 검색이 미흡한 사실을 알게 된 경우

(2) 허가받지 아니한 사람 또는 물품이 보호구역 또는 항공기 안으로 들어간 경우

(3) 보안검색에 필요한 교육훈련을 이수하지 아니한 사람에 의하여 보안검색이 이루어진 경우

(4) 무기·폭발물 등에 의하여 항공기에 대한 위협이 증가하는 경우

제4절 항공위험물 보안통제

1. 항공위험물 개요

IATA 항공위험물 규정

항공위험물이란 폭발성물질, 가스류, 인화성액체, 가연성물질, 산화성물질, 독극물, 방사성물질, 부식성물질 등으로서 항공기에 의하여 운송되는 위험물을 포장, 적재, 저장, 운송 또는 처리하는 위험물취급자는 항공상의 위험방지 및 인명의 안전을 위하여 '항공위험물 운송기술기준' 등에 따른 위험물취급의 절차 및 방법에 따라야 한다. 보안검색요원은 항공위험물에 대한 위험성의 본질을 이해하고 보안위험성이 있을 경우에 취해야 할 위험물안전취급 및 비상 조치절차 등을 이해하고 있어야 항공안전을 보장할 수 있을 것이다.

(1) 항공위험물 분류기준

이와 같은 항공위험물 분류기준은 다음과 같다.

가. 폭발성물질은 화학적 반응에 의하여 주위에 손상을 줄 수 있는 정도의 온도, 압력 및 속도로 가스가 자체 발생할 수 있는 고체 또는 액체물질을 의미하며 화공품은 가스가 발생하지 아니할 경우에도 폭발성물질에 포함한다. 이러한 폭발성 물질에는 수류탄, 총류탄, 불꽃놀이 폭약, 사제폭발물 등이 있다.

나. 가스류는 섭씨 50도 이상 또는 섭씨 50도 이하에서 반응을 일으킬 수 있는 압축 및 액화가스 등과 운송을 위해 압력을 가하여 액체상태의 용매에 용해시킨 가스 등을 의미하며 부탄가스, 라이터가스, 프로판가스, 수소가스, 헬륨가스, 독가스 등이다.

다. 인화성액체는 약 섭씨60도 이하인 액체로서 자신의 인화점 이하에서 운송되어야 하는 액체이거나, 액체로 운송되는 과정에서 일정온도 이상에서 인화성 가스를 방출할 수 있는 물질은 의미하며 가솔린, 캠핑연료, 에탄올, 메탄올, 아세톤, 벤젠 등이 있다.

라. 가연성물질은 운송도중 접하게 되는 조건에서 쉽게 연소하거나 마찰에 의하여 발화할 수 있는 고체물질, 물질이 자체적으로 반응하여 자연발화를 할 수 있는 물질, 물과 접촉할 때 인화성가스를 방출하는 물질 등을 의미하여 셀로로이드, 리본마그네슘, 티타늄파우더, 나트륨 등이 있다.

마. 산화성물질은 물질자체가 연소하지는 아니할지라도 산소를 발생하거나 다른 물질의 연소를 유발하거나 돕는 물질로서 폭발적으로 분해하기 쉽거나 급속하게 연소하는 물질, 충격 또는 마찰에 민감한 물질, 다른 물질과 쉽게 위험한 반응을 하는 물질을 의미하며 과산화수소, 질산암모늄비료, 칼슘염소산염, 유기과산화물 등이 있다.

바. 독극물 및 전염성물질은 사람이 삼키거나 흡입 또는 피부접촉에 의하여 사망 또는 중상을 일으키거나 건강에 해를 끼치기 쉬운 비소, 살충제와 같은 독극물과 감염성물질로서 병원체를 함유하고 있어 사람이나 동물에게 질병을 일으킬 수 있는 박테리아, 바이러스, 기생충과 같은 전염성 물질을 의미한다.

사. 방사성물질과 부식성물질은 사람이나 동물에 방사능농도 제한치를 초과하는 방사능물질과 화학반응에 의하여 접촉할 경우에 생체조직에 심각한 손상을 줄 수 있는 질산염이나 수은과 같은 부식성물질을 의미한다.

아. 위험물의 종류는 다음 그림과 같다.

항공위험물 종류

2. 위험물 운송규정 및 절차

(1) 위험물 운송규정

가. 항공위험물운송 국제기준

위험물의 운송을 위한 국제기준은 '국제민간항공조약'의 부속서 18과 세부지침인 「위험물 항공안전운송기술지침서(DOC9284)」에 수록되어 있다. 부속서 18과 기술지침서는 국제민간항공기구(ICAO)의 위험물패널 회의를 통하여 2년마다 개정되어 발간된다. 위험물 항공운송관련 업무를 담당하는 항공사, 화주업체, 위험물 포장업체, 위험물 전문 교육기관 등은 국제항공운송협회가 발간하는 위험물규정을 일반적으로 사용하고 있다. 항공 기술의 발전과 새로운 위험물질이나 상품의 개발에 따라 각 운송수단별 화물운송관련 규정이나 안전체계를 개발하고 그 규정을 개정할 책임이 있는 국제기구나 각 체약국은 세계적으로 통일된 규정을 마련하기 위하여 위험물운송에 대하여 국제기구 권고규정의 원칙을 준수할 것을 요구받고 있다. 국제기구의 위험물운송규정은 위험물 국제운송을 위한 모델을 제시하고 있으며, 항공운송과 관련한 국제기구 또는 각국의 규정도 모델규정이 제시하는 원칙에 따라 제정되고 개정되고 있다.

나. 항공위험물운송 기술기준

우리나라는 위험물의 항공운송을 위하여 국제민간항공협약 부속서 18의 기준을 받아들여 항공법에 위험물운송, 위험물 포장 및 용기의 검사, 위험물취급에 관한 교육 등의 내용을 반영하였고 국제민간항공기구의 기술지침서(DOC9284)에서 제시하는 위험물의 분류 포장 용기의 기준 및 교육훈련 등 세부적인 기준을 수록한 항공위험물운송 기술기준을 제정하여 위험물의 항공운송업무에 준수하도록 하고 있다. 항공법 및 항공위험물운송 기술기준에 따라 항공위험물의 포장과 용기의 안전성을 검사하고 인증하는 전문검사 기관을 지정하였고, 위험물취급 전문 교육기관도 지정하여 위험물취급자에 대한 안전의식을 고취하고 위험물취급의 전문성을 향상을 기하도록 하고 있다.

항공위험물 감독관을 두어 위험물의 화주, 위험물포장업체, 항공운송사업자, 위험물취급 전문교육기관, 위험물포장 및 용기의 검사기관 등에 대해 위험물의 국제기준과 항공위험물운송 기술기준 이행에 대한 지도, 감독업무를 수행하도록 하고 있다.

(2) 위험물의 항공운송절차

가. 위험물의 안전한 항공운송을 위해서는 위험물을 분류하고 포장하여 위험물 표찰을 부착하는 단계부터 시작되기 때문에 항공운송을 의뢰하는 화주는 위험물 운송을 의뢰할 때 항공위험물운송기술기준에서 정한 책임사항을 성실하게 준수하여야 한다.

나. 화주가 책임사항을 성실하게 준수하는 것은 위험물이 일반화물로 운송되는 것을 방지할 수 있는 최선의 방법이다. 화주가 화물을 항공운송 사업자에게 운송을 의뢰할 때 위험물이 없다는 확인서명을 하도록 규정하고 있다.

다. 위험물을 운송하는 항공운송사업자는 위험물 탑재정보를 항공기 기장에게 제공하는 기장통보서를 작성하여 기장에게 확인시켜주고 서명을 받아야 한다.

라. 위험물의 항공운송과 관련된 화주신고서, 운송장, 기장통보서, 위험물취급자 교육기록 등은 위험물의 안전수송여부를 알 수 있는 귀중한 자료이므로 1년간 보관하도록 규정하고 있다.

3. 위험물의 분류

(1) 위험물 개요

가. 위험물이란 '항공위험물운송 기술기준'의 위험물 목록에 지정되어 있거나, 사람의 건강과 안전, 재화와 환경에 위해를 줄 수 있는 물질 또는 물품으로 정의하고 있다.

항공화물 운송중인 포장된 위험물

나. 즉, 위험물은 어느 특정 물질 또는 물품이 가지는 속성 때문에 항공운송도중에 일어나는 기압, 온도의 변화 및 진동에 의하여 사람의 건강과 안전 또는 환경에 크게 위험을 가할 수 있는 물질 또는 물품이다.

(2) 위험물의 특성별 분류

위험물에 대한 분류는 국제기구 위험물운송 전문가 회의에서 위험물의 특성별로 9가지 종류로 분류하여 표준화하였으며 위험물의 특성과 종류에 따른 분류내용은 다음과 같다.

가. 제1류는 폭발물

나. 제2류는 가스

다 .제3류는 인화성 액체

라. 제4류는 가연성고체, 자연발화성 물질이 물과 반응하여 인화성 가스를 발생하는 물질

마. 제5류는 산화성물질과 유기과산화물

바. 제6류는 독성물질과 감염성물질

사. 제7류는 방사선물질

아. 제8류는 부식성물질

자. 제9류는 기타 유해물질로 분류

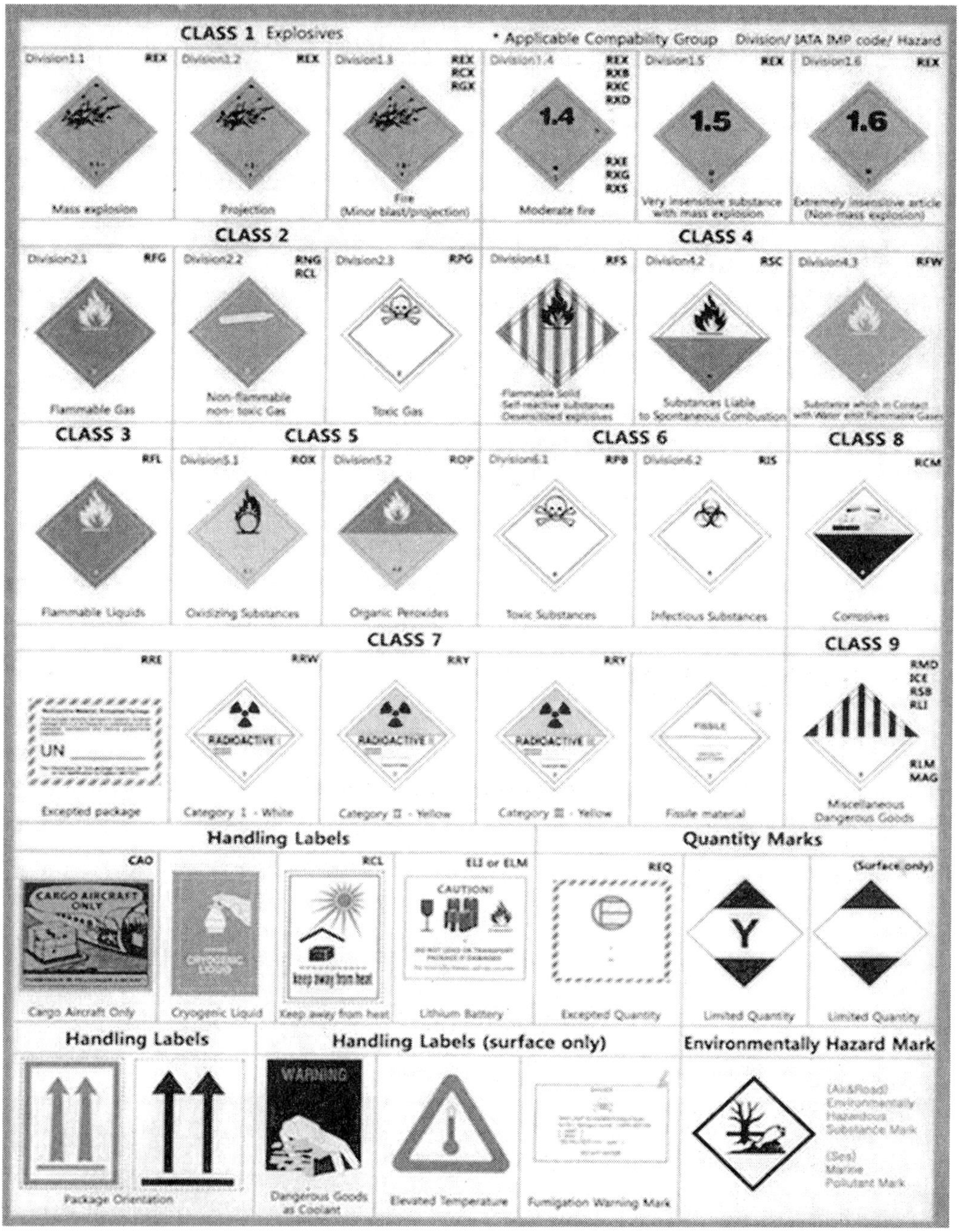
CLASS 1 Explosives
* Applicable Compability Group Division/ IATA IMP code/ Hazard
Division1.1 REX
Mass explosion
Division1.2 REX
Projection
Division1.3 REX RCX RGX
Fire (Minor blast/projection)
Division1.4 REX RXB RXC RXD RXE RXG RXS
1.4
Moderate fire
Division1.5 REX
1.5
Very insensitive substance with mass explosion
Division1.6 REX
1.6
Extremely insensitive article (Non-mass explosion)
CLASS 2
Division2.1 RFG
Flammable Gas
Division2.2 RNG RCL
Non-flammable non- toxic Gas
Division2.3 RPG
Toxic Gas
CLASS 4
Division4.1 RFS
Flammable Solid Self-reactive substances Desensitized explosives
Division4.2 RSC
Substances Liable to Spontaneous Combustion
Division4.3 RFW
Substance which in Contact with Water emit Flammable Gases
CLASS 3
RFL
Flammable Liquids
CLASS 5
Division5.1 ROX
Oxidizing Substances
Division5.2 ROP
Organic Peroxides
CLASS 6
Division6.1 RPB
Toxic Substances
Division6.2 RIS
Infectious Substances
CLASS 8
RCM
Corrosives
CLASS 7
RRE
UN
Excepted package
RRW
RADIOACTIVE I
Category I - White
RRY
RADIOACTIVE II
Category II - Yellow
RRY
RADIOACTIVE III
Category III - Yellow
FISSILE
Fissile material
CLASS 9
RMD ICE RSB RLI RLM MAG
Miscellaneous Dangerous Goods
Handling Labels
CAO
CARGO AIRCRAFT ONLY
Cargo Aircraft Only
Cryogenic Liquid
RCL
Keep away from heat
ELI or ELM
CAUTION!
Lithium Battery
Quantity Marks
REQ
Excepted Quantity
Y
Limited Quantity
(Surface only)
Limited Quantity
Handling Labels
Package Orientation
Handling Labels (surface only)
WARNING
Dangerous Goods as Coolant
Elevated Temperature
Fumigation Warning Mark
Environmentally Hazard Mark
(Air&Road) Environmentally Hazardous Substance Mark
(Sea) Marine Pollutant Mark

클래스별 위험물 종류

제8장 기내식 및 정비시설 보안대책

제8장 기내식 및 정비시설 보안대책

제1절 기내식 시설 등 보안개요

1. 보안개념

(1) 기내식 및 저장품 정의

가. 기내식이란 항공기가 운항하는 도중에 승객 및 승무원에게 제공되는 식사, 음료수, 주류, 조리된 음식물 등으로 장거리를 운항하는 여객기는 반드시 운항거리에 따라 1~2회의 식사를 제공할 수 있는 기내식을 탑재하고 있다.

나. 저장품이란 항공기가 운항하는 도중에 승객에게 제공되는 신문, 잡지, 헤드폰, 담요, 베개, 칫솔, 치약 등의 편의용품과 승객에게 판매할 목적으로 탑재하는 화장품, 담배, 양주, 기념품 등의 면세품으로서 필수적으로 탑재되는 물품을 말한다.

기내식 (콜드 밀과 샌드위치)

(2) 보안대책의 목적

항공기에 탑재되는 기내식 및 저장품에 대한 보안대책의 목적은 승객 및 승무원의 식사제공을 위한 기내식과 승객에게 제공 및 판매되는 음료수, 면세품 등의 저장품은 항공기에 탑재하는 과정에서 항공기 안전운항을 저해할 수 있는 폭발물 및 불법방해 물질 또는 승객이나 승무원의 신체를 위해할 수 있는 위해물질이 은닉되지 못하도록 이들 물품의 기내반입을 방지하기 위해서이다. 불법방해 행위로부터 보호는 모든 조직, 보안기관 및 관련 항공사의 주의 깊은 계획 수립이 필요하다. 기내식 물품 및 저장품을 준비, 보관하는데 사용되는 건물은 국가항공보안계획에 기술된 보안대책이 강구되어야 한다.

(3) 일반 보안원칙

기내식 물품 또는 저장품에 은닉되어 항공기에 탑재되어 불법방해 행위에 사용되는 물품의 반입을 방지하기 위하여 취해야 할 일반원칙은 다음과 같다.

가. 폭발물, 무기 등의 위험물이 은닉되지 않도록 기내식 물품 및 저장품이 준비, 저장 배송되는 건물에 보안대책이 강구되어야 한다.

나. 모든 운송품에 대한 보안유지가 되도록 기내식 물품이 운송되어야 하며 항공기에 탑재하는 동안에도 보안대책이 유지되어야 한다.

다. 기내식 물품 또는 저장품이 지정된 항공편에 탑재되고 있는지와 외부 침입을 방지하기 위해서이다.

라. 항공기에 탑재되는 신문, 잡지, 헤드폰, 비디오테이프, 담요, 베개, 편의용품 등의 설비품과 장비품은 보안검색을 거친 후에 항공기에 탑재되도록 하여야 한다.

2. 기내식의 제조 및 운송

(1) 제조 및 탑재과정

기내식제조 및 탑재과정은 다음과 같다.

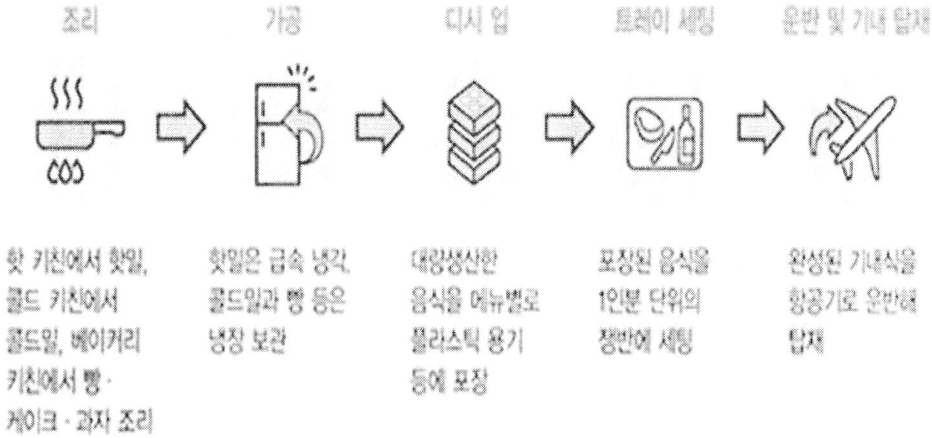

기내식제조 및 탑재과정

가. 기내식은 항공운송사업자의 산하 기내식 공급공장, 자회사 또는 계약을 체결한 기내식 업체로부터 공급받는다.

나. 기내식 공장에서는 각종 기내식을 대량으로 공급하여 비행기에 들어가는 만큼 엄격한 보안통제와 위생 절차를 거쳐야 들어갈 수 있는 곳이다.

다. 기내식이 완성되면 기내식 카트에 대량으로 담겨 트럭에 탑재하고 그 트럭이 항공기에 접안하여 직원이 기내식 카트를 끌고 항공기 안에 들어가 각 갤리에 보관한다.

라. 기내식을 담은 카트는 오픈전까지 항상 보안확인표시(Seal)로 보안장치가 이루어져야 하며 씰 번호도 관리를 해주어야 한다.

(2) 운송과정

기내식 운반차량은 공항당국으로부터 허가된 차량으로만 운송할 수 있으며 공항에 출입 시 항상 보안검색을 받아야 한다. 다음 그림과 같이 기내식 용도로 만들어진 대형 트럭으로 주로 운반하며 소량의 기내식을 운반할 때는 등록되어 있는 일반 소형차량으로 운반되어 진다.

기내식 운반차량

제2절 기내식 및 저장시설 보안대책

1. 출입 및 보안통제

항공기의 기내식은 항공사가 자체적으로 기내식 공장을 운영하여 기내식을 제조하는 방법과 기내식을 전문적으로 생산하는 회사 또는 다른 항공사로부터 기내식을 공급받아 기내에 반입하는 방법의 두 가지 형태가 있다. 어떤 형태의 기내식을 공급받든지 기내식을 제조하는 회사 및 제조공장은 국가의 항공보안 프로그램에 포함된 보안시설과 보안장비를 갖추고 보안교육을 이수한 자에 의하여 제조되어야 한다.

(1) 조리 · 저장시설 보안조치

기내식을 제조하기 위하여 재료를 준비하거나 저장 및 조리하는데 사용되는 건물은 보안을 유지하기 위하여 다음과 같은 보안조치가 시행되어야 한다.

가. 출입문, 창문 등 건물 내로 들어갈 수 있는 지점에서 인가되지 않은 자 또

는 차량의 출입을 통제할 수 있는 보안통제가 이루어져야 한다.

나. 기내식을 조리하는 건물이나 시설물 및 기내식 보관창고는 보안성을 갖춘 울타리 등으로 차단되어야 하고, 비인가자 접근을 조기 발견할 수 있도록 보안경비용 CCTV 카메라나 경비요원을 배치하여 시설물을 보호하여야 한다.

다. 기내식의 조리지역과 기내식을 저장하여 보관하는 지역은 보안완료지역으로 보호되어야 하고, 출입이 인가된 자 외에는 출입할 수 없도록 통제되어야 하며 외부 접근이 차단되도록 하여야 한다.

(2) 물리적 보안통제

가. 기내물품 및 저장품을 준비, 저장하는 데 사용되는 건물은 항상 보안유지하기 위한 물리적 보안대책은 모든 문, 창문 및 기타 건물 내로 들어갈 수 있는 접근지점은 보안성을 갖추고 비인가자가 건물, 주차장 및 운송차량 주차지역 등 주위시설로 진입하지 못하도록 계속적으로 엄격한 출입통제가 되어야 한다.

나. 주방, 음식 저장 및 조리지역, 보세물품 저장지역 같은 특정지역은 제한된 '보안완료지역'으로 간주하여 어떠한 침입, 방해 및 물품오염 등으로부터 보호되어야 한다.

다. 필요시 기내식 물품 및 저장품을 준비 저장하는 것과 관련된 모든 건물 주위에 적절한 보안 울타리가 쳐져야 하며, 직원, 방문자 및 차량 등의 출입은 보안요원에 의해 통제되어야 한다.

라. 조리된 음식 및 기타 상용물품을 운반하는 카트가 항공기에 탑재되기 전에 보관되는 냉동보관 시설은 열쇠, 보안확인표시(Seal), CCTV 또는 물리적 경비요원 배치 등에 의해 보호되어야 한다. 이러한 지역은 즉각적인 접근이 없을 경우 보안성을 갖추어야 하며 항상 접근이 통제되어야 한다.

(3) 접근통제대책

기내식을 제조하는 장소에 인가되지 않은 자의 접근을 방지하고, 기내식을 제조하는 직원의 식별을 용이하게 하며, 기내식제조의 보안성을 유지하기 위하여 다음과 같은 접근통제대책이 이루어져야 한다.

가. 기내식제조 또는 보관하는 보호구역에 출입하는 자는 신원조사를 거쳐 인가된 자만 출입할 수 있도록 하고, 출입이 인가된 자는 식별이 용이한 상의를 입고 상의 상단의 잘 보이는 곳에 출입증을 패용하도록 하여야 한다.

나. 기내식을 제조하는 직원의 차량 및 방문차량은 기내식을 제조하거나 저장하는 시설과 차단된 울타리 바깥쪽에 주차하도록 하여야 한다.

다. 기내식을 제조하거나 저장하는데 참여하는 직원의 개인 소지품이나 휴대물품을 보안완료지역에 가지고 들어가는 것을 방지하기 위하여 보안완료지역과 차단된 바깥쪽에 소지품 보관 및 탈의실과 휴게실을 설치하여야 한다.

라. 기내식제조 및 저장시설을 운영하는 자는 업무와 관련된 방문자의 출입을 허용할 경우에는 출입대장에 방문자의 인적사항과 출입일시, 출입목적 등을 기록하여 유지하여야 하며, 방문자에게 출입증을 패용하도록 하고 건물내에서는 항상 책임자가 인솔하도록 하여야 한다.

제3절 기내식 및 저장품 보안대책

1. 기내식 및 저장품 준비시 보안통제

(1) 원재료 및 장비 보안조치

기내식제조에 사용되는 장비나 그 부품 및 원재료는 반입되는 과정에서 위해물품이나 기내 반입금지물품이 들어 있는지 확인하기 위하여 다음과 같은 보안조치를 하여야 한다.

가. 기내식제조에 사용되는 장비나 그 부품을 반입할 때에는 개봉 또는 분해하여 반입금지물품이 들어 있는지 확인하여야 한다.

나. 기내식제조에 사용되는 원재료를 납품받을 경우 원재료에 위해물품이 포함되어 있는지 확인하기 위하여 원재료를 잘게 잘라보거나 냉동육과 같이 생산자가 부착한 봉인이 있는 경우 봉인이 훼손되거나 외부침입흔적이 없는

지 확인하여야 한다.

다. 기내식에 제조에 사용되는 원재료에 대하여 위해물품이나 금지물품이 들어 있지 않다는 생산자 또는 납품자 확인서가 있는 경우에는 별도 보안검색을 생략할 수 있으며, 원재료가 반입된 후에는 사용될 때가지 보안성을 갖춘 장소에 보관되어야 하고, 외부인이 출입할 수 없도록 하여야 한다.

(2) 반입물품 운송 및 탑재시 보안절차

항공기에 반입되는 기내식이나 저장품을 운송하거나 항공기에 탑재하기 위해 운송업자 또는 탑재 종사하는 자는 다음과 같은 보안절차를 이행하여야 한다.

가. 기내식제조업자 및 기내 저장품을 항공사에 납품하는 자가 기내식 또는 저장품을 운송할 때에는 기내식 및 저장품의 내용과 수량, 물품의 제공자, 수취인 등을 상세히 기술한 서류를 품목별로 작성하여 제출하여야 한다.

나. 기내식 및 저장품운송에 사용되는 차량은 적재함에 대한 보안대책을 갖추도록 하여야 하며 차량을 사용하지 않을 경우에는 항상 시건장치를 하여야 한다.

다. 기내식 및 저장품을 탑재하기 전에 운송차량에 인가되지 않은 물품의 탑재 여부를 확인하기 위하여 차량의 적재함은 보안담당자에 의하여 검사하여야 하며, 화물탑재가 완료될 때까지 보안성이 유지되어야 한다.

기내 저장품 보관창고

라. 물품이 탑재된 후에는 적재함을 보안담당자가 봉인하여야 하며, 봉인번호를 물품의 배송 인가증에 표시하여야 한다.

마. 봉인에 사용되는 봉인장비는 보안이 유지되는 곳에 보관하고, 차량이 운전자 없이 방치되는 일이 없도록 하여야 하며, 봉인에 이상이 있는 경우 즉시 보안담당자에게 통보하여야 한다.

(3) 기내식카트 및 컨테이너 보안점검

'저장품' 운송에 사용되는 기내식카트나 컨테이너에 시건되거나 보안확인표시(seal)를 붙일 경우 내부로 침입하지 않도록 튼튼해야 하며 다음 그림와 같이 기내식 카트 또는 컨테이너에 대한 보안 점검이 실시되어야 한다. 보안점검을 하는 자는 물품서류(배송 노트 또는 항공사 기내식주문)를 점검하여 기록하고 본인 서명을 하여야 한다.

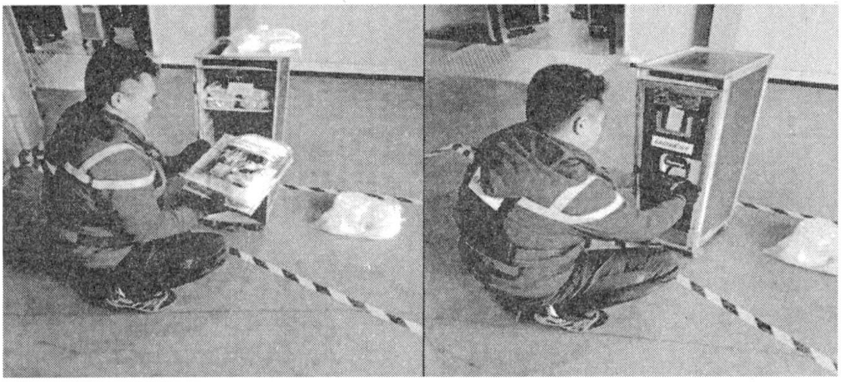

기내식카트 보안점검 및 보안확인표시(seal) 부착

(4) 차량 수색 및 봉인

가. '저장품' 운송에 사용되는 차량은 적재함으로 들어가는 모든 출입지점에 보안 대책을 갖추도록 하여야 한다. 이러한 지침을 충족하지 못하는 차량은 "저장품" 운송에 사용되어서는 아니 된다. 차량은 사용하지 않을 경우 항상 잠겨 있어야 한다.

나. 물품 탑재 바로 직전에 차량에 비인가 물품이 탑재되지 않았는지 확인하기 위하여 차량 적재함은 차량운전 및 보조직원이 아닌 지정된 책임자에 의해 검사하여야 하며 화물탑재가 끝날 때까지 보안성이 유지되어야 한다.

다. 물품이 탑재된 후 적재함은 보안유지를 위하여 각 문에 보안확인표시(seal)를 붙여야 하며 기타 접근 가능지역에도 보안확인표시(seal)를 붙여야 한다. 차량이 전자씰 형태로 외부조작 방지 장치가 설치된 경우 다음 그림과 같이 차량의 모든 적재함 진입지점에 설치되어야 한다. 일단 보안씰이 설치되면 보안확인표시(seal) 번호가 각 차량 탑재 배송 인가증에 표시되어야 한다.

라. 차량 보안유지를 위하여 사용되는 보안확인표시(seal)는 보안이 유지되는 곳에 보관하고 중앙통제소에서 발급하여야 하며 검사를 수행하는 책임자가 차량에 부착하여야 한다. 이러한 업무에 대한 기록 및 신원자료는 기내식 센터에 유지 보관되어야 한다. 차량은 운전자 없이 방치하여서는 아니 되며, 불가피하게 방치시 운전자가 돌아와서 탑재물 및 보안확인표시(seal)의 보안 상태를 점검하고 외부 침입흔적이 있을 경우 기내식 센터의 지정된 보안관리자에게 통보해야 한다.

적재함 보안확인표시(seal) 부착

(5) 보호구역내 기내식 시설의 보안요건

보호구역 내에 위치한 기내식 준비, 저장시설에서 기내식 작업시 해당 지역으로 반입되는 기내식 물품과 기타 저장품은 비보호구역의 준비 및 저장시설에서 작업되어 상용물품으로 구분되어 항공기에 탑재되는 물품에 적용되는 보안 요건과 동일한 보안 요건을 적용되도록 하여야 한다. 보안성이 갖추어진 보호구역에서 기내식 준비, 저장 건물로부터 물품을 접수하여 운송하는 차량에 보안확인표시(seal)를 붙일 필요가 없으나 해당 차량의 탑재물은 보안유지되어야 한다.

기내식운반차량과 기내식 기내 탑재작업(A380기종)

2. 기내식 및 저장품 운송시 보안통제

(1) 물품탑재 및 운송 · 배달시 보안조치

가. 운송 차량이 여러 기내식 물품 및 기타 관련 저장품을 여러 항공기로 운송하여야 할 경우 해당 차량의 보안확인표시(seal)는 첫 번째 항공기에 탑재할 때 차량운전자에 의해 개봉되어야 한다.

나. 보안지역 내에서 연속 배달시 연속 배달차량에 대하여 다시 보안확인표시(seal)를 부착할 필요는 없으나 차량운전자는 해당 차량 적재함에 대하여 보안이 유지되도록 하여야 한다.

다. '저장품'에 대한 보안은 준비 및 저장지역에서부터 관련 항공기에 탑재되어 항공사가 접수하는 시점까지 보안이 유지되어야 한다.

라. '저장품' 은 항공사 또는 지정된 기내식 대리점 또는 항공사로부터 인가 받아 운영하는 제3자에 한하여 운송되도록 하여야 한다.

마. 가능하면 기내식 시설과 항공기 사이를 운행하는 차량은 공항의 서비스 도로로 운행하도록 하고 위협상황의 경우 기내식이 보안제한구역 외부에 위치하여 있을 때 기내식 차량에 보안 에스코트가 제공되어야 하며 차량운송 관련자는 보호구역 출입증 또는 회사 사원증을 제시하여 자신의 신분을 항공사측에 밝혀야 한다.

(2) 기내 판매품 및 저장품 보안통제

기내에서 사용되는 기내식 카트나 면세품 카트 및 음식조리용 커피포트나 주방용품을 기내에 반입할 때에는 모두 개봉검색을 한 후에 반입하여야 하고, 기내 저장품을 항공기에 반입하고자 할 때에도 개봉하거나 촉수검사 등 보안점검 및 인계인수를 완료한 후에 반입하도록 하여야 한다. 특히 보안성 인가를 받지 않은 자가 포장 또는 봉인한 다음의 물품에 대해서는 개봉하여 검색하거나 촉수검사 등의 보안검색을 실시한 후에 반입하여야 한다.

가. 신원 불확실한 자에 의해 운송된 핸드폰, 노트북 등 전자제품
나. 일반제조업자에 의해 포장되었거나 봉인된 여러편의 용품 및 상품, 응급처리키트, 담요, 베개, 생수 및 음료수, 주방용품 등

(3) 보안제한구역 반입 물품접수 및 확인

보안제한구역 진입 지정 초소에서는 운송 차량의 보안확인표시(seal)와 지명자의 서명을 관련 서류와 반드시 대조함으로 설명되지 않는 서류의 차이점이 발견될 경우 또는 차량 보안확인표시(seal)에 조작한 흔적 등이 있을 경우 해당 물품을 비상용 물품으로 간주하여 보안제한구역 또는 해당 항공기로 반입이 통제됨으로 보안절차를 준수하여 반입하여야 한다.

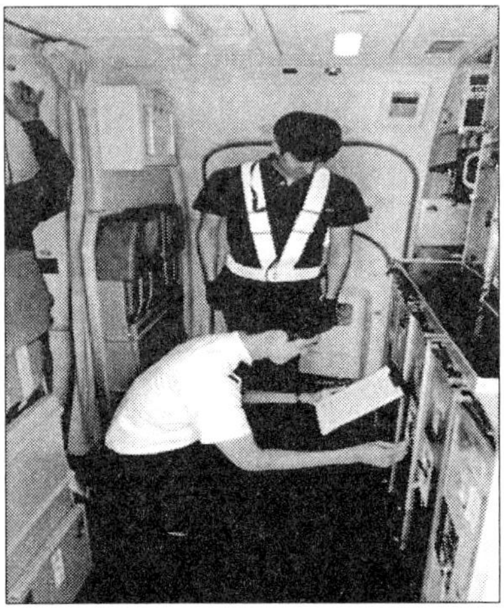

기내 탑재후 인계인수

(4) 항공사 보안 대책

항공사, 객실승무원 또는 지정 대리점은 기내식 및 저장품관련서류를 항공기 탑재시 관련 항공사가 입회하여야 한다. 항공사, 객실승무원 또는 지정 대리점의 입회가 어려울 경우(예: 이른 아침 항공편), 대안으로 모든 기내식 및 저장품이 탑재되어 있는 컨테이너와 기내식 카트에 1회용 보안확인표시(seal)를 부착하고 서류에 개수를 표시할 경우 보안조치로 간주될 수 있다. 보안확인표시(seal)가 정상적으로 손상없이 부착되어 있는지와 운송서류와 일치하는지 확인하는 것은 항공사, 객실승무원 또는 지정 대리점의 책임이다. 이외에 불법방해행위 징후가 보이는 컨테이너 또는 기내식 카트는 비상용 물품으로 분리하여 금지 물품이 들어 있지 않은지 확인하기 위하여 촉수검사를 실시하고 검사결과 이상이 없어도 새로운 컨테이너 또는 기내식 카트로 대체하여야 한다.

제4절 정비시설 보안대책

1. 보안개요

(1) 보안책임자 책무

가. 정비시설 보안책임자는 소관 정비시설의 보안관련 업무를 총괄하며, 부재상황이 예상될 시에는 보안업무 공백을 방지하기 위하여 대행자를 지정할 수 있다.

나. 보안책임자의 주요 책무는 비인가자의 정비시설 출입 통제, 보호구역 반입 위해물품에 대해 관리대장 등 기록운영, 침입자 발생 또는 위해물품 반입 등 비정상 상황발생시 관계기관 보고 및 연락체계를 분기별로 현행화 및 비정상 상황에 대처하는 것이다.

(2) 보호구역 설정

가. 정비시설의 안전과 보안유지를 위하여 해당 시설의 운영자는 보호구역 지정을 공항운영자에게 요청하여야 한다.

나. 공항운영자는 항공기의 안전과 보안유지를 위하여 공항테러보안대책협의회 등과 협의하여 보호구역을 설정하고, 지방항공청장의 승인을 받아 보호구역으로 지정하여야 한다.

다. 보호구역을 설정하고자 할 경우 위험평가 결과를 고려하여야 한다.

2. 정비시설 출입 및 보안통제

시설에 출입하려는 차량, 장비, 물품에 대하여 출입통제와 신원확인 및 보안검색 등을 실시하여야 한다.

(1) 일반통제 및 준수사항

가. 출입증 소지자가 보호구역으로 진입하거나 보호구역 안에 있는 경우 항상 복장 외부의 잘 보이는 곳에 출입증을 패용하여야 한다.

나. 시설을 운영하지 않는 시간에는 잠금장치 등을 이용하여 출입구를 폐쇄한다.

아시아나항공 항공기정비고시설

다. 24시간 운영되는 정비시설의 경우에는 상시감시체제(CCTV, 24시간 보안경비, 감시체제 등)를 운영하여야 한다.

라. 모든 출입자는 경비원의 검문검색을 받아야 하며, 정비시설 내 비인가자 또는 비인가된 위험물품 발견시 사실을 인지한 사람이 즉시 관계기관에 신

고하여야 한다.

마. 용역회사 등을 통한 위탁업체에서 경비업무를 수행하는 정비시설은 법적 요구사항을 충족한 자를 배치하도록 하고 경비요원에 대한 관리감독을 철저히 하여야 한다.

(2) 인원출입 통제사항

가. 정비시설(보안제한구역) 출입자는 출입증을 확인하여야 한다.

나. 휴대용 금속 탐지기 등을 이용 신체를 검색하여야 한다.

다. 소지품 · 휴대물품을 확인하여 위해물품 반입을 통제하여야 한다.

라. 보안검색 거부자는 보호구역 출입을 금지시켜야 한다.

(3) 정비작업중 보안통제

가. 정비시설 내에서 지상조업이 이루어지는 경우, 보안책임자는 조업요원에 대한 업무감독을 철저히 하여야 한다.

나. 정비사는 정비작업 중에 불필요한 인원·물품 등 기내 출입 및 반입시 이를 통제하여야 하며, 정비작업 후에는 출입문 잠금 등 외부침입자가 발생하지 않도록 보안조치를 철저히 시행하여야 한다.

(4) 위기시 보안통제

항공보안 위협이 증가되어 높은 수준의 경비가 요구되는 공항에서는 정비시설 내 위해인물 출입 또는 위해물품이 반입되지 않도록 출입문을 봉인조치하거나 경비원을 배치하여야 하며 경비원을 배치할 수 없는 경우 이를 대체할 보안대책을 수립하여야 한다.

3. 항공기 보호대책

항공기는 승객들에 의하여 위험물품이나 금지 물품이 반입되는 것에도 취약하지만 계류장에 주기중이거나 운항을 준비하기 위하여 지상에 계류하는 동안에 외부 사람들에 의해서도 의험물품이나 금지물품이 반입되는 것에도 취약하기 때문에 비인가자가 항공기에 진입하거나 접근하는 것을 방지하여야만 보안을 유지하고 항공기를 보호할 수 있다. 이와 같은 항공기 보호를 위한 보안대책은 항공기가 주기하고 있을 때와 보안순찰 등으로 구분될 수 있다.

(1) 보안 프로그램 작성시 포함사항

항공운송사업자가 항공기 보호를 위한 보안 프로그램을 작성시는 해당 공 항의 공항보안 프로그램을 고려하여야 하며, 항공기 출입 통제를 위하여 다음과 같은 내용이 포함된 보안 프로그램을 마련하여야 한다.

가. 공항에 주기중인 항공기에 인가받지 않은 자의 접근을 방지할 수 있도록 항공기 출입문의 잠금, 탑승교 및 스텝 카를 항공기로 부터 이격시키는 등의 통제 대책이 있어야 한다.

나. 항공기에 무단 접근하는 것을 방지하고, 항공기 보호를 위하여 야간에 경비인력을 배치하는 보안대책이 있어야 한다.

다. 운항에 투입되지 않는 항공기 출입문은 시건장치와 함께 보안확인표시(Seal)로 봉인하여 항공기 출발 전에 개방흔적이 있는지 확인할 수 있는 보안대책이 있어야 한다.

라. 항공기의 착륙기어, 엔진은 덮개로 덮어 외부로부터 위험 물질이 반입되지 않도록 하는 보안대책이 강구되어야 한다.

마. 항공기 주기지역은 항상 적절한 조명시설과 CCTV 감시 카메라를 설치하여 항공기에 접근하거나 침입하는 자를 감시할 수 있는 보안대책이 강구되어야 한다.

(2) 주기중 보안대책

항공운송사업자가 항공기 보호를 위한 보안 프로그램을 작성시는 해당 공항의 공항보안 프로그램을 고려하여야 하며, 항공기 출입 통제를 위하여 다음과 같은 내용이 포함된 보안 프로그램을 마련하여야 한다.

가. 주기중인 항공기에 인가받지 않은 자의 접근을 방지할 수 있도록 항공기 출입문의 잠금, 탑승교 및 스텝카를 항공기로 부터 이격, 야간 경비인력 배치, 조명시설 등 보안대책이 있어야 한다.

나. 운항에 투입되지 않는 항공기의 출입문은 시건장치와 함께 보안확인표시(seal)로 봉인하여 항공기가 출발하기 전에 개방흔적이 있는지 확인할 수 있는 보안대책이 있어야 한다.

다. 항공기의 착륙기어, 엔진은 덮개로 덮어 외부로부터 위험 물질이 반입되지 않도록 하는 보안대책이 강구되어야 한다.

(3) 보안순찰 및 상황조치

항공기의 출입 및 접근통제 외에도 계류장에 주기되어 있는 항공기 안전을 살피기 위한 보안순찰과 종합상황실 CCTV모니터를 이용하여 다음과 같은 보안대책을 이행하여야 한다.

가. 항공기 보호를 위한 보안순찰은 도보순찰과 차량순찰이 있으며, 순찰자는 경비원의 근무상황과 항공기의 보안상태를 점검하며 항공기에 외부침입이 있었다는 흔적이 있을 때에는 항공기 내부에 대한 수색을 실시하도록 하여야 한다.

나. 항공기보호를 감시하기 위한 CCTV 카메라는 취약지점을 확인할 수 있도록 각도를 조정하되, 주기장 전체를 관찰할 수 있는 용도와 취약지역을 확대하여 볼 수 있는 장비로 설치되어야 하며, CCTV 영상 감시중 이상이 발견되면 즉시 항공기 경비원에게 연락하고 점검반을 투입하여야 한다. 또는 위해물품 반입 등 비정상 상황발생시 관계기관에 보고하고, 관계기관 연락체계를 분기별로 현행화 및 비정상 상황에 대처하는 것이다.

4. 정비시설 보안통제

시설에 출입하려는 차량, 장비, 물품에 대하여 출입통제와 신원확인 및 보안검색 등을 실시하여야 한다.

(1) 일반통제

가. 출입증 소지자가 보호구역으로 진입하거나 보호구역 안에 있는 경우 항상 복장외부의 잘 보이는 곳에 출입증을 패용하여야 한다.

나. 시설을 운영하지 않는 시간에는 잠금장치 등을 이용하여 출입구를 폐쇄한다.

다. 24시간 운영되는 정비시설의 경우에는 상시감시체제(CCTV, 24시간 보안경비, 감시체제 등)를 운영하여야 한다.

라. 모든 출입자는 경비원의 검문검색을 받아야 하며, 정비시설 내 비인가자 또는 비인가된 위험물품 발견시 사실을 인지한 사람이 즉시 관계기관에 신고하여야 한다.

바. 용역회사 등을 통한 위탁업체에서 경비업무를 수행하는 정비시설은 법적 요구사항을 충족한 자를 배치토록하고 경비요원에 대한 관리감독을 철저히 하여야 한다.

항공기 정비고 정비작업 중 보안통제

(2) 인원출입시 통제사항

가. 정비시설(보안제한구역) 경비근무자는 모든 출입자의 출입증을 확인하여야 한다.

나. 휴대용 금속 탐지기 등을 이용 신체를 검색하여야 한다.

다. 소지품 · 휴대물품을 확인하여 위해물품 반입을 통제하여야 한다.

라. 보안검색 거부자는 보호구역 출입을 금지시켜야 한다.

(3) 정비작업중 보안통제

가. 정비시설 내에서 지상조업이 이루어지는 경우, 보안책임자는 조업요원에 대한 업무감독을 철저히 하여야 한다.

나. 정비사는 정비작업중에 불필요한 인원·물품 등 기내 출입 및 반입시 이를 통제하여야 하며, 정비작업 후에는 출입문 잠금 등 외부침입자가 발생하지 않도록 보안조치를 철저히 시행하여야 한다.

(4) 위기시 보안통제

항공보안 위협이 증가되어 높은 수준의 경비가 요구되는 공항에서는 정비시설 내 위해인물 출입 또는 위해물품이 반입되지 않도록 출입문을 봉인조치하거나 경비원을 배치하여야 하며 경비원을 배치할 수 없는 경우 이를 대체할 보안대책을 수립하여야 한다.

5. 정비시설 보안서류 관리

정비시설에서 사용되는 업무일지 및 보안검색대장 작성시 포함할 사항은 다음과 같다.

(1) 보안검색 업무일지 기록

보안검색 업무일지 작성시 다음과 같은 내용이 포함되어야 하며 1년이상 보관하여야 한다.

가. 항공보안검색요원 및 감독자의 성명 및 근무 시간

나. 항공보안장비의 점검 및 운용에 관한 사항

다. 그 밖에 보안검색 업무 수행 중 발생한 특이사항

(2) 보안검색대장을 작성

보안검색대장 작성시 검색된 물품의 수, 검색방법, 검색자의 성명 및 검색일자 등의 포함되어야 하며 1년이상 보관하여야 한다.

제9장 교육훈련 및 수준관리

제9장 교육훈련 및 수준관리

제1절 항공보안 교육훈련

1. 교육훈련 일반사항

(1) 관련법규

가. 「항공보안법」 제28조(교육훈련 등)에서 국토교통부장관은 항공보안에 관한 업무수행자의 교육에 필요한 사항을 정하여야 하며 보안검색업무를 감독하거나 수행하는 사람은 국토교통부장관이 지정한 교육기관에서 보안검색방법, 보안검색절차, 보안검색장비의 운용, 그 밖에 보안검색에 필요한 교육훈련을 이수하여야 한다.

한서대학교 항공보안교육센터

나. 「국가항공보안계획」 10.2(교육훈련) 국토교통부장관은 공항운영자 등이 보안업무 담당자의 업무수행에 필요한 교육이 실시될 수 있도록 「국가민간항공보안 교육훈련지침」을 제정 · 시행하여야 한다.

다. 국토교통부 예규제151호로 제정된 「국가민간항공보안 교육훈련지침」은 「항공보안법」 제28조제1항·제5항 및 「국가항공보안계획」 10.2.6에 따라 항공보안업무 수행자의 교육훈련에 필요한 사항을 정한다.

(2) 적용범위

가. 「국가민간항공보안 교육훈련지침」은 「항공보안법」 제10조제2항에 따라 자체 보안계획을 수립하는 공항운영자, 항공운송사업자, 항공기취급업체, 항공기정비업체, 공항상주업체, 항공여객·화물터미널운영자 등(이하 "공항운영자 등"이라 한다)에 대하여 적용한다.

2. 교육훈련 방침 및 책임

(1) 국가정책 및 기본방침

국가항공보안 교육훈련의 국가정책 및 기본방침은 다음 각 호와 같다.

가. 항공보안 수준 표준화

나. 위협증가시 신속한 보안 강화능력 배양

다. 최신 항공보안 변화에 대한 적극 대응

라. 위기사태 발생시 신속한 대응 능력 함양

마. 국제적 수준에 맞는 항공보안 체제 유지

바. 현장 적응력이 강한 전문 보안요원 양성

사. 항공 관련 업무 수행자에 대한 보안의식 함양

(2) 국토교통부 책임 및 권한

국토교통부장관은 항공보안 교육훈련에 대하여 다음과 같은 책임과 권한이 있다.

가. 「국가민간항공보안 교육훈련지침」을 제정·시행한다.

나. 효율적인 교육훈련을 위하여 필요한 조사·연구를 실시하며, 공항운영자, 항공운송사업자, 항공보안 교육전문 훈련기관, 그 밖의 관련조직 등의 교

육훈련계획 수립과 운영에 필요한 사항을 지도한다.

다. 항공보안 교육훈련의 발전을 위하여 필요한 경우 항공보안관계 전문가를 자문위원으로 위촉할 수 있으며 효율적인 교육훈련기준을 개발하고 정보를 수집 교환하기 위하여 ICAO 및 외국정부 등과 협력하며, 다른 체약국으로부터 교육훈련 정보제공을 요청받은 경우에는 제공할 수 있다.

라. 교육훈련지침을 관리 · 시행하고, 보안교육 업무를 조정할 보안교육훈련조정관을 지정하여 다음의 업무를 수행하게 한다.

1) 공항운영자 등의 항공보안 교육훈련 교과과정 검토 · 조정
2) 교육기법 및 교육장비에 대한 검토 및 조정
3) 교육훈련지침의 효율성 평가
4) 향후 보안 교육관련 정책 방향제시
5) 소속기관에서 실시하는 교육훈련에 관한 지도 · 감독
6) 기타 협조 및 협력체제 유지를 위한 공항운영자 등의 보안교육훈련 조정자 및 교관들과의 정기적인 회의 개최

(3) 항공운송사업자의 책임

항공운송사업자의 자체 교육훈련규정에 관한 책임은 다음과 같다.

가. 자체 교육훈련 규정 제정 · 시행

항공운송사업자는 「국가민간항공보안교육훈련지침」 제6조(항공운송사업자 등의 책임)에 따른 보안업무 수행에 필요한 자체교육훈련 규정을 제정하여 시행하여야 한다.

나. 자체 교육훈련 규정에는 다음의 내용이 포함되어야 한다.

1) 교육훈련 목표 및 기본방향
2) 교육 과정 종류
3) 과정별 내용 및 교육시간을 포함한 교육 요약 시간표
4) 각 과정별 교육 최소 이수 요건
5) 집체교육, 전자매체 또는 우편물을 이용한 원격교육 등의 교육 및 평가방법
6) 위탁교육훈련에 관한 사항

7) 항공보안교관 · 보안검색 · 항공경비요원에 대한 자격인증 절차 및 인증평가 세부기준 등 인증제 운영에 필요한 사항
8) 그 밖에 교육훈련에 관하여 필요한 사항

3. 교육훈련 대상 및 과정구분

(1) 교육훈련 대상

항공사의 교육훈련 대상은 다음과 같다

가. 항공사 보안책임자 및 보안감독자
나. 보안검색감독자 및 항공경비감독자
다. 항공보안교관 및 사내보안교관
라. 보안검색요원 및 항공경비요원
마. 항공기 운항 및 객실승무원
바. 승객 운송직원, 항공기 정비사 등
사. 보안 유관부서 장 및 일반요원

(2) 교육훈련과정의 구분

항공보안업무 수행자에 대한 교육 훈련과정은 담당 직무에 따라 다음과 같이 구분하여 시행하며, 필요한 경우에는 특별교육과정을 개설하여 운영할 수 있다.

가. 항공보안 관련 신규 채용자 또는 최초 임명자 등에게 직무를 부여하기 이전에 직무와 관련한 기본적인 지식과 기량을 전수하기 위한 초기교육(Initial Training)을 실시하여야 한다.
나. 초기교육을 이수한 자를 대상으로 업무의 시범 및 관찰과 실제업무의 수행을 통하여 받는 직무교육(OJT:On-the-JobTraining)을 실시하여야 한다.
다. 소관 업무 내용의 변경 또는 추가와 신기술의 도입 등에 따라 필요한 지식과 기량을 전수하기 위하여 정기적으로 실시하는 정기교육(Recurrent Training)하여야 한다.

(3) 정기교육 미 이수시 조치

항공운송사업자 등의 정기교육 미 이수자에 대한 조치는 다음과 같다.

가. 정기교육 대상자는 초기교육 또는 정기교육을 수료한 날이나 자격인증을 받은 날부터 1년 이내에 정기교육을 이수하여야 한다.

나. 정기교육을 부득이한 사유로 이수하지 못한 사람이 1년이 경과한 날부터 30일 이내에 정기교육을 이수한 경우에는 1년이내에 정기교육을 이수한 것으로 본다.

다. 정기교육 대상자가 정기교육을 이수하지 못한 경우 해당 업무의 수행자격은 정지되며, 자격이 정지된 이후 6개월 이내에 정기교육을 이수하면 자격을 회복할 수 있다. 다만, 해외 파견 등 불가피한 사유로 교육을 이수할 수 없는 경우에는 그 기간 중 1년의 범위에서 자격을 회복할 수 있는 정기교육 이수기간에서 제외한다.

4. 과정별 교육지침

(1) 항공사보안책임자 및 감독자

항공운송사업자에 대한 항공사보안책임자 및 감독자에 대한 교육지침은 다음과 같다.

가. 항공사보안책임자 또는 감독자를 지정하려면 초기교육 과정을 이수하였거나 지정후 6개월 안에 이수하도록 하여야 한다.

나. 보안책임자 또는 감독자가 국제민간항공기구(ICAO), 국제항공운송협회(IATA), 미국 교통보안청(TSA) 등에서 실시하는 항공사의 보안관리자 과정을 이수한 경우에는 초기교육을 이수한 것으로 본다.

다. 항공운송사업자는 보안책임자 및 감독자에 대하여 정기교육과정을 이수하도록 하여야 한다. 다만, 항공사보안책임자가 ICAO, IATA, APEC 등에서 주관하는 항공보안세미나, 항공보안 관련 국제 심포지엄 또는 관련 국제회의에 2일 이상 참석한 경우에는 정기교육을 이수한 것으로 본다.

(2) 운항 · 객실승무원, 탑승수속직원 및 유지보수요원

가. 항공운송사업자는 승무원에 대하여 「국가민간항공 교육훈련지침」 별표 10의 초기교육(8시간이상)과 별표 10의2의 정기교육(2시간이상)을 이수하도록 하여야 한다.

나. 탑승권 발급업무를 수행하는 직원에 대해서는 별표 11의 초기교육(3시간이상)과 별표 11의2의 정기교육(1시간이상)을 이수하도록 하여야 한다.

(3) 폭발물 위협 전화접수자 및 안내요원

공항운영자 등은 폭발물의 위협을 받을 수 있는 전화접수자 및 안내요원에 대하여 「국가민간항공 교육훈련지침」 별표17의 폭발물 위협 대응에 대한 교육(2시간이상)을 이수하도록 하여야 한다.

(4) 보안유관부서 관리자 및 일반직원

가. 공항운영자 등은 다음 각 호의 어느 하나에 해당하는 직원에 대해서는 「국가민간항공 교육훈련지침」 별표 18의 교육 (3시간이상)을 이수하도록 하여야 한다.

1) 보안 유관 부서의 장 및 중간관리자(팀장급 이상)
2) 중간관리자급(과장급 이상)
3) 화물청사운영자 각 부서의 장 또는 동등 직급자
4) 기내식시설 운영자 각 부서의 장 또는 동등 직급자
5) 지상조업체 조직 내의 각 부서의 장 또는 동등 직급자
6) 급유시설 조직 내의 각 부서의 장 또는 동등 직급자
7) 공항 · 항공기 청소업체 각 부서의 장 또는 동등 직급자

나. 가항에 따른 직원 외의 다음 각 호의 어느 하나에 해당하는 직원에 대해서는 「국가민간항공 교육훈련지침」 별표 18의2 의 교육(2시간이상)을 이수하도록 하여야 한다.

1) 승객 운송 직원, 항공기 정비사

2) 승객·위탁수하물 일치여부 확인 및 위탁수하물 수송직원
3) 항공운송사업자의 총기류 등 무기류운송 접수 담당 직원
4) 화물청사 운영 요원 및 기내식 요원
5) 지상조업체, 급유업체 요원 및 이동지역 안전관리자
6) 공항지역 청소요원 및 항공기 청소요원

(5) 화물보안요원

공항운영자 등은 공항에서 화물보안 검색업무를 수행하는 자에게 보안검색요원 초기교육, 직무교육 및 정기교육을 이수하게 하여야 하며, 보안검색 외의 화물보안관련 업무를 수행하는 자에 대해서는 「국가민간항공 교육훈련지침」 별표 13과 별표 13의2의 초기교육 및 정기교육을 이수하도록 하여야 한다.

4. 교육행정

(1) 교육훈련 지원 및 기록유지

교육훈련 지원 및 기록유지 사항은 다음과 같다.

가. 국토교통부장관은 국제민간항공기구(ICAO)로부터 최신 항공보안 교육훈련에 대한 지원을 받도록 하여야 한다.

나. 항공운송사업자 등은 이 지침에 따라 교육훈련을 실시 때에는 교육명칭, 일시, 장소, 시간, 교관, 교육시간표, 테스트 또는 평가 결과, 참석자 명단 및 서명 등 교육훈련 기록내용을 3년간 보관하며, 퇴직후 최소 90일간 교육결과를 유지·관리하여야 한다.

다. 이 지침에 따라 교육훈련을 실시하는 교육기관이나 항공운송사업자 등은 교육훈련 결과를 기록·관리하고, 국토교통부장관이 교육훈련 관련 자료제출을 요구하는 경우에는 이에 따라야 한다.

제2절 항공보안 수준관리

1. 일반사항

항공운송사업자는 항공보안업무에 대한 이행실태 등을 확인하기 위하여 공항지점, 항공화물위탁업체, 기내식제조업체 등에 대하여 자체 보안점검 및 불시평가 등을 실시하여야 한다.

(1) 관련법규

가. 「항공보안법」 제33조(항공보안 감독) 및 법 시행규칙 제19조에 따라 국토교통부장관은 소속 공무원을 항공보안감독관으로 지정하여 항공보안에 관한 점검업무를 수행하게 하여야 한다.

나. 「국가항공보안계획」 12.1.1에 따라 국토교통부장관은 항공보안의 지속적인 개선 및 향상을 위하여 「국가항공보안 수준관리지침」을 수립·시행하여야 한다. 「국가항공보안 수준관리지침」에는 목적, 임무, 점검활동·방법, 문제점 해결 방법 및 가용자원 등에 관한 사항을 포함하여야 한다.

다. 국토교통부 예규 제217호로 제정된 「국가항공보안 수준관리지침」은 「항공보안법」제 33조 및 시행규칙 제19조제4항에 따라 항공보안 점검활동 등의 수준관리에 관하여 필요한 사항을 규정함을 목적으로 한다.

(2) 적용규정 및 국제협약

국가항공보안 수준관리를 위하여 이 지침에서 정하는 사항 외에는 다음 각 호의 국내·외 규정 및 국제협약에 따른다.

가. 국내법규 및 규정

1) 항공보안법
2) 항공사업법, 항공안전법, 공항시설법
3) 국가 보안시설 및 보호장비 관리지침

4) 국가항공보안계획
5) 국가항공보안 우발계획
6) 공항건설 및 유지 · 보수에 관한 지침
7) 교육훈련지침
8) 항공보안감독관 업무규정
9) 항공보안장비 종류, 성능 및 운영기준
11) 항공기내 보안에 관한 표준운영지침
12) 상용화주 항공화물 보안기준
13) 액체 · 분무 · 겔류 보안통제지침

나. ICAO 부속서 및 관련 규정

1) 국제민간항공 협약 부속서 17
2) 국제민간항공기구 발행 "불법방해행위로부터 민간항공 보호를 위한 ICAO 보안지침서(Doc 8973)"
3) 국제민간항공기구 발행 긴급조치

(3) 적용범위

이 지침의 적용대상은 다음 각 호와 같다.

가. 공항운영자(용역업체를 포함한다)
나. 대한민국에 취항하는 모든 국내외 항공운송사업자(용역업체를 포함한다)
다. 항공기취급 및 공항상주업체, 항공화물 및 도심공항터미널운영자 등
라. 항공교통관제기관
마. 그 밖에 국토교통부장관이 정하는 사업자

(4) 자체 수준관리 지침

가. 공항운영자, 항공사 및 도심공항터미널운영자 등은 보안의 효율성과 효과성을 확보하기 위하여 국가항공보안 수준관리지침에 따라 자체 수준관리지침을 수립 · 시행하여야 한다.

나. 국토교통부장관은 공항운영자 등이 수립·시행하는 자체 수준관리 지침이 국가항공보안 수준관리 지침을 준수하며 시행되는 지에 대하여 정기적으로 감독하여야 한다.

다. 공항운영자 등이 수립하는 자체 수준관리 지침에는 다음 각 호의 사항이 포함되어야 한다.

1) 제목
2) 목적
3) 정의
4) 적용범위
5) 책임분장
6) 자체 점검관 및 불시평가 요원 지정
7) 자체 보안점검 방법 및 횟수
8) 자체 불시평가 방법 및 횟수
9) 보안검색요원 등의 교육훈련 요건
10) 점검을 위한 인적, 물적 자원(불시평가 물품 포함)
11) 자체 일일 보안 확인 방법

(5) 수준관리 준수사항 및 수행방침

항공운송사업자의 자체적인 수준관리 준수사항 및 수행방침은 다음과 같다.

가. 보안점검, 불시평가 및 현장조사는 적절한 교육을 이수한 회사의 보안책임자 또는 보안감독자로 지정된 인원만 수행할 수 있다.

나. 관계기관으로부터 불시평가를 사전에 통보받은 경우 이 내용을 관련 책임자만이 알 수 있도록 관리하며 불시평가를 받는 항공보안검색요원 등에게 해당 사실을 누설하여서는 아니 된다.

다. 점검활동 수행자는 보안점검, 불시평가 및 현장조사 등을 실시한 경우 점검결과 보고서를 작성하여야 하며, 최소 3년 이상 보존하여야 한다. 다만, 시정 조치가 완료되지 않은 사항이 있는 보고서 또는 점검표는 조치가 완료될 때까지 보존하여야 한다.

라. 점검활동 책임자 및 수행자는 점검활동 과정에서 얻은 정보와 점검활동의 결과를 다음에 해당하는 경우에만 제공하며, 항공보안업무 관련 이외의 사람에게 공개하거나 제공하여서는 아니 된다.

1) 다른 법률에 따라 공개 또는 제공을 요청받은 경우
2) 회사내 및 지방항공청 등의 장에게 보고위한 경우
3) 수검자에게 통보하는 경우

마. 자체 수준관리를 위한 수행방침은 다음과 같다.

1) 국제기준 · 국가보안계획 · 지침의 준수 및 적정성 확인
2) 국가법령 · 계획 등의 제 · 개정시 적시반영 및 효율성 확보
3) 자체 보안계획, 지침 및 절차의 효과적 시행상태 확인
4) 항공보안업무 수행에 필요한 교육 이수 및 확인
5) 불법행위 발생시 대응요령 및 통제 등 검토 및 재평가
6) 항공보안 위규사항 조사 및 대책에 대한 재평가

2. 역할 및 권한

(1) 관계기관의 역할

국가항공보안 수준관리를 위한 관련기관의 업무는 다음과 같다.

가. 국가정보원

1) 불법행위 대응 능력 배양을 위한 항공보안 점검, 불시평가관련 기법의 연구 발전
2) 점검 및 불시평가 관련 기술 · 교육훈련 등 지원
3) 기타 항공보안 점검 · 불시평가 관련 기법의 연구발전
4) 점검 및 불시평가 실시
5) 공항 상주기관 합동점검반 편성 · 운영

나. 국토교통부

1) 국가 항공보안 수준관리 지침 수립 및 관리
2) 국가 항공보안 수준 관리 대책 시행 관리, 감독
3) 국가 항공보안 수준관리를 위한 인적, 물적자원 및 재정 확보
4) 현장조사, 보안평가, 보안점검 및 불시평가의 실시
5) 항공보안감독관 운영
6) 수준관리 관련 국제민간항공기구와의 연락 및 협력업무
7) 공항운영자, 항공사 등의 자체점검 실시 여부에 대한 감독

다. 공항운영자 등의 업무

공항운영자, 보안검색 업무를 수행하는 항공사, 도심공항터미널운영자 또는 항공기취급업체 등의 업무는 다음 각 호와 같다.

1) 수준관리 지침에 따른 자체 수준관리 계획의 수립 · 이행
2) 자체 점검 및 불시평가 요원 임명
3) 자체 점검 및 불시평가 요원에 대한 교육실시
4) 기타 공항 점검 및 불시평가 관련 업무

(2) 항공보안감독관의 권한

현장조사, 보안평가, 보안점검 및 불시평가를 수행하는 항공보안감독관의 권한은 다음과 같다.

가. 보안절차를 점검 목적으로 국가에 등록되었거나 운용중인 항공기를 점검하거나 구치할 수 있는 권한
나. 공항에 대한 전부 또는 부분 점검할 수 있는 권한
다. 보안대책 및 절차 효율성 등 점검 및 불시평가 권한
라. 항공사 등 점검에 필요한 자료를 요구할 권한
마. 항공기 및 공항시설에 출입하여 검사할 수 있는 권한
바. 임무수행을 위해 필요한 무전기, 카메라, 음성 및 영상 기록장치, 사전 승

인된 무기, 모의 폭발물 등과 같은 장비를 공항 보호구역 또는 항공기 위탁수하물 칸으로 반입 및 운반할 수 있는 권한

사. 보안기준이나 보안절차 점검을 위하여 관련자에 대한 질문할 수 있는 권한

3. 감독 활동

(1) 일반사항

가. 국토교통부장관은 항공보안감독관으로 하여금 공항운영자 및 항공사 등에 대하여 연간 감독계획에 따라 보안평가, 보안점검, 현장조사 및 불시평가 등의 점검활동을 수행하게 하여야 한다.

나. 국토교통부장관은「항공보안법」제33조(항공보안 감독)제2항에 따라 제1항에 따른 보안점검 등을 관계기관과 합동으로 실시할 수 있다.

다. 국토교통부장관이 특별히 필요하다고 인정하는 경우에는 제1항에 따른 점검 이외에 관계기관과 합동 또는 단독으로 특별점검을 실시 할 수 있다.

라. 공항운영자, 항공사, 항공화물터미널운영자 및 도심공항터미널 운영자 등은 보안검색 수행실태 등을 확인하기 위하여 보안검색위탁업체, 기내식제조업체 등에 대하여 자체 보안점검 및 불시평가 등을 실시한다.

마. 제1항에 따라 보안점검 등을 실시하는 경우에는 점검 7일전에 점검계획을 점검대상자에게 통지하여야 한다. 다만, 불시평가의 경우에는 사전에 통지하지 아니하고 실시할 수 있다.

바. 국토교통부장관은 점검일정 및 결과에 대해 필요한 경우 국가정보원장에게 제공한다.

사. 국토교통부장관은 점검활동을 수행하는 경우 국가항공보안 우발계획에 따른 위험평가 및 위협분석 또는 항공보안 위해요소 진단 결과를 반영하여 점검횟수 및 우선순위를 조정한다.

아. 항공보안감독관은 점검활동을 수행하려는 경우 다음 각 호의 사항을 포함한 점검계획을 소속 기관장에게 보고 후 실시하여야 한다.

1) 점검 목적
2) 점검 대상
3) 점검 기간
4) 점검관 인적사항(이름, 연락처 등)
5) 주요 점검 항목
6) 수검자료 제출
7) 그 밖에 점검활동 수행에 필요한 물품

자. 보안평가, 보안점검, 현장조사 및 불시평가를 수행할 수 있는 사람은 다음 각 호와 같다. 다만, 불시평가의 경우에는 제1호의 사람 또는 제1호의 항공보안감독관이 요청하는 사람만이 실시할 수 있다.

1) 「항공보안법」 제33조제1항에 따라 지정된 항공보안감독관
2) 항공보안감독관과 같이 합동으로 참여하는 관계기관 공무원, 공항 및 항공사 보안책임자 또는 감독자
3) 그 밖에 국토교통부장관이 지정하는 사람

(2) 사전 및 사후 브리핑 실시 등

가. 보안평가, 현장조사, 보안점검 및 불시평가를 실시하는 책임자는 점검활동 수행자들에게 점검 목적, 주안점 및 점검대상의 보안현황 등에 대하여 사전 브리핑을 실시한다.

나. 불시평가를 실시하는 책임자는 불시평가 실시 전에 불시평가 수행자에게 다음 각 호의 사항에 대한 특별 사전 교육을 실시하여야 한다.

1) 불시평가 계획
2) 공항 구조 및 보안통제 특성
3) 불시평가 물품 사용방법 및 회수절차
4) 불시평가 시 준수사항
5) 불시평가 성공 또는 실패 시 대처법

다. 공항 보안책임자, 항공사 보안책임자 또는 관련 조직의 책임자는 점검활동 수행자가 보안점검 등을 위하여 필요한 자료를 요청하는 경우 이에 협조하

여야 한다.

라. 점검활동 수행자가 보안평가 등을 종료한 때에는 점검지연으로 인한 시간 부족 등 불가피한 경우를 제외하고는 주요 점검결과 및 점검 중 특이사항 등에 대하여 사후 브리핑을 실시한다.

(3) 문제점 관련 시정조치 등

가. 국토교통부장관은 점검활동 중 확인된 보안상 취약점 또는 규정 위반사항 등에 대해서는 점검대상자에게 별지서식의 확인서를 작성하도록 하고, 긴급한 경우에는 현장에서 별지서식에 의한 시정조치를 명하여야 한다.

나. 점검활동 결과 나타난 문제점에 대한 시정조치 등의 우선순위는 다음 각 호와 같다.

1) 시정조치 : 발견된 문제점이 항공보안에 심각한 결과를 초래할 우려가 있거나, 항공보안에 심각하지는 않지만 법 또는 규정에 위반되는 경우

2) 개선권고 : 항공보안 법령 및 규정 등을 위반 또는 규정하고 있지 않으나, 개선 조치할 경우 항공보안에 유익한 결과를 가져오는 방법을 제시하고자 할 경우

3) 현장시정 : 항공보안에 직접적인 영향을 미치지 아니하는 경미한 보안 저해요소로 단기간 내에 시정이 가능한 경우

다. 공항운영자 및 항공사 등은 점검결과를 통보받은 날부터 7일 이내에 시정조치 사항 등에 대하여 이의 신청을 할 수 있으며, 국토교통부장관은 이의 신청이 접수된 날로부터 15일 이내에 검토 결과를 회신하여야 한다.

(4) 점검결과 보고서 보존

가. 점검활동 수행자는 제8조에 따라 현장조사, 보안평가, 보안점검 및 불시평가 등을 실시한 경우 점검결과 보고서를 작성하여야 한다.

나. 작성한 보고서는 최소 3년 이상 보존하여야 한다. 다만, 시정조치가 완료되지 않은 사항이 있는 보고서 또는 점검표는 조치가 완료될 때까지 보존한다.

(5) 점검결과 공개금지

가. 점검활동 책임자 및 수행자는 점검활동 과정에서 얻은 정보와 점검활동의 결과를 항공보안업무 관련 이외의 사람에게 공개하거나 제공하여서는 아니 된다. 다만, 다음 각 호에 해당하는 경우에는 그러하지 아니하다.

1) 다른 법률에 따라 공개 또는 제공을 요청받은 경우

2) 소속 기관의 장에게 보고 및 수검자에게 통보하는 경우

4. 점검유형

(1) 현장조사(Survey)

민간항공에 대한 항공기납치(Hijacking), 파괴행위(Sabotage) 및 테러공격(Terrorist attack) 등의 불법방해 행위(Acts of unlawful interference)를 방지하기 위하여 그 취약성을 분석하고, 보호대책을 수립하기 위하여 공항별로 공항운영자, 항공사 등에 대한 항공보안 업무 운영실태 등을 조사하는 것이며, 최소 2년에 1회 이상 실시하고 국토교통부장관이 필요하다고 판단할 경우 추가로 실시할 수 있다. 현장조사는 정부기관의 항공보안감독관에 의해 실시하지만 항공운송사업자는 다음의 사항을 파악하기 위하여 자체적으로도 실시한다.

가. 자체 보안계획 수정에 필요한 보안 요건을 파악

나. 공항 및 항공기 운영에 대한 보안실태 파악

다. 상존위협, 보안 취약점 파악 및 항공보안 증진

라. 항공기납치, 파괴행위, 폭발물 위협 등 불법방해 행위에 대한 취약요소 유무 파악

(2) 보안점검(Inspection)

민간항공보안에 대한 보안대책 및 통제절차 등이 적절히 수행되고 있는지를 확인하기 위하여 공항 및 항공기 등에 대하여 점검하는 것이며. 항공사가 취항하는 국내 및 해외공항 지점을 대상으로 다음과 같이 실시한다.

가. 보안점검 주기

1) 국내공항은 1년에 1회 이상
2) 해외공항은 취약공항 등 2년에 1회 이상

나. 해외 취약공항 선정시 고려할 대상공항은 다음과 같다.

1) 신규 취항공항
2) 항공보안사고 또는 사건이 발생하였던 공항
3) 국내 여행객들이 많이 이용하는 공항
4) 국가정보원 등 정보기관에서 정한 취약공항
5) 항공에 대한 위협 증대 공항

다. 보안점검시 보안점검표를 사용하여야 하며, 다음과 같은 사항을 확인하여야 한다.

1) 우발계획 이행실태 및 훈련 참여
2) 항공보안조직의 구성 · 업무 및 보안책임자의 지정 등
3) 항공보안에 관한 정보의 전달 및 보고절차
4) 항공보안에 관한 교육훈련 계획 및 실적
5) 항공기 운항을 위해 항공사가 관리 · 운영하는 항공보안 시설물에 대한 보안대책
6) 항공기 보안대책 이행상태
7) 기내식 시설 및 기내 물품 관리 운영 상태
8) 화물에 대한 보안검색 실시 및 이행상태
9) 위해물품 탑재 및 운송 대책 수립 및 이행상태
10) 승객 및 수하물에 대한 일치 여부 이행상태 확인
11) 보안장비의 관리 및 운용 실태
12) 직원에 대한 출입증 관리 실태
13) 그 밖에 항공보안에 관한 사항

마. 점검 계획

1) 항공사는 매년 1월초의 국토교통부 연간 보안점검 계획을 반영한 연간 보안점검 계획을 수립하여 대표이사의 승인 후 유관부서에 통보하여야 한다.
2) 점검 계획에는 목적 및 방향, 대상, 기간, 점검자, 주요점검항목, 방법, 기타 필요 사항 등이 포함되어야 한다.

바. 점검 실시

1) 연간 보안점검계획에 따라 점검을 실시하며, 필요시 해당업무에 정통한 타 부문 인원을 포함할 수 있다.
2) 점검요원은 점검 계획에 따라 최근 보안상황을 반영한 점검표(Checklist)를 작성하고 점검계획을 해당 지점 및 부서에 사전 통보하여야 한다.
3) 점검요원은 현장 점검시 실제 업무 수행과정을 점검하며, 해당 공항지점 및 부서의 일상 업무에 지장을 주지 않도록 배려하여야 한다.
4) 점검요원은 규정 위반으로 판단되는 사항 발견시는 수검부서의 장에게 이 사실을 즉시 통보하고 소명 기회를 부여하여야 하며, 소명이 안되는 최종 위규사항에 대한 보고서를 작성하여 대표이사에게 보고 한다.

사. 점검 결과보고

1) 점검요원은 결과보고서를 작성하여 점검종료 10일 이내에 대표이사에게 보고한다.
2) 위규로 결정된 사항은 보고후 해당 지점 및 부서에 업무협조전으로 통보한다.
3) 해당 지점 및 부서는 조치내용 또는 향후 개선 대책을 수립하여 접수일로부터 10일 이내에 안전보안실에 업무협조전으로 회신하여야 한다.
4) 위규사항은 원인파악 후 평가 및 분석하는 과정을 거쳐 보안의 취약성을 보완(feed back)하여야 한다.

(3) 불시평가(Test)

보안업무 수준이 적절하게 유지되고 있는 지를 확인하기 위하여 공항 및 항공기 등에 대한 보안대책 및 통제절차 수행 능력 등을 불시에 확인하는 것을 말한다.

가. 불시평가의 대상은 다음 각 호와 같다.

1) 공항운영자
2) 항공사
3) 항공화물 및 도심공항터미널운영자, 공항상주업체
4) 지상조업체(필요한 경우에 한한다)

나. 불시평가는 공항운영자, 항공사 및 도심공항터미널운영자의 보안업무 수행 실태를 확인하기 위해 다음 각 호의 사항에 대하여 연 1회 이상 실시한다.

1) 승객 및 휴대물품 검색방법
2) 위탁수하물 검색 방법
3) 출입통제 절차
4) 항공기 보안
5) 화물보안
6) 기내식 보안 운용 실태
7) 보안장비 운용 실태

다. 불시평가시 확인할 사항은 다음과 같다.

1) 국가 항공보안 관련 규정 준수 여부 불시확인
2) 보안 업무 수행 능력 확인
3) 보안요원에 대한 근무 태세 확인
4) 보안요원 취약점 파악
5) 비상시 대응 여부 파악

라. 불시평가는 다음과 같은 조건에 따라 실시한다.

1) 항공보안법 및 관련지침 등에 따라 적합하게 실시
2) 대중의 안전을 저해하지 않도록 실시
3) 항공기 · 공항시설 등에 위험이 발생하지 않도록 실시
4) 재산상의 손실이 발생되지 않도록 실시
5) 운영상 문제가 발생되지 않도록 실시
6) 지정된 점검요원에 의하여 실시

마. 항공보안감독관, 공항운영자, 항공사 또는 도심공항터미널운영자가 불시평가를 실시하기 위하여 사용할 수 있는 물품은 다음 각 호와 같다.

1) 실제 작동되지 아니하고, 플라스틱 또는 합성수지 재질로 만들어진 모의 총기류
2) 폭발물질을 포함하지 아니하고, 실제 폭파되지 아니하는 불시평가 물품이라는 표시를 한 모의 폭발물장치

바. 불시평가 물품을 사용하려는 자는 사전에 국토교통부장관의 승인을 받아야 하며 불시평가 물품을 승인받으려는 자는 다음 각 호의 서류를 국토교통부장관에게 제출하여야 한다.

1) 불시평가 물품 종류
2) 불시평가 물품 사진
3) 관리책임자 명단
4) 불시평가 물품 보관 및 운용절차

사. 불시평가 수행자는 보안검색요원이 불시평가 물품을 발견한 경우 즉시 신분을 공개하여야 한다.

(4) 모의 훈련(Exercise)

가. 모의훈련을 실시하는 목적은 다음과 같다.

1) 항공기 테러와 관련된 모든 부서의 대응 능력향상
2) 우발계획 대응 절차 숙지 및 취약점 파악, 수정
3) 비상장비, 통신장비 시험운용 및 상태와 효율성 점검
4) 최단시간 내 항공기 운항 및 공항 운영 정상화

항공대테러 종합훈련

나. 관계기관에서 모의훈련을 실시할 경우 적극 참여하여 발견된 문제점을 자체보안계획이나 우발계획에 반영하여야 하며, 항공기나 인력지원시 유관부서와 협의후 지원여부를 결정한다.

다. 모의훈련의 종류

모의훈련의 종류와 시행주기는 다음 각 호와 같다.

1) 종합훈련은 항공기 납치, 폭발물 위협 등 불법방해행위 대응과 관련된 기관이 참여하여 실제 테러 상황과 유사한 환경을 설정하여, 국가항공보안 우발계획에서 정한 기관별 임무 수행 및 대응 상황을 점검하는 훈련으로 2년에 1회 정기적으로 실시하며, 세부사항은 관계기관과 협의한다.
2) 부분훈련은 항공기 납치, 폭발물 위협 등과 관련된 특정부분에 대한 조직별 대응훈련, 새로운 장비나 기술시험, 평가를 위하여 실시하며, 종합훈련 시행 과정에서 발견된 취약점, 문제점을 시정하기 위해 공항운영자 등이 관계기관과 협의하여 2년에 1회 이상 정기적으로 실시하며, 실시 시기는 가능한 한 제1항의 훈련이 실시되지 않는 해에 실시한다.
3) 도상훈련은 종합훈련시 발생되는 비용이나 공항 운영의 피해없이 비상대응 조직의 대응능력을 불시평가하는 훈련으로 공항비상운영센터 내에서 관련 기관의 대표자들이 참석하여 도면과 가상시나리오에 의한 대응훈련을 실시하며, 공항운영자 등이 관계기관과 협의하여 1년에 1회 이상 정기적으로 실시한다.

인천국제공항 대테러종합훈련

5. 점검결과 조치

(1) 보고서 작성

외곽울타리지역 보안점검

가. 점검활동 수행자는 제8조에 따라 현장조사, 보안평가, 보안점검 및 불시평가 등을 실시한 경우 점검결과 보고서를 작성하여야 하며 최소 3년 이상 보존하여야 한다. 다만, 시정 조치가 완료되지 않은 사항이 있는 보고서 또는 점검표는 조치가 완료될 때까지 보존한다.

나. 점검활동 책임자 및 수행자는 점검활동과정에서 얻은 정보와 점검활동 결과를 항공보안업무 관련 이외의 사람에게 공개하거나 제공하여서는 아니 된다. 다만, 다음 각 호에 해당하는 경우에는 그러하지 아니하다.

1) 다른 법률에 따라 공개 또는 제공을 요청받은 경우

2) 소속 기관의 장에게 보고하기 위한 경우

3) 수검자에게 통보하는 경우

다. 국토교통부장관은 「항공보안법 시행령」 제20조에 따라 지방항공청장에게 위임한 업무와 지방항공청장이 실시한 자체 감독활동에 대하여 연 1회 이상 점검을 실시하여야 한다.

라. 점검을 하는 경우에는 점검 7일 전까지 점검일자, 점검내용 및 점검관 등에 대한 점검계획을 지방항공청장에게 통보하여야 한다.

마. 점검관은 점검 종료 7일 이내에 점검결과를 작성하여 국토교통부장관에게 보고하고, 그 결과를 지방항공청장에게 통보하여야 한다.

바. 점검결과를 통보받은 지방항공청장은 지적사항이 있는 경우 통보 받은 날부터 20일 이내에 지적사항에 대한 개선조치 계획 또는 조치결과를 국토교통부장관에게 제출하여야 한다.

사. 국토교통부장관은 개선조치 계획 또는 조치결과에 대한 이행실태 확인이 필요한 경우 확인점검을 실시할 수 있다.

6. 보안사고 조사

(1) 사고조사 및 보고

가. 국토교통부장관은 민간항공에 대한 불법방해행위 또는 민간항공 보안에 대한 중요한 위반사항이 발생한 경우 보안사고 조사를 실시하여야 한다.

나. 보안사고 조사는 다음 각 호의 사항에 대하여 파악하고, 필요한 조치를 한다.

1) 사고발생 경위
2) 위반사건에 대한 취약점 파악 및 해당 사고의 설명
3) 위반사항에 대한 책임자 또는 기관 파악
4) 법률 또는 하위법령 등 관련 규정을 위반하여 불법행위를 발생했는지에 대한 조사 및 제재조치

다. 국토교통부장관은 보안사고 조사 보고서에 재발 방지를 위한 추가 조치 방안 및 시행 책임을 명확히 규정한다.

라. 보안사고 조사는 국토교통부장관이 지정한 항공보안감독관이 실시하며, 사고 조사 대상 부서에서 신원확인을 요구하는 경우 신분증 또는 관련문서를 제시하여야 한다.

마. 보안사고 조사는 국가정보원장이 요청하는 경우 국가정보원장이 지정한 자와 합동으로 실시할 수 있으며, 타 체약국 국민이 관련된 경우 해당국가의 전문 조사요원과 합동으로 실시할 수 있다.

바. 사고조사를 수행하는 자(사고조사관)는 공항 또는 항공사의 보안 요건을 준수하며 출입·조사를 수행한다. 다만, 불가피한 사유가 있는 경우로서 국토교통부장관이 인정하는 경우에는 그러하지 아니하다.

사. 사고조사관은 안전 및 보안 규정을 준수하는 범위 내에서 조사를 한다.

아. 사고조사관은 보안사고 조사를 종결한 때에 다음 각 호의 사항이 포함된 사고조사 보고서를 작성하여 국토교통부장관에게 보고하여야 한다.

1) 사고 개요
2) 사실 정보
3) 원인 분석

4) 사고조사 결과
5) 시정조치 또는 개선권고 할 사항

자. 국토교통부장관은 필요한 경우 보안사고 조사보고서 요약본을 작성하도록 하여 보관하게 할 수 있으며, 관련 국가에서 요청시 이를 제공할 수 있다.

차. 사고조사관은 보안사고 조사를 실시하는 동안 항공보안감독관증 또는 사고조사관임을 증명할 수 있는 서류를 휴대하여야 하며 위법적인 방법으로 조사를 하여서는 아니 된다.

(2) 사고조사관의 권한

가. 사고조사관의 권한은 다음 각 호와 같다.
1) 보안조사를 위한 모든 지역 출입
2) 모든 관련자에 대한 질문 및 조사
3) 조사를 위한 장비 휴대
4) 확인서 징수 및 시정명령서 발행
5) 조사와 관련한 공항 및 항공기, 기타 부대시설에 대한 사진 촬영 및 담당자 인터뷰 녹음

나. 보안사고와 관련하여 조사를 받는 사람은 다음 각 호의 행위를 하여서는 아니 된다.
1) 고의적으로 사고조사관의 업무를 방해 또는 제지
2) 사고조사관이 요청하는 자료 또는 정보제공 고의 거절
3) 허위 정보의 제공

7. 항공보안 자율신고제도

(1) 「항공보안법」 제33조의2에서 민간항공의 보안을 해치거나 해칠 우려가 있는 사실로서 국토교통부령으로 정하는 사실을 안 사람은 국토교통부장관에게 그 사실을 신고(이하 "항공보안 자율신고"라 한다)할 수 있다.

(2) 국토교통부장관은 항공보안 자율신고를 한 사람의 의사에 반하여 신고자의 신분을 공개하여서는 아니 되며, 그 신고 내용을 보안사고 예방 및 항공보안 확보 목적 외의 다른 목적으로 사용하여서는 아니 된다.

(3) 공항운영자 등은 소속 임직원이 항공보안 자율신고를 한 경우는 그 신고를 이유로 해고, 전보, 징계, 그 밖에 신분이나 처우와 관련하여 불이익한 조치를 하여서는 아니 된다.

(4) 「항공보안법 시행령」 제19조의2에서 국토교통부장관은 법제33조의2 제4항 전단에 따라 항공보안 자율신고의 접수·분석·전파에 관한 업무를 한국교통안전공단에 위탁한다.

(5) 「시행규칙」 제19조의2 법제33조의2 제1항에서 "국토교통부령으로 정하는 사실"이란 다음 각 호의 어느 하나에 해당하는 사실을 말한다.

가. 불법방해행위가 시도되거나 발생될 가능성이 있는 사실
나. 법제10조 제2항에 따른 자체보안계획을 이행하지 아니한 사실
다. 보안검색이 완료된 승객과 완료되지 못한 승객이 접촉한 사실
라. 법제13조 제1항을 위반하여 공항운영자의 허가를 받지 아니 하고 보호구역에 진입한 사실
마. 법제14조 제4항을 위반하여 항공기에 대한 보안점검을 실시하지 아니한 사실
바. 법제15조 제1항, 제16조 및 제17조 제2항에 따라 보안검색을 실시하지 아니한 사실
사. 법제21조를 위반하여 위해물품을 항공기 내에 반입한 사실
아. 법제31조 제2항에 따라 자체 우발계획을 이행하지 아니한 사실
자. 법제32조에 따른 보안조치를 공항운영자 등이 이행하지 아니한 사실
차. 그 밖에 항공보안을 해치거나 해칠 우려가 있는 사실

(6) 「항공보안법」 제33조의2 제1항에 따라 항공보안 자율신고를 하려는 자는 별지 서식에 따른 항공보안 자율신고서 또는 국토교통부장관이 정하여 고시하는 전자적인 신고방법에 따라 한국교통안전공단에 신고하여야 한다.

(7) 항공보안 자율신고를 접수한 한국교통안전공단은 분기별로 해당 신고 현황을 국토교통부장관에게 보고하여야 한다. 다만, 긴급한 조치가 필요한 신고의 경우에는 신고를 받은 후 지체 없이 국토교통부장관에게 보고하여야 한다.

(8) 보고를 받은 국토교통부장관은 신고사항을 조사하여 항공보안을 위하여 필요한 조치를 하거나 항공보안 대책을 마련하여야 한다.

항공보안 자율신고안내 및 기내반입금지물품안내 (교통안전공단 홈페이지)

부록 항공운송사업자 자체보안계획(견본)

항공운송사업자
자체 보안계획 표준모델

○○○○○항공

목차

[별표10] 화물보안 업무요원 초기교육 과정

[별표10의2] 화물보안 업무요원 정기교육 과정

[별표11] 탑승수속 담당직원 초기 보안교육 과정

[별표11의2] 탑승수속 담당직원 정기 보안교육 과정

[별표12] 폭발물 위협분석관 초기교육 과정

[별표12의2] 폭발물 위협분석관 정기교육 과정

[별표13] 전화접수자 및 안내요원 교육과정

[별표14] 공항운영자 등의 보안유관기관 관리자 보안교육

[별표14의2] 일반요원에 대한 항공보안교육과정

[별표15] 항공사 자체점검 활동결과

[별지서식제1호] 진술서

[별지서식제2호] 현행범인 체포서

[별지서식제3호] 확인서

[별지서식제4호] STEB(액체류보안봉투)인수 · 인계대장

[별지서식제5호] STEB(액체류보안봉투)보관관리대장

[별지서식제6호]STEB(액체류보안봉투)기내사용인계 · 인수대장

[별지서식제7호] 항공보안장비 유지보수일지

[별지서식제8호] 기내무기반입 서약서

[별지서식제9호] 항공보안사고(사건) 보고

[별지서식제10호] 항공기내 보안점검표

[별지서식제11호] 평시/관심 보안등급시 항공기보안점검표

[별지서식제12호] 주의 보안등급시 항공기 보안점검표

[별지서식제13호] 경계/심각 보안등급시 항공기보안점검표

제1장 목적 및 일반원칙

1.1 목적

1.1.1 ○○항공사 자체 보안계획(이하 "보안계획"이라 한다)은 「항공보안법」 제10조(국가항공보안계획 등의 수립), 같은 법 시행규칙 제3조의5(항공운송사업자의 자체 보안계획) 및 국가 항공보안계획에 따라 불법방해행위로부터 공항을 이용하는 승객, 승무원, 항공기 및 공항시설 등을 보호하기 위한 대책으로 민간항공의 안전성 · 정시성 및 효율성을 확보하는 등 항공보안을 유지하는데 그 목적이 있다.

1.2 일반원칙

1.2.1 보안계획은 승객, 공항시설 및 항공기 등을 불법방해행위로부터 보호하기 위하여 항공보안 관련 법령 · 규정과 정부의 항공보안 정책에 대한 협력사항 등을 정한다.

1.2.2 보안계획은 항공기 보안, 기내식 및 저장품에 대한 보안대책, 항공화물 보안대책, 승객 및 수하물 보안대책, 항공기 정비시설 등 보안대책, 보안인력 선발 및 교육훈련과 항공사 보안 수준관리 등의 세부절차를 정하고, 자체 보안계획의 이행을 담당할 항공사 보안 책임자 및 감독자의 임명에 관한 사항을 정한다.

1.2.3 보안계획은 승객·공항 · 항공기 또는 항행안전시설 등에 대한 불법방해행위 또는 보안사건이 발생하였을 경우를 대비하여, 보고 · 처리절차 및 공항상주 보안기관간 협조체계를 정한다.

1.2.4 항공운송사업자, 항공기취급업체, 항공기정비업체, 화물터미널 운영자, 도심공항터미널 운영자 및 항공보안 관련 용역업체 등은 본 보안계획에서 규정한 사항을 따라야 한다.

1.2.5 ○○○항공사는 공항 상주기관, 공항운영자, 항공기취급업체, 항공기정비업체, 화물터미널 운영자 및 도심공항터미널 운영자 등에게 보안계획에서 정하는 사항에 대하여 이행을 요구할 수 있다.

1.2.6 보안계획이 항공보안에 관한 기타 자체규정 등과 상충되는 경우에는 보안계획에서 정하는 사항을 우선 적용하여야 한다.

1.2.7 ○○○항공사는 자체 공항시설에서 업무를 수행하는 자가 보안계획을 준수하지 않는 경우 이에 대한 개선요구 등의 필요한 조치를 한다.

1.3 적용대상 및 범위

1.3.1 보안계획은 항공보안 관련 부서, 국내외 모든 지점, 항공승객, 화물터미널, 화물터미널 출입자, 항공기취급업체, 항공기정비업체 등에게 적용된다.

1.3.2 ○○○항공사로부터 항공화물 보안검색업무 및 화물터미널 출입통제업무 등의 업무를 위탁받은 업체는 보안계획에서 규정한 사항에 따라 업무를 수행하여야 한다.

1.4 자체 보안계획 관리

1.4.1 보안계획은 항공보안 업무를 담당하는 공항상주 보안기관, 항공보안 관련 부서 및 국내외 지점 등에 인쇄물 또는 전자파일 형태로 배포할 수 있다.

1.4.2 모든 임직원 및 보안 용역업체 직원은 보안업무상 인지한 사항을 외부에 누설하여서는 아니 된다.

1.4.3 ○○○항공사는 보안계획이 항공보안 관련 법령 및 국가항공보안계획 등에 부합되는지 매년 1회 이상 개정 검토를 하여야 하며, 개정이 필요한 경우에는 신속하게 개정하여야 한다.

1.4.4 보안계획을 개정하는 경우에는 개정이유, 주요 개정내용 및 신구조문대비표 등을 작성하여 관할 지방항공청을 경유하여 국토교통부장관에 개정승인을 요청하여야 한다. 다만, 소형 및 외국항공운송사업자는 지방항공청장에 개정승인을 요청하여야 한다.

1.4.5 ○○항공사은/는 보안계획의 개정 승인을 받은 경우에는 신속하게 동 사실을 관련기관 · 업체 및 유관부서에 전파하여 동 계획이 차질 없이 이행될 수 있도록 하여야 한다.

1.4.6 보안계획 개정 승인절차에도 불구하고, 다음 각 호의 사항은 자체 개정완료 후 그 사실을 국토교통부장관에게 즉시 통보하여야 한다.
[「항공보안법」 제10조(국가항공보안계획 등의 수립) 및 같은 법 시행규칙제3조의7(자체 보안계획의 변경 등)]

1) 기관운영에 관한 일반현황의 변경
2) 기관 및 부서의 명칭 변경
3) 항공보안법령, 고시 및 지침 등의 변경
4) 기타 항공보안사고 재발방지를 위한 보완대책으로 국토교통부장관이 문서로 개선 요청한 사항 등의 변경

제2장 용어 정의

2.1 "항공보안(Security)"이란 불법방해행위로부터 민간항공을 보호하기 위한 인적·물적 요소가 결합된 대책을 말한다.

2.2 "불법방해행위(Acts of unlawful interference)"란 항공기의 안전운항을 저해할 우려가 있거나 운항을 불가능하게 하는 행위로서 다음에 해당하는 행위를 말한다.

1) 지상에 있거나 운항중인 항공기를 납치하거나 납치를 시도하는 행위
2) 항공기 또는 공항에서 사람을 인질로 삼는 행위
3) 항공기, 공항 및 항행안전시설을 파괴하거나 손상시키는 행위
4) 항공기, 항행안전시설 및 항공보안법 제12조에 따른 보호구역에 무단 침입하거나 운영을 방해하는 행위
5) 범죄의 목적으로 항공기 또는 보호구역 내로 항공보안법 제21조에 따른 무기 등 위해물품(危害物品)을 반입하는 행위
6) 지상에 있거나 운항중인 항공기의 안전을 위협하는 거짓 정보를 제공하는 행위 또는 공항 및 공항시설 내에 있는 승객, 승무원, 지상 근무자의 안전을 위협하는 거짓 정보를 제공하는 행위
7) 사람을 사상(死傷)에 이르게 하거나 재산 또는 환경에 심각한 손상을 입힐 목적으로 항공기를 이용하는 행위
8) 그 밖에 항공보안법에 따라 처벌받는 행위

2.3 "보안검색(Screening)"이란 불법방해행위를 하는 데에 사용될 수 있는 무기 또는 폭발물 등 위험성이 있는 물품을 탐지 및 수색하기 위한 행위를 말한다.

2.4 "보안통제(Security control)"란 불법방해행위에 사용될 수 있는 무기·폭발물, 그 밖에 위험물품의 반입을 방지하는 수단을 말한다.

2.5 "운항중(During flight operations)"이란 승객이 탑승한 후 항공기의 모든 문이 닫힌 때부터 내리기 위하여 문을 열 때까지를 말한다.

2.6 "계류장(Apron)"이란 공항 내에서 여객 승하기, 화물 · 우편물의 적재 및 적하, 급유, 주기,제방빙 또는 정비 등의 목적으로 항공기가 이용할 수 있도록 설정된 구역을 말한다.

2.7 "이동지역(Movement area)"이란 항공기의 이 · 착륙 및 지상이동을 위해 사용되는 비행장의 일부분으로서 기동지역 및 계류장으로 구성되는 지역을 말한다.

2.8 "보호구역(Airside)"이란 공항의 이동지역, 이동지역과 인접된 지형 및 건물 또는 그 일부로서 일반인의 출입이 통제되어 있는 지역을 말한다.

2.9 "보안청정구역(Sterile area)"이란 보안검색대로부터 일반인의 출입이 통제되는 항공기 사이의 모든 지역을 말한다.

2.10 "보안제한구역(Security restricted area)" 이란 보안청정구역, 활주로, 계류장, 관제시설, 화물청사 등과 같이 보다 엄격한 출입통제와 함께 보안통제 조치가 필요한 보호구역을 말한다.

2.11 "일반지역(Landside)"이란 공항지역 중 보호구역 및 보안제한구역 이외의 지역으로 일반인의 출입이 가능한 지역을 말한다.

2.12 "공항운영자"란 「항공사업법」 제2조제34호, 「인천국제공항공사법」, 「한국공항공사법」 등 관련 법률에 따라 공항운영의 권한을 부여받은 자 또는 그 권한을 부여받은 자로부터 공항운영의 권한을 위탁·이전받은 자를 말한다.

2.13 "항공운송사업자(Air transport operators)"란 「항공사업법」 제7조에 따라 면허를 받은 국내항공운송사업자 및 국제항공운송사업자, 같은 법 제10조에 따라 등록을 한 소형항공운송사업자 및 같은 법 제54조에 따라 허가를 받은 외국인 국제항공운송업자를 말한다.

2.14 "항공기취급업체"란 「항공사업법」 제44조에 따라 항공기취급업을 등록한 업체를 말한다.

2.15 "항공기정비업체"란 「항공사업법」 제42조에 따라 항공기정비업을 등록한 업체를 말한다.

2.16 “공항상주업체”란 공항에서 영업을 할 목적으로 공항운영자와 시설이용 계약을 맺은 개인 또는 법인을 말한다.

2.17 “공항상주 보안기관”이란 공항에서 보안관련 업무를 수행하고 있는 국가정보원, 국토교통부, 법무부, 경찰청, 관세청 및 국군안보지원사 등을 말한다.

2.18 “항공사 보안책임자”란 「항공보안법」 제10조(국가항공보안계획 등의 수립)의 규정에 따라 항공운송사업자가 수립하는 자체 보안계획을 이행하고, 항공사의 보안업무를 총괄하는 자로서 항공운송사업자의 장이 지정하는 자를 말한다.

2.19 “항공사 보안감독자”란 항공사 보안업무 등에 대한 지도·감독업무를 수행하는 자로서 항공사 보안책임자의 추천을 받아 항공운송사업자의 장이 임명하는 자를 말한다.

2.20. “항공기내보안요원”이란 항공기 내의 불법행위를 방지하는 직무를 담당하는 사법경찰관리 또는 그 직무를 수행하기 위하여 항공운송사업자가 지명하는 사람을 말한다.

2.21 “항공보안검색요원”이란 승객, 휴대물품, 위탁수하물, 항공화물 또는 보호구역에 출입하려고 하는 사람 등에 대하여 보안검색을 하는 사람을 말한다.

2.22 “항공경비요원”이란 공항시설 또는 항공운송사업자의 중요시설, 항공기 등을 보호하고, 보호구역의 출입을 통제하는 업무와 승객, 상주직원, 승무원 등 보호구역을 출입하려는 자가 소지한 물품 등에 대한 검색 또는 신원확인 업무를 수행하는 자를 말한다.

2.23 "항공보안검색감독자 또는 항공경비감독자"란 항공보안검색요원 또는 항공경비요원의 업무 수행실태 등을 감독하는 자로서 공항운영자 및 항공운송사업자가 지정한 자를 말한다.

2.24 "보호구역 출입증(Identification permit)"이란 보호구역에 출입이 가능하도록 인원, 차량 및 장비에 대해 발행한 보호구역 출입허가증을 말한다.

2.25 "신원조사(Background check)"란 보안통제업무 수행 적합성 또는 보호구역 출입 허용 등을 위하여 해당자의 신원 및 범죄경력 등을 확인하는 행위를 말한다.

2.26 "인증(Certification)"이란 항공보안 담당기관 또는 교육기관 등에서 항공보안요원 및 항공경비요원의 업무수행 적합성을 공식적으로 평가하고 인정하여 증명하는 행위를 말한다.

2.27 "항공기 보안점검(Aircraft security checks)"이란 항공기 안에 수상한 물품, 무기, 폭발물, 기타 위험한 물품이 있는지를 확인하기 위하여 항공기 객실 및 화물칸 등을 점검하는 것을 말한다.

2.28 "항공기 보안수색(Aircraft security search)"이란 무기·폭발물, 그 밖에 위해물품을 발견하기 위해 객실 내부 및 외부 등 항공기 전부를 점검하는 것을 말한다.

2.29 "통과승객(Transit passenger)"이란 공항에 도착한 승객이 입국하지 않고, 같은 항공기를 통해 다른 공항으로 출발하는 승객을 말한다.

2.30 "통과화물(Transit cargo)"이란 공항에 도착한 화물을 같은 항공기를 통해 다른 공항으로 운송하는 화물을 말한다.

2.31 "환승승객(Transfer passenger)"이란 공항에 도착한 승객이 입국하지 않고, 다른 항공기를 통해 다른 공항으로 출발하는 승객을 말한다.

2.32 "하기승객"이란 승객이 항공기에 탑승한 후 개인 또는 기타 사유로 해당 항공기에서 내리는 승객을 말한다.

2.33 "휴대물품(Cabin baggage)"이란 승객 및 승무원의 물품 중 개인이 소지하고 항공기 객실 안으로 가지고 들어갈 수 있는 물품을 말한다.

2.34 "위탁수하물(Hold baggage)"이란 승객 또는 승무원이 항공운송사업자에게 운송을 맡긴 물품을 말한다.

2.35 "액체·분무·겔류(Liquids, Aerosols and Gels, 이하 LAGs라 한다)"란 물과 기타 음료류, 국·스프류, 시럽·즙류, 잼류, 스튜류, 소스류, 소스나 액체가 포함된 음식류, 크림류, 로션류, 화장품류, 오일류, 향수류, 스프레이류, 겔류, 압력용기품목, 반죽류, 액체·고체 혼합물, 마스카라, 립글로스·립밤 및 그밖에 상온에서 액체류 상태를 유지하는 모든 물질을 말한다.

2.36 "재봉인 가능 투명봉투(Transparent re-sealable plastic bag, TRSPB)" 란 승객이 소지한 액체류 휴대물품을 담아 운반하기 위하여 수시로 봉인이 가능한 지퍼가 있는(zip-top) 형태의 투명비닐봉투를 말한다.

2.37 "액체류 보안봉투(Security tamper-evident bag, 이하 STEB이라 한다)"란 공항 및 기내 면세점에서 구매한 액체류 면세물품을 담기 위해 특수하게 제작된 보안 투명비닐봉투를 말한다.

2.38 "액체류(LAGs) 물품 상용공급자"란 액체류에 관한 적절한 보안통제대책을 갖추었다고 국토해양부 장관이 인정하여 지정한 기내면세점 및 공항 판매상점(면세점 포함)을 말한다.

2.39 "STEB 상용공급자"란 STEB제조 및 공급에 관한 적절한 보안통제대책을 갖추었다고 국토해양부 장관이 인정하여 지정한 STEB제조업체 및 공급업체를 말한다.

2.40 "미확인 수하물(Unidentified baggage)"이란 승객이 수취하지 않거나 승객을 확인할 수 없는 수하물 꼬리표가 부착되어 있거나 수하물 꼬리표가 부착되지 아니하고 공항 내에 방치된 수하물을 말한다.

2.41 "방치물품(Unaccompanied baggage)"이란 공항 보호구역 및 일반구역에 주인 없는 상태로 놓여있는 가방 등의 물품을 말한다.

2.42 "화물(Cargo)"이란 우편물 · 기내물품 · 휴대물품 · 오처리 수하물 이외에 항공기로 운송되는 모든 물품을 말한다.

2.43 "환적화물 및 우편물(transfer cargo and mail)"이란 도착 항공기에 실린 화물 및 우편물이 다른 항공기에 실려서 출발하는 화물 및 우편물을 말한다.

2.44 "고위험 화물 또는 우편물(High risk cargo or mail)"이란 발신처가 불분명하거나 포장 등을 훼손한 흔적이 있는 화물 또는 우편물로서 다음 각 호의 어느 하나에 해당하는 것을 말한다. 다만, 발신처가 분명한 경우라도 관련기관의 구체적인 정보에 근거하여 해당 화물과 우편물을 고위험으로 간주할 수 있다.

1) 화물 또는 우편물이 민간항공에 위협을 준다는 구체적인 정보가 제공된 것
2) 화물 또는 우편물이 의심스러운 이상 징후를 보이는 것
3) 화물 또는 우편물이 기본적인 보안검색 및 보안조치만으로는 항공기를 위험에 처하게 할 수 있는 기내반입금지 위해물품으로써 적발하기 어려운 속성을 가진 것

2.45 "항행안전시설(Air navigation facilities)"이란 「항공법」 제2조제17호의 규정에 의하여 유선통신, 무선통신, 불빛, 색채 또는 형상(形象)을 이용하여 항공기의 항행을 돕기 위한 시설 등을 말한다.

2.46 "기내물품"이란 항공기에 선적되는 기내식, 기내용품 및 기내 판매물품 등을 말한다.

2.47 "기내반입금지 위해물품"이란 「항공보안법」 제21조(무기 등 위해물품 휴대금지) 및 관련규정에 따라 항공기 객실 및 화물칸으로 반입이 금지되는 물품을 말한다.

2.48 "점검용테스트물품"이란 항공보안장비의 정상작동 여부를 점검하기 위하여 사용되는 물품으로서 국토교통부장관이 승인한 것을 말한다.

2.49 "상용화주(常用貨主)(Regulated agent)"란 모든 항공기에 화물·우편물을 운송하는데 필요한 보안시설, 보안기준 및 절차를 갖추고 관계 당국으로부터 인가나 지정을 받아 보안통제를 실시하는 화주 · 대리인 · 화물운송업자 등을 말한다.

2.50 "자체 보안점검"이란 자체 항공보안감독관이 「항공보안법」 및 국가항공보안계획 등에서 공항운영자 및 항공운송사업자 등에게 요구하는 사항 등이 적절히 수행되고 있는지를 확인하기 위하여 점검하는 것을 말한다.

2.51 "현장조사"란 항공보안감독관이 불법방해행위에 대한 취약점을 발견하고 보호대책을 수립하기 위해 보안수요를 조사하는 것을 말한다.

2.52 "자체 불시평가"란 자체 항공보안감독관이 보안업무 수준이 적절하게 유지되고 있는지를 확인하기 위하여 불시에 확인하는 것을 말한다.

2.53 "인적요소(Human Factors)"란 항행 운영의 안전성 및 효율성 등에 영향을 미칠 수 있는 인적능력의 한계 등을 말하며, 인간의 수행능력을 고려한 사람과 기계적 시스템간 상호연계에 대한 설계, 인증, 교육, 운영 및 유지보수에 적용되는 인간능력의 포괄적 한계를 말한다.

2.54 "외교행낭(Diplomatic baggage)"이란 비엔나 협약에 의하여 운송되는 외교서신 및 물품을 말한다.

※ 항공사별 운영하고 있는 시스템 등 정의 추가

2.55 그밖에 자체 보안계획에서 사용하는 용어의 정의는 「항공보안법」 및 「항공법」 등 관련 법령에서 정하는 바에 따르고, 그 외에는 국제민간항공기구의 보안지침서를 참고한다.

제3장 항공보안 관련 법규 및 국제협약

3.1 국내법규 및 규정

민간항공의 항공보안 업무를 위하여 적용되는 국내 법령 및 규정은 다음과 같다.

3.1.1 「항공보안법」 및 같은 법 시행령 · 시행규칙

3.1.2 「항공법」 및 같은 법 시행령 · 시행규칙

3.1.3 「통합방위법」 및 같은 법 시행령

3.1.4 「청원경찰법」 및 같은 법 시행령 · 시행규칙

3.1.5 「경비업법」 및 같은 법 시행령 · 시행규칙

3.1.6 「총포 · 도검류 · 화약류 등 단속법」 및 같은 법 시행령 · 시행규칙

3.1.7 「보안업무규정」

3.1.8 국가항공보안계획, 국가항공보안 우발계획, 국가항공보안 수준관리지침, 국가민간항공보안 교육훈련지침, 항공보안장비 종류 · 성능 및 운영기준, 액체 · 겔(gel)류 등 항공기내 반입금지물질, 항공운송사업자의 항공기내 보안요원 운영지침, 항공기내보안에 관한 표준운영지침, 공항화물터미널 보안통제기준, 상용화주 항공화물보안기준, 항공기내 반입금지 위해물품, 항공기 탑승거절 운영지침 등 국토교통부 소관 행정규칙

3.1.9 국가대테러 활동지침, 국가보안 시설 및 보호장비 관리지침 등 국가정보원 소관 행정규칙

3.2 국제협약 및 ICAO 부속서

민간항공의 항공보안 업무를 위하여 적용되는 국내 법규 및 관련규정에서 정하는 사항 외에는 다음의 국제협약 및 ICAO 부속서 등을 따른다.

3.2.1 항공기내에서 범한 범죄 및 기타 행위에 관한 협약(동경협약)

3.2.2 항공기 불법납치 억제를 위한 협약(헤이그협약)

3.2.3 민간항공의 안전에 대한 불법적 행위의 억제를 위한 협약(몬트리올협약)

3.2.4 민간항공의 안전에 대한 불법적 행위의 억제를 위한 협약을 보완하는 국제공항에서의 불법적 폭력행위의 억제를 위한 의정서

3.2.5 가소성 폭약의 탐지를 위한 식별조치에 관한 협약

3.2.6 국제민간항공기구(ICAO) 부속서(Annex)

3.2.7 국제민간항공기구(ICAO) 항공보안지침서(DOC 8973) '불법방해행위로부터 민간항공 보호를 위한 보안지침서'

3.3 사내 항공보안 관련 규정 등

제4장 항공보안 관련기관 책임 및 임무

4.1 국토교통부(지방항공청) 주요 책임 및 임무는 다음과 같다.

1) 항공보안법령 제 · 개정
2) 항공보안정책 개발을 위한 기본계획 및 그 시행계획 수립
3) 국가항공보안계획, 국가항공보안 우발계획 및 항공보안 관련 행정규칙제 개정 및 관리
5) 공항운영자 및 항공운송사업자 등의 자체 보안계획, 우발계획 승인
6) 공항 내 보호구역 지정 승인, 변경 및 취소
7) 항공보안 점검 및 항공보안 사고조사 후 재발방지 대책 마련, 시행
8) 항공보안관련 정보의 접수 및 전파
9) 항공보안전문교육기관 지정 및 운영실태 지도 감독
10) 항공보안 관련 국제민간항공기구와의 연락 및 협력업무

4.2 국가정보원(공항보안실) 주요 책임 및 임무는 다음과 같다.

1) 불법방해행위 및 대테러관련 국내외 정보수집 · 지원
2) 불법방해행위 대응을 위한 국내외 대테러 기관간 협력체제 유지

3) 테러대책협의회 운영 등 공항보안 및 대테러업무에 관한 사항 심의 · 조정
4) 불법방해행위 대응능력 향상을 위한 위기관리기법의 연구 발전 · 보안대책 제공 및 교육훈련 등 지원
5) 공항설계 · 건설 · 개보수관련 보안성검토 · 보안측정 등
6) 상주기관 합동 대테러 모의훈련 조정 및 국가 주요 행사 시 보안대책 수립 · 시행
7) 항공보안 · 대테러 상황발생시 유관기관 합동조사반 운영
8) 기타 공항보안 · 대테러 업무에 관한 사항

4.3 법무부(출입국관리사무소) 주요 책임 및 임무는 다음과 같다.
1) 내 · 외국인, 승무원에 대한 출입국관리 및 공항보안업무 지원
2) 위 · 변조 여권 등의 식별기법에 관한 감식업무 지원
3) 불법 출입국기도 및 알선 등 출입국사범 적발 등 보안지원
4) 불법체류 등 출입국사범에 대한 관리 및 외국인 체류동향에 대한 정보지원
5) 비상사태 발생 시 또는 불법방해행위와 연계된 혐의자의 출·입국 관리에 대한 업무 지원

4.4. 국방부(국군기무사령부) 공항분실 주요 책임 및 임무는 다음과 같다.
1) 대간첩, 대테러, 군사 및 방위산업 관련 첩보 수집 및 처리
2) 적 침투 · 도발 및 테러 관련 상황발생시 관계기관 합동(정보)조사 참여
3) 테러 관련 상황발생시 군 대테러 작전부대 투입 지원 협조
4) 테러대책협의회 참여 등 공항 대테러 · 보안대책 지원
5) 군 인원, 장비 관련사고 발생 시 보안지원
6) 군사비밀(자료) 유출 관련 보안사고 조사
7) 해외파병 장병, 장비 및 군의장대 행사 병력, 장비 보안조치
8) 공항 통합방호 및 대테러 훈련지원
9) 군사시설 항공촬영 보안조치

4.5 농림축산식품부(국립수의과학검역원) 주요 책임 및 임무는 다음과 같다.

1) 수출입 동·식물 검역에 대한 항공보안업무 협조
2) 수출입 동·식물 검역 장소 지정 및 관리
3) 수출입 동·식물 검역에 따른 항공보안 관련 정보의 제공

4.6 보건복지부(국립검역소) 주요 책임 및 임무는 다음과 같다.

1) 도착 항공기, 승객, 승무원에 대한 검역조사
2) 해외유입 전염병 유입 및 확산방지
3) 검역구역내 보건위생관리 및 방역활동
4) 국제공인 예방접종 및 접종증명서 발급
5) 생물테러 대처

4.7 관세청(세관) 주요 책임 및 임무는 다음과 같다.

1) 입국여행자, 승무원 휴대물품·수하물의 검사 및 공항보안업무 협조
2) 공항 내 보세구역 감시업무
3) 총기류, 폭발물 등 테러관련 물품의 반입 저지

4.8 경찰청(공항 관할 경찰관서) 주요 책임 및 임무는 다음과 같다.

1) 민간항공을 위협하는 범죄 예방 및 대응조치
2) 항공보안법 제15조(승객 등의 검색 등) 제2항의 단서 및 같은 법 시행령 제14조 규정에 의한 필요조치 요구
3) 항공기 납치, 파괴, 폭탄 또는 기타 위협 등 불법방해행위 발생 시 진압 및 사법처리
4) 공항의 주요 사건에 대한 대응조치 및 특공대 지원 업무
5) 불법방해행위와 연계된 출입국자의 체류동향에 대한 항공보안 관련정보의 제공 업무

4.9 국민안전처 해양경비안전본부의 주요 책임 및 임무는 다음과 같다.

1) 공항인접 해상경비 등에 대한 지원
2) 공항 인접 해상에서의 항공기에 대한 불법방해행위 예방, 진압 및 사법처리
3) 해양사고 및 해난사고 구조업무

4.10 공항운영자(인천국제공항공사 및 한국공항공사)의 주요 책임 및 임무는 다음과 같다.

1) 자체 보안계획 및 우발계획 제·개정과 그 이행에 대한 지도·감독을 위한 공항보안 책임자·감독자 등의 지정
2) 공항 보안교육 훈련지침 및 자체 수준관리지침 제·개정
3) 테러대책협의회 및 지방항공보안협의회 등 관련기관간 협조체계 유지
4) 공항 보호구역 경계·경비, 출입통제 및 출입증 발급·관리
5) 공항 보호구역에 대한 사진촬영 인허가 및 감독업무
6) 승객(승객이 아닌 자 포함), 휴대물품 및 위탁수하물에 대한 보안검색
7) 공항보안시스템 설치 및 유지보수
8) 폭발물처리반 및 생화학 테러 대응요원 운영
9) 공항보안 자체 점검 및 불시평가 등
10) 종합상황실 지휘·통제·운영 등
11) 자체 항공보안 사고조사 및 재발방지 대책 마련·시행
12) 불법방해행위 및 항공보안사고 등의 기록유지 및 위험평가

4.11 ○○항공사의 주요 책임 및 임무는 다음과 같다.

1) 자체 보안계획 및 우발계획 제·개정과 그 이행에 대한 지도·감독을 위한 항공사보안 책임자·감독자 등의 지정
2) 항공사 보안교육 훈련지침 및 자체 수준관리지침 제·개정
3) 항공화물 보안검색 및 운영시설 등에 대한 출입통제
4) 항공기 안전을 위한 필요한 보안조치 및 보안점검 등
5) 기내식 및 기내저장품에 대한 보안대책 수립·이행

6) 하기승객 발생에 따른 관련기관간 협조체계 유지
7) 항공기, 화물터미널 및 운영시설 등에 대한 자체 점검 및 불시평가 등
8) 자체 항공보안 사고조사 및 재발방지 대책 마련 · 시행
9) 불법방해행위 및 항공보안사고 등의 기록유지 및 위험평가

4.12 항공기취급업체, 항공기정비업체, 공항상주업체 및 도심공항 터미널운영자 등의 주요 책임 및 임무는 다음과 같다.
1) 자체 보안계획 및 우발계획 제 · 개정과 그 이행
2) 해당 직원에 대한 보안교육 실시
3) 운영시설에 대한 보안통제 및 자체 점검
4) 보호구역내 위해물품의 자체 보관 및 관리
5) 기타 항공보안 강화를 위한 정부정책 및 공항운영자 등에 협조

제5장 항공보안업무 담당조직 구성 및 업무

5.1 항공사 보안책임자 및 보안감독자 지정

5.1.1 항공사 보안책임자는 사장이 임명한 ○○이/가 되고, 항공사 보안감독자는 보안책임자의 추천을 받아 사장이 임명한 자로서 ○○이/가 된다.

5.1.2 항공사 보안책임자의 자격기준 및 업무는 다음과 같다.
1) 자격기준: 항공보안 관련 업무 경험 또는 지식이 풍부한 자로서 "국가 민간항공보안 교육훈련지침"에서 정한 교육훈련을 이수한자. 다만, 특별한 사유가 없는 경우 임명 후 6개월 이내 이수할 수 있다.
2) 업무: 항공사보안 책임자는 보안계획 이행 및 항공사 보안업무 총괄

5.1.3 항공사 보안감독자의 자격기준 및 업무는 다음과 같다.
1) 자격기준: 항공보안 관련 업무 경험 또는 지식이 풍부한 자로서 "국가 민

간항공보안 교육훈련지침"에서 정한 교육훈련을 이수한자. 다만, 특별한 사유가 없는 경우 임명 후 6개월 이내 이수할 수 있다.

2) 업무: 항공사보안 감독자는 보안계획에 따라 해당 보안업무에 대한 지도·감독업무를 수행

5.2 항공보안조직 및 업무분장

5.2.1 항공보안 조직도

〈항공보안 조직도〉

5.2.2 사장(대표이사)의 주요 임무는 다음과 같다.

1)

2)

·

5.2.3 안전보안실장(항공보안팀장) 주요 임무는 다음과 같다.

1)

2)

·

5.2.4 안전보안실(항공보안팀) 직원의 주요 임무는 다음과 같다.

1)

2)

.

5.2.5 기장 및 승무원의 주요 임무는 다음과 같다.(책임 및 위임절차 포함)

1)

2)

.

5.2.6 국내외 공항 지점장의 주요 임무는 다음과 같다.

1)

2)

.

제6장 정보전달 및 연락체계

6.1 일반사항

6.1.1 ○○항공사은/는 항공보안정책, 보안조치 및 사건·사고 등에 대한 재발방지대책의 원활한 이행을 위하여 해당 부서, 지점 및 보안 용역업체 등에게 항공보안정보를 신속히 전파 하여야 한다.

6.1.2 ○○항공사은/는 지방항공보안협의회 또는 테러대책협의회에서 협의된 사항 등에 대한 정보전달을 위한 내외부 연락체계를 구축하여야 한다.

6.2 항공보안 정보전달 및 보고체계

6.2.1 ○○항공사은/는 항공기 보안확보 및 항공보안종사자의 보안의식제고를 위해 항공보안 정보를 입수하는 경우에는 관련부서 및 보안 용역업체에 등을 포함한 전 직원에게 전파하여야 한다. 다만, 대외주의 정보를 전달

하는 경우에는 해당 정보의 보관 및 관리 등의 보안유지 사항도 포함 시켜야 한다.

6.2.2 항공보안 관련 부서 및 용역업체 직원 등은 항공보안 사고가 발생되거나 발생될 가능성이 있는 사실을 인지한 경우에는 자체 보고체계에 따라 신속히 보고를 하여야 한다.

6.2.3 ○○항공사은/는 다음 사항이 발생할 경우 관할 지방항공청장에게 즉시 유선 또는 문자(SMS)로 보고한 후, 지체없이 별지 서식제9호를 작성하여 서면보고하여야 하며 이에 대한 기록을 유지·관리 하여야 한다.

1) 「항공보안법」에서 벌금형 이상으로 처벌받는 행위(항공기 파손·납치, 항공시설 파손, 항로 변경, 직무집행방해, 항공기 위험물 탑재, 공항운영 방해, 항공기 안전운항 저해 폭행, 항공기 점거·농성, 운항방해 정보제공, 승낙 없이 조종실 출입기도, 운항저해행위 금지 지시에 불응, 운항 또는 계류 중인 항공기 내 승객협조의무 위반 등)
2) 「항공보안법」 제23조(승객의 협조의무)중 제1항 위반의 경우제1호의 폭언, 고성방가 등 소란행위, 제3호의 술을 마시거나 약물을 복용하고 다른 사람에게 위해를 주는 행위. 다만, 제2호의 흡연, 제4호 성적수치심 유발행위, 제5호의 전자기기를 사용한 사람에 대해서는 본 규정에 따라 즉시 보고하지 않고「항공운송사업자의 항공기내 보안요원 운영지침」제8조제4항에 따라 정기보고 할 것
3) 그밖에 항공기내의 인명 및 재산의 안전을 위태롭게 할 수 있거나 하는 행위
4) 인가되지 않은 사람 및 물품이 화물터미널 보호구역 또는 항공기 안으로 들어간 경우 등 침입 사건(침입 시도 포함)
5) 검색장비가 정상적으로 작동되지 아니한 상태로 검색을 하였거나 검색이 미흡한 사실을 알게 된 경우
6) 공항 및 항공기 대상 폭파협박
7) 공항내(항공운송사업자 업무 소관) 인질극, 군중시위 등 소란행위

8) 화물 보안검색 및 경비업무를 수행하는 자에 대한 위해행위
9) 탑승권 誤발권사건 및 탑승권 바꿔치기 등 승객의 誤탑승행위
10) 「항공보안법」제28조(교육훈련 등)에 따른 교육훈련을 이수하지 않은 사람에 의해 보안검색이 이루어진 경우

6.2.4 6.2.3항 각 호의 보안사고가 발생한 경우 ○○항공사의 보고체계는 다음과 같다.

〈항공보안 사고 정보전달 및 보고체계〉

6.2.5 「항공보안법」 제32조(보안조치)에서 규정한 국토교통부장관의 보안조치가 발령되는 경우에는 다음과 같은 조치를 하여야 한다.
1) 보안조치 접수 즉시 유·무선 또는 서면 등 가능한 방법으로 보안조치 접수 여부를 국토교통부장관에 통보한다.
2) 보안조치의 이행을 위하여 관련 직원 및 보안검색대 또는 보안통제 지점에 신속히 통보한다.

6.2.6 ○○항공사은/는 항공보안장비 성능을 최상의 수준으로 유지하기 위하여 다음과 같은 보고체계를 유지 한다.
1) 유지보수업체는 장비의 비정상 작동 또는 고장 등에 대하여 관련 부서에 즉시 장애사실을 알리고, 조치결과를 통보한다.
2) 보안검색감독자, 항공경비감독자 및 항공보안 종사자 등은 장비의 고장이 발견되는 경우에는 지체 없이 내부 보고체계에 따라 보고하고, 유지보수업체에 통보한다.

6.3 언론홍보 등

6.3.1 항공보안 관련 언론홍보 신뢰성·전문성·정확성 등을 확보하기 위하여 ○○을 언론대응 담당으로 지정·운영한다. 다만, 항공테러와 관련된 홍보는「항공테러 위기대응 실무매뉴얼」에서 정한 바를 따른다.

6.3.2 항공기 및 화물터미널 등 항공보안통제 지역에서 발생되는 항공보안 관련 사건·사고 및 보안시설 등의 정보에 대해 인터뷰 및 기고 등을 하는 경우에는 항공보안 관련부서 및 언론홍보 담당과 사전 협의를 하여야 한다.

6.3.3 언론홍보 담당은 항공보안 관련 중요사항에 대하여 홍보할 경우에는 사전에 국토교통부(항공보안과)와 협의하여야 한다.

6.4 승객에 대한 운송정보제공

6.4.1 ○○항공사은/는 공항운영자로 하여금 승객의 신원을 정확히 확인할 수 있도록 하기 위하여 항공기에 탑승하는 승객의 성명, 국적, 여권번호(국내선의 경우 승객식별번호), 항공편명, 운항일시 등 운송정보를 정보통신망을 통해 공항운영자에게 제공한다.[「항공보안법」제15조(승객 등의 검색 등)제5항 및 같은 법「시행규칙」제8조의2(항공기에 탑승하는 승객의 운송정보제공)제1항, 제2항]

6.4.2 ○○항공사은/는「항공보안법」제17조(통과 승객 또는 환승 승객에 대한 보안검색 등)제3항에 따라 통과·환승 승객에 대한 운송정보를 공항운영자에게제공하며 운송정보의 제공절차는 다음 각 호와 같다. [「항공보안법」제17조(통과 승객 또는 환승 승객에 대한 보안검색) 제3항, 제4항 및 같은 법「시행규칙」제8조의2(항공기에 탑승하는 승객의 운송정보제공) 제1항, 제2항]

1)제공절차
2) ...

제7장 항공기 보안

7.1 기장 등의 권한 및 그 권한의 위임

7.1.1 기장은 항공기내 보안업무에 대해 승무원을 지휘 및 감독할 책임이 있다.

7.1.2 기장 등은 항공기내 불법방해행위가 발생하였거나 발생이 우려되는 경우에는 필요한 조치를 하여야 한다.

7.1.3 객실승무원 중 선임 승무원은 보안계획의 이행 및 객실 내 항공보안업무에 대한 1차적인 지휘·관리감독 책임이 있다.

7.1.4 기장 및 승무원 등 기내보안요원은 항공기 내의 불법행위를 방지하는 사법경찰관리의 직무를 수행하여야 한다.

7.1.5 기장 및 승무원(이하 "기장 등"이라 한다)은 항공기 내에서 동 보안계획에서 규정한 사항을 이행하여야 하고, 필요한 경우 승객에게 보안을 위하여 필요한 조치를 지시 할 수 있다.

7.1.6「항공보안법」제22조(기장 등의 권한)에 따라 기장 등의 요청을 받은 항공기 탑승 업무를 지원하는 항공사 소속 직원 등은 다음 각 호의 행위를 하려는 사람에 대하여 그 행위를 저지하기 위한 필요한 조치를 할 수 있다.

1) 항공기의 보안을 해치는 행위
2) 인명이나 재산에 위해를 주는 행위
3) 항공기 내의 질서를 어지럽히거나 규율을 위반하는 행위

7.1.7 기장 등은 운항중인 항공기 내 불법행위자를 사법경찰관리의 권한으로 체포할 수 있으며, 항공기 내에서 죄를 범한 범인을 직접 또는 해당 관계 기관 공무원을 통하여 해당 공항을 관할하는 국가경찰관서에 인도하여야 하고, 불법행위자가 체포상태로 계속 탑승하는 것에 동의하거나 체포된 사람을 하기시킬 수 없는 특별한 사유가 있는 경우를 제외하고는 체포한 상태로 이륙하여서는 아니 된다.(「사법경찰관리의 직무를 수행할 자와 그 직무범위에 관한 법률」 제7조제2항, 「항공보안법」 제25조제1항, 항공기내에서범한 범죄 및 기타행위에 관한 협약 제7조)

7.1.8 기장 등은 항공기의 보안 및 안전을 확보하기 위하여 항공기 운항 전에 다음 각 호의 내용이 포함된 합동브리핑을 승무원들과 함께 실시하여야 한다.(항공보안법 시행규칙 제7조제2항)

1) 조종실 출입통제 절차 및 출입방법
2) 항공기 내외부 점검 결과
3) 보안 통신신호 절차 및 방법
4) 기장의 객실승무원에 대한 통제, 명령절차 및 확인
5) 오탑승 방지를 위한 항공기 출입문 앞 탑승권 확인

6) 의심스러운 승객 및 물품 발견 등 보안위해상황 즉시보고
7) 운항 중 조종실 출입을 위한 암구호 및 비상상황 대응을 위한 차임벨 신호 선정 등 조종실 출입절차 확인
8) 운항 전 기내 보안점검 실시 및 보안장비 상태 확인
9) 경유지 및 체류공항 보안활동
10) 긴급사태 발생 시 비상연락 및 대응대책
11) 위해인물 탑승 정보
12) 귀중품 및 위험물 탑재 정보
13) 불법방해행위 발생시 승무원의 권한과 책임, 행동요령 등
14) 기타 필요한 정보교환 및 대책 협의

……

……

7.1.9 불법행위 발생시 처리절차
1) 제압시 .....
2) 체포시 .....
3) 사법기관 인계시 .....
4) 위해물품 발견시 .....

7.2 항공기에 대한 경비대책

7.2.1 ○○항공사은/는 야간에 항공기를 주기하거나 또는 주간에 5시간 이상 주기가 예상되는 경우, 비인가자가 항공기로 출입할 수 없도록 항공기에 탑승할 수 있는 탑승이 가능한 일체의 장비 등을 제거하는 등 보안조치를 실시하여야 한다.(국가항공보안 수준관리지침 별표10 항공기 보안통제 점검표)

7.2.2 위협 증가 등으로 높은 수준의 항공기 경비가 요구되는 경우에는 비인가자의 기내출입이나 위해물품이 반입되지 않도록 출입문에 보안스티커를 이용하여 봉인조치 하거나 경비원 등을 추가로 배치하여 항공기 경비를 실시할 수 있다.

7.2.3 항공기 야간 주기 시에는 경비가 용이하도록 조명시설을 갖춘 장소에 주기시켜야 하며, 조명이 점등이 안된 경우에는 공항운영자에게 연락하여 조치하여야 한다.

7.2.4 정비사는 정비작업 중 비인가자의 출입 및 물품의 기내 반입 사실을 발견 시 이를 통제하여야 하며, 정비작업 후에는 출입문을 닫고 기내 진입이 가능한 탑승장비를 제거하여야 한다.

7.2.5 항공기 경비 중 비인가자 또는 기내반입금지 물품 발견 때에는 지체 없이 관계기관에 신고하여야 한다.

7.2.6 ○○항공사은/는 용역회사 등으로 하여금 국가민간항공보안교육훈련 지침의 요구사항을 충족한 자를 배치토록 하고 출입자에 대한 보안통제 등을 하는 경비요원에 대한 관리감독을 하여야 한다.

7.2.7 공항운영자 등이 경비를 수행하는 경우에는 공항운영자 등의 경비 수준이 당사 항공기 보안대책에 적합한지 여부를 확인하여야 하며, 필요시 공항운영자 등에게 추가적인 경비를 요청하여야 한다.

7.2.8 국내외 지점에서는 위탁수하물, 화물, 기내식, 기내청소 및 급유 등의 지상조업이 이루어지는 동안 조업요원에 대한 업무 감독을 하여야 한다.

7.2.9 주기 또는 계류 중인 항공기에 대한 경비 대책
1) 일반사항
2) 언제, 어떻게 경비하는지에 대한 자체 경비기준 등
.....

7.3 비행 전 · 후 항공기 보안점검

7.3.1 항공기의 보안을 위하여 매 비행 전에 다음 각 호의 보안점검을 하여야 한다.

※ 각호 이하에 구체적인 점검절차를 항공사별로 자체적 명시
1) 항공기의 외부 점검은 (누가, 어떻게 ....) 실시한다.
2) 객실, 좌석, 화장실, 조종실 및 승무원 휴게실 등에 대한 점검은 .... 실시한다.
3) 항공기의 정비 및 서비스 업무 감독은 .... 실시한다.
4) 항공기에 대한 출입 통제는 .... 실시한다.
5) 위탁수하물, 화물 및 물품 등의 선적 감독은 .... 실시한다.

6) 승무원 휴대물품에 대한 보안조치는 .... 실시한다.
7) 특정 직무수행자 및 항공기내 보안요원의 좌석 확인 및 보안조치는 .... 실시한다.
8) 보안 통신신호 절차 및 방법은 .... 실시한다.
9) 유효 탑승권의 확인 및 항공기 탑승까지의 탑승과정에 있는 승객에 대한 감독은 .... 실시한다.
10) 기장의 객실승무원에 대한 통제, 명령절차 및 확인은 .... 실시한다.

7.3.2 항공기에 대한 보안점검을 하는 경우 별지10호의 점검표를 비치·사용하여야 하며, 별지10호의 보안점검표에는 다음 각 호의 사항을 포함하여야 한다.

1) 조종실 내부
2) 객실, 화장실, 주방 및 승무원 휴게실 등
3) 항공기 동체, 항공기 외부, 화물칸 내부 등
4) 항공기 폭발물 피해 최소 위치구역

7.3.3 ○○항공사은/는 항공기 운항 전 아래에서 정한 각 담당 구역별로 '항공기 보안점검 점검표'에 따라 보안점검을 실시한다. 단, 객실승무원이 탑승하지 않는 화물기 및 승객이나 화물을 싣지 않은 항공기(Ferry 항공편)로 운항하는 경우 항공기내 보안점검은 운항승무원이 실시한다.

1) 운항승무원 : 조종실
2) 객실승무원 : 객실, 주방, 화장실 및 승무원 휴게실(배전실 포함) 등 은신 또는 은닉이 가능한 장소
3) 정비사 : 항공기 동체, 항공기 외부, 화물칸 내부
4) 지정된 대리인 : 2)호 및 3)호에서 규정한 점검사항. 다만, 지정된 대리인에 의해 항공기 보안점검이 실시되는 경우 해당 구역 점검 책임자는 점검 후 최종 확인 등 점검업무를 감독한다.

7.3.4 객실승무원은 항공기 운항 전에 무기, 폭발물, 기타 위해물품 및 의심스러운 물건이 있는지 보안점검을 수행하고, 의심이 되는 경우에는 선임승무원이나 기장에게 지체없이 보고 하여야 하며, 승객이 모두 하기한 경우에는 잔류승객, 잔류물품(Left Behind Item)에 대하여 확인하고 이상이 없는 경우 선임승무원에게 보고하고, 특이사항 발견 시 필요한 다음 각 호의 조치를 한다.

1) 2)

7.3.5 항공사지점 책임자 등은 자체보안 수준관리 지침에 따라 '항공보안등급별 항공기 보안조치 확인'을 아래 각호와 같이 실시한다. 다만, 해외 취항국가에서 요구하는 항공기 보안점검 규정이 아래 각 호의 규정과 상이할 경우에는 해당국가의 규정에 따른다.

1) 운항 전에 실시하는 점검으로 항공보안등급 평시 및 관심경보 발령 시 별지11호 서식 보안조치 확인표에 따라 주1회 이상 점검
2) 모든 승무원이 항공기를 5시간 이상 떠나 있다가 다시 운항을 위해 점검하는 경우 또는 항공보안등급 주의 발령 시 별지12호 서식 보안조치 확인표에 따라 주 2회 이상 점검
3) 항공보안등급 경계 및 심각경보 발령 시 별지13호 서식 보안조치 확인표에 따라 주 3회 이상 점검

7.3.6 위협 증가 등으로 항공보안등급이 상향된 노선의 운항편은 ○○항공사 별도 지침을 정해 항공보안등급 기준보다 상향된 항공기 보안점검을 실시할 수 있다.

7.3.7 기장은 선임 승무원 및 정비사로부터 항공기 보안점검이 완료되었음을 통보 받은 후 승객을 탑승시켜야 한다.

7.3.8 ○○항공사은/는 다음 각 호가 포함된 위험평가 결과에 따라 항공기 출발 전 보안점검 여부를 강화할 수 있으며, 평가 방법을 자체 우발계획에 포함하여야 한다.

1) 항공기 주기 시간
2) 항공기 주기장 위치
3) 항공기 출발지 및 목적지
4) 그 밖에 항공기 보안에 영향을 줄 수 있는 사항

7.3.9 전자적인 방법을 포함하는 항공기 보안점검표는 24시간 이상 보관하여야 한다.(다만, 운항시간이 24시간 이상인 경우에는 운항 종료 시까지 보관)

7.4 계류중인 항공기에 대한 보안대책

7.4.1 항공기가 계류장에 도착한 이후 승객이 모두 내린 이후부터 항공기가 출발하기 전까지 업무수행을 목적으로 하는 다음 사람에 한하여 항공기 안으로 진입을 허용할 수 있다.

1) 운항 및 객실승무원
2) 항공사 신분증을 소지한 항공사 직원
3) 해당 회사 신분증을 소지한 사람으로 ○○항공사가 인정한 지상조업체 직원
4) 항공보안 업무 등 공무수행을 하는 항공보안감독관·항공안전감독관으로서 감독관 증표 또는 공무원증을 소지하고 해당 항공사 직원과 동행하는 사람(불시평가를 수행하는 항공보안감독관은 항공사 직원과 동행하지 않을 수 있다)

7.4.2 승무원을 포함한 모든 직원은 해당 항공편 탑승권을 발급받지 않은 승객 및 기타 상주직원 등 확인되지 않은 사람이 항공기에 접근 시에는 탑승권 또는 신분증의 확인을 요청하여야 한다. 이때 비인가자 및 신원확인이 불가능한 경우에는 동 인원을 통제하고 즉시 관계기관에 알려 적절한 조치를 하여야 한다. 또한, 비인가자의 항공기내 불법출입을 인지하였을 경우 관계기관에 알려 항공기의 보안수색을 실시하여야 한다.

7.4.3 정부 감독관을 포함하여 당사 직원 이외의 사람들이 항공기를 출입할 때에는 감독관임을 확인할 수 있는 사진이 부착된 유효한 신분증명서 등을 확인하여야 한다.

7.5 운항중인 항공기에 대한 보안대책

7.5.1 기장 등은 운항중인 항공기 내에서 승객의 인명과 재산 및 항공기의 보안확보를 위한 권한과 책임을 숙지하여야 한다.

7.5.2 객실승무원은 승객 탑승 및 운항 중에는 항공기 안전운항 확보 및 위해행위 방지를 위하여 수시로 기내 순찰을 실시하며 안전운항을 저해할 우려가 있는 승객의 의심스러운 행동 발견 시 또는 의심 물품 발견 시에는 즉시 선임 승무원 에게 보고하고 브리핑 시 약속된 방법 등으로 기장에게 보고하여 필요한 조치를 하여야 한다.

7.5.3 객실승무원은 승무원 휴게실을 사용하지 않는 경우에는 항상 시건된 상태를 유지하도록 하고, 항공기 착륙 전 승무원 휴게실 등 승객이 은신할 수 있는 장소에 대하여 보안점검을 실시한 후 이상 유무를 기록하여야 한다.

7.6 승객 협조의무 등 위반자에 대한 처리절차

7.6.1 기장 및 기장으로부터 권한을 위임 받은 승무원은 정당한 직무집행을 방해하거나 승무원과 승객의 안전한 운항이나 여행을 위협하는, 항공보안법 제23조(승객의 협조의무)에서 규정하는 아래의 행위를 하는 자에 대하여 그 행위를 저지시키기 위한 불법행위임을 고지하는 등 필요한 조치를 하여야 한다.

1) 폭언, 고성방가 등 소란행위
2) 항공기 내에서의 흡연(전자담배 포함)
3) 술을 마시거나 약물을 복용하고 다른 사람에게 위해를 주는 행위

4) 다른 사람에게 성적 수치심을 일으키는 행위
5) 항공안전법을 위반하여 전자기기를 사용하는 행위
6) 기장의 승낙 없이 조종실 출입을 기도하는 행위
7) 항공기의 보안이나 운항을 저해하는 폭행 · 협박 · 위계행위를 하거나 출입문 · 탈출구 · 기기의 조작을 하는 행위
8) 항공기가 착륙한 후 항공기에서 내리지 아니하고 항공기를 점거하거나 항공기 내에서 농성하는 행위
9) 항공기의 보안이나 운항을 저해하는 행위를 금지하는 기장 등의 정당한 직무상 지시를 따르지 않는 행위
10) 위계 또는 위력으로 기장 등의 업무를 방해하는 행위
11) 기타 제반 안전운항 저해하거나 저해할 우려가 있는 행위

7.6.2 운항 중 항공기내 불법행위 대응절차

1) 항공기 내에서 불법행위가 발생하는 경우 기장 등은 휴대전화 등을 활용하여 불법행위를 녹화(시간적 또는 공간적인 제한이 있는 경우는 제외)하여야 하며, 불법행위(폭행행위, 성적 수치심 유발행위, 조종실 진입 기도행위, 출입문 · 탈출구 · 기기 등의 조작행위, 협박 · 위계행위, 승무원 업무방해행위, 소란행위, 음주 후 위해행위, 기장 등의 정당한 직무상 지시를 따르지 않는 행위 등)를 범한 승객에 대해서는 반드시 도착공항 경찰관서에 인도한다.
2) 기장 등이 항공기 내에서 죄를 범한 범인을 인도할 때에는 직접 또는 해당 관계기관 공무원을 통하여 해당 공항을 관할하는 국가경찰관서에 인도하여야 하며, 필요한 경우 기장 등은 도착공항 경찰관서에 사전협조를 요청하여 탑승구 앞에서 불법행위 승객을 인도할 수 있다.
3) 기장 등이 다른 항공기 내에서 죄를 범한 범인을 인수한 경우에 그 항공기 내에서 구금을 계속할 수 없을 때에는 직접 또는 해당 관계 기관 공무원을 통하여 해당 공항을 관할하는 국가경찰관서에 인도를 요청한다.
4) 기장 등은 제2항에 따라 불법행위 승객을 도착공항 경찰관서에 인도하는

경우 별지 제1호 내지 제3호 서식에 따라 피해경위 및 피해내용 등이 포함된 진술서를 작성하여 경찰관서에 제출하여야 한다. 또한, 참고인의 진술이 있는 경우에도 이와 같으며 휴대전화 녹화자료 등 증거자료를 제출한다.

5) ○○항공사은/는 매 홀수 월 첫 번째 주 금요일까지 이전 월 마지막 날 기준으로 불법행위 발생현황 및 세부내용 등 국토교통부에서 요청한 자료를 작성하여 국토교통부에 제출하여야 한다. (항공운송사업자의 항공기내 보안요원 운영지침 제8조제4항)

7.6.3. 주류 및 약물남용 승객 처리 절차

7.7 수감 중인 사람 등의 호송절차 등

7.7.1 사법경찰관리 또는 법 집행 권한이 있는 공무원은 항공기를 이용하여 피의자, 피고인, 수형자, 그 밖에 항공기내 안전에 위해를 일으킬 우려가 있는 사람(이하 "호송대상자"라 한다)을 호송할 경우에는 다음 사항을 미리 항공사에 통보하여야 한다.

1) 호송대상자의 인적사항
2) 호송 이유 (죄명 등)
3) 호송 방법 및 호송 안전조치
4) 위험평가를 위한 기타 정보 등(불법방해행위 가능성 여부, 호송대상자의 정신적 및 육체적 상태 등)

7.7.2 ○○항공사은/는 호송대상자가 항공기, 승무원 및 승객의 안전에 위협이 된다고 판단되는 경우에는 사법경찰관리 등 호송 공무원에게 적절한 안전조치를 요구할 수 있다.

7.7.3 ○○항공사의 공항 내 승객안내 등을 담당하는 지상직원(이하 '지상직원'이라 한다)은 호송대상자와 호송책임자의 탑승을 실시하기 전에 기장과 선임 승무원에게 호송사실 및 좌석번호 등을 통보하여야 하며, 특별승객명단(Roster of Special situation passenger)에도 이를 기재하여야 한다.

7.7.4 ○○항공사은/는 호송대상자 1명당 2명 이상의 사법경찰관리 또는 법 집행권한이 있는 공무원의 동승을 요청할 수 있다.

1) 단, 비행시간이 4시간 이하의 단거리이면서 호송대상자가 경제사범 등 단순 범죄자인 경우에는 호송대상자 1명당 사법경찰관리 또는 법 집행 권한이 있는 공무원 1명을 탑승시킬 수 있다.
2) 강력범죄자(살인, 강도, 폭력상해범 등)는 2명의 사법경찰관리 또는 법 집행 권한이 있는 공무원을 필요로 한다. 다만, 강력범죄자의 결정은 호송의뢰기관이 판단하며, ○○항공사은/는 추가 보안조치를 요청할 수 있다.
3) 호송은 동일 항공기에 1건을, 호송대상자는 2명으로 한정하며, 안전보안실의 위험평가 등에 따라 그 인원을 조정하거나 운송을 거절할 수 있다.

7.7.5 ○○항공사은/는 아래의 사항을 호송책임이 있는 자에게 요구할 수 있다.

1) 호송대상자를 타국으로 운송하는 경우 해당 체약국의 동의서
2) 호송대상자 구속이 필요한 경우 도구 확보
3) 정상적인 경우 호송대상자에 대하여 의자나 테이블 등 항공기 일부분에 수갑 사용 금지
4) 기내에서 불법방해행위가 발생하였을 경우 기장의 명령에 따라 행동

7.7.6 호송대상자와 호송책임자의 탑승은 승객 탑승 이전에 완료되어야 하며, 목적지 도착 시에는 승객이 모두 내린 이후에 하기하여야 한다.

7.7.7 ○○항공사은/는 도착공항 및 환승공항에 다음 각 호의 사항을 통보하여야 한다.

1) 호송대상자 성명, 성별, 호송 이유

2) 항공여행 거부 행동 여부
3) 호송자의 감정 또는 상태
4) 주의사항 등

7.7.8 기장은 호송이 항공기 안전운항을 심각히 저해한다고 판단되는 경우에는 선임 승무원 및 지상 직원과 협의하여 호송 책임자에게 적절한 안전조치를 요구할 수 있으며, 이러한 조치가 이루어지지 않을 경우 호송을 거부할 수 있다.

7.7.9 호송대상자와 호송책임자의 좌석은 가능한 후미 좌석으로 배정되어야 하며 기내 주방 근처, 비상구 옆 좌석 또는 통로 인근좌석에 배정되어서는 아니 된다.

7.7.10 호송대상자 옆에는 호송책임자가 착석하며 호송대상자의 기내 이동 시에는 반드시 호송책임자가 동행하여야 하며, 이들에게 알코올성 음료, 철제 식기류, 칼 종류 등을 제공하여서는 아니 된다.

7.7.11 ○○항공사은/는 정신이상자를 운송하는 경우 의사 진단서 요구 등 필요한 조치를 취한 후 운송하여야 하며, 정신이상자가 항공기 운항에 중대한 위협을 미칠 것으로 판단되는 경우 탑승을 거절할 수 있다.

7.8 강제 퇴거자 처리절차

7.8.1 ○○항공사은/는 강제 퇴거자에 대한 다음 각 호의 정보를 법무부 출입국관리사무소로부터 24시간 전에 통보받은 경우 항공기로 운송하기 위한 조치를 하여야 하며, 강제 퇴거자 운송에 관한 사항을 기장에게 미리 알려 주어야 한다.

1) 강제퇴거명령서 사본
2) 강제 퇴거자에 대한 위협평가 정보
3) 호송관이 동행하는 경우 호송관의 성명 및 국적

7.8.2 ○○항공사은/는 강제퇴거 승객 등이 항공기에 탑승하기 전 다음 각 호의 사항을 점검하여야 한다.

1) 여권, 항공권 및 송환지시서 또는 강제퇴거 명령서 사본 등 기타제반 항공여행 서류
2) 항공여행의 적합 여부(정신적 또는 정서상의 심각한 장애나 항공 여행에 대한 강한 거부감 등에 대한 사전 평가)

7.8.3 어떠한 경우에도 강제퇴거 승객이 탑승권 등 여행 서류를 소지케 하여서는 아니되며, 관계기관 또는 운송직원은 강제퇴거 승객의 서류 일체를 해당 항공편 선임 승무원에게 인계하며, 선임 승무원은 별도의 가방 및 장소에 해당 서류 등을 보관하여야 한다.

7.8.4 항공기 출발 후 출발지공항은 강제퇴거 승객의 목적지 또는 경유지 지점에 동 승객의 운송에 관한 정보를 동 항공기가 도착하기 전에 통보하여야 한다.

7.8.5 강제퇴거 승객은 다른 승객이 모두 탑승한 후에 탑승하여야 하며, 탑승좌석은 가능한 항공기 후미 좌석으로 배정하여야 하고 비상 탈출구에서도 떨어져 있도록 하여야 한다. 또한, 목적지 도착 시는 다른 승객이 모두 하기한 후에 하기하여야 한다.

7.8.6 강제퇴거자 항공기 탑승 시점 7.8.7 경찰 등 호송관 동행 시 절차

7.9 항공기내보안요원의 운영 및 보안장비 운용절차

7.9.1 ○○항공사은/는 「항공보안법」제14조(승객의 안전 및 항공기의 보안)제2항 및 「항공운송사업자의 항공기내 보안요원 운영지침」에 따라 관할 지

방항공청장으로부터 지정승인을 받은 항공기내보안요원을 항공기에 탑승시켜야 한다.

7.9.2 항공기내보안요원은 선임객실승무원 또는 객실승무원 중 2년 이상의 경력을 갖춘 자로서 정신적으로 안정되고 성숙된 자이어야 하며, 연령 및 성별을 고려하여 ○○항공사가 선발하여야 한다.

7.9.3 항공기내보안요원의 임무는 다음 각 호와 같다.

1) 승객 탑승 전 항공기 객실 내 보안점검 실시
2) 출발공항 또는 경유지공항에서 탑승승객 및 휴대물품이 의심스러운 경우 점검 실시
3) 운항 중 항공기 객실 내 보안순찰
4) 운항 중 및 경유지에 있는 동안의 객실 내 보안감독
5) 불법점거 또는 파괴행위제지
6) 객실 내 폭발물 의심물체 발견 시 최소 폭발물 위험위치 사용절차에 따른 수행
7) 위협이 예상되는 노선에는 남자 항공기내보안요원 1명 이상을 추가로 포함하여 탑승
8) 기내탑재 무기에 대한 관리 및 감독
9) 항공기내보안요원이 무기를 항공기내로 반입하는 경우 지방항공청장의 허가를 득함
10) 기타 승객의 안전 및 항공기 보안에 필요한 사항

7.9.4 항공기내보안요원은 지방항공청장으로부터 항공기 안으로 반입을 허가받은 무기를 휴대하고 항공기에 탑승할 수 있다.

7.9.5 항공기가 운항하는 체약국으로부터 정부소속 항공기내보안요원 탑승을 요구받은 경우 지방항공청장에게 보고하고 운항여부를 결정한 후 필요시 정부소속 항공기내보안요원의 탑승을 요청하여야 한다.

7.9.6 지방항공청장으로부터 정부소속 항공기내보안요원 탑승을 통보받은 경우 ○○항공사은/는 관계부서와 협의하여「정부소속 항공기내보안요원 탑승 세부지침」제1조 다항에 따라 탑승에 필요한 조치를 취한다.

7.9.7 항공사별 항공기내보안요원 세부 운영기준

7.9.8 항공사별 보안장비 운영절차

7.10 국외 취항 항공기에 대한 보안대책

7.10.1 운항 및 객실승무원은 Lay-Over 공항(Ground time이 3시간 이상인 Technical landing 및 Turn around 공항포함)에서도 항공기 보안통제를 하여야 한다.

7.10.2 운항 및 객실승무원은 경유지 공항(Ground time이 3시간 이내인 Technical landing 및 Turn around 공항 포함)에서 비인가자의 기내출입이나 위해물품의 기내반입을 방지하기 위하여 Ground time 중에는 특별한 사유가 없는 한 항공기를 이탈할 수 없으며, 다음 각 호와 같은 보안통제를 수행 하여야 한다.

1) 비인가자 또는 위해물품의 기내출입(반입) 금지
2) 기내보안장비 이상유무 확인
3) 승객 탑승 전 항공기 보안점검

7.10.3 경유지 공항에서 승무원 교대 시에는 승무원과 지점 직원 간 보안관련 사항을 인계인수하여, 항공기 보안통제에 공백이 발생되지 않도록 하여야 한다.

7.10.4 승무원은 항공기 도착 시 승객이 모든 소지품을 가지고 하기할 수 있도록 안내하여야 하며, 승객 하기 후 기내에 남아있는 물품이 있는지 점검하여야 한다.

7.10.5 기내 점검 중 의심스러운 물품 발견 시에는 지체 없이 공항 관계기관에 통보하여 적절한 조치가 이루어지도록 하여야 한다.

7.10.6 승무원, 정비 및 운송직원 등은 항공기 운항 전에 7.3에 따라 항공기 보안점검을 수행하여야 한다.

7.11 항공기에 대한 위협 증가 시 보안대책

7.11.1 귀빈 탑승, 위협증가 등의 이유로 특정 항공기에 추가 보안조치가 요구될 때에는 안전보안실의 지침 또는 공항지점장 판단으로 다음 각 호의 보안강화 대책 등을 해당 관계기관에 요청할 수 있다.

1) 해당 항공기 무장 경비제공
2) 주위 항공기로부터 격리하여 주기
3) 승객, 수하물에 대한 정밀검색 실시
4) 위험성이 높은 승객은 별도 출입지역으로 통과 조치

7.11.2 7.12.1의 보안강화 대책을 자체 판단에 따라 요청하여 실시하였을 경우, 공항지점장은 그 사유 및 관계기관 조치사항을 안전보안실로 보고하여야 한다.

7.11.3 당사 항공기에 대한 보안강화 대책을 수립할 경우, 공항지점장은 해당국 관계기관과 협의하여야 하며, 승객의 불편이 최소화 될 수 있도록 노력하여야 한다.

7.12 조종실 출입절차 및 조종실 출입문 보안대책

7.12.1 조종실 출입이 허가된 자를제외하고는 누구도 조종실에 출입하게 하여서는 아니 된다.

7.12.2 운항 전 합동브리핑 시 기장은 모든 승무원에게 조종실 출입절차에 대해 설명하여야 한다. 조종실 출입문은 승객 탑승 전에 잠그고, 운항 중에는 항상 잠금 상태를 유지하여야 하며, 승객이 모두 하기한 후에 개방하여야 한다.

7.12.3 ○○항공사은/는 조종실에서 열거나 잠글 수 있고 무기나 무력에 의한 비인가자의 조종실 진입을 막을 수 있는 Enhanced Flight Deck Door를 최대이륙중량 45,500kg 초과하거나 60인승 초과하는 모든 여객기의 조종실에 설치하여 운영하여야 하며 출입절차는 다음 각 호와 같다.

1) 일반 출입 절차
2) 대체 출입 절차
3) 비상 진입 절차
※ 위1)~3)호를 항공사별 여건에 따라 별도마련

4) 기내 보안 음어
조종실로 들어가기 전, 승무원은 인터폰을 통하여 조종실내 운항승무원의 허가를 받아야 한다. 만일 기장이 사전에 음어를 지정하여 승무원에게 전파하였다면 인터폰 통화 시 이를 사용한다.

7.12.4 조종실 출입이 가능한 자
1) 해당 항공기의 운항 및 객실 승무원
2) 적절한 신분증과 운항팀장이 승인한 조종실 출입허가서(Cockpit Auth)를 소지한 아래 각 목에 해당하는 자
가) 국가정보원, 경찰청 및 그 밖의 감독기관의 공무원
나) 공무수행 중인 중앙전파관리소 검사관
다) 운항안전에 관계되는 타 감독관청의 검사관
라) 항공기제작회사의 운항관계 기술자 또는 타 항공사의 직원으로서 운항안전에 관계되는 자
마) 해당 비행편에서의 임무수행을 위한 사내직원

바) 해당 비행편에 탑승함으로써 타 비행편에서의 임무수행이 가능한 사내 직원

사) 노선 관숙비행을 행하기 위한 항공교통관제사 또는 운항관리사

아) 승무원의 건강 확인을 위한 의무관

자) 기타 회사에서 필요하다고 인정하는 자

4) 공무수행 중임을 증명할 수 있는 신분증 및 조종실 출입요구서(국토교통부 또는 지방항공청 발행)를 소지한 다음 각 목에 해당되는 자

가) 국토교통부 항공보안감독관

나) 국토교통부 항공안전감독관

다) 국토교통부 운항자격심사관

7.12.5 항공사 종합통제실장 등 허가권자로부터 조종실 출입허가를 받은 자는 운항 중 조종실 출입절차에 대하여 기장 및 사무장(선임승무원)과 사전 협의하여야 한다.

7.12.6 조종실 출입허가를 받은 자라 하더라도 운항 중에는 업무수행, 화장실 사용, 음식물제공 등을 제외한 불필요한 출입을 요구하여서는 아니 된다.

7.12.7 조종실 출입은 운항승무원의 업무량이 적은 단계(고도 10,000 피트 이상)에서만 허용되어야 한다. 다만, 운항안전을 위하여 출입이 필요하다고 기장이 인정하는 경우에는 예외적으로 출입할 수 있다.

7.12.8 운항중인 항공기 내에서 기장 등의 업무방해행위로 인해 타 승객의 생명이 위협되거나, 조종실 파괴 시도 또는 실제 파괴 행위로 진행될 것으로 예상될 때에는 기내 청정구역(Clear zone)을 선포하고 다음의 조치들을 취하여야 한다. 만약, 기내 청정구역이 선포되면 조종실 보호를 위하여 동 지역에는 누구의 출입도 통제하여야 한다.

1) 모든 승객 착석

2) 조종실 앞 통로를 주방카트로 봉쇄

3) 필요 시 협조승객에게 조종실 접근차단을 협조 요청

7.12.9 운항 중인 항공기의 조종실 내에는 최소 2명의 승무원이 있어야 하며 1명의 운항승무원이 나가야 할 경우에는 객실승무원 중 1명이 조종실에 들어와서 2명이 되어야 한다.

7.13 항공기 이륙 전 하기승객 발생 시 처리절차

7.13.1 ○○항공사은/는 자발적 하기 승객이 발생되는 경우에는 즉시 관련 사실을 공항상황실에 통보하여야 한다.

7.13.2 공항상황실에서 계류장내 관제업무를 맡는 계류장관제탑 또는 활주로와 유도로의 관제업무를 담당하는 공항관제탑에 관련 사실을 신속하게 전파한 후 해당 항공기의 운항을 정지할 수 있고, 공항테러대책협의회의 보안위협 평가에 따라 해당 ○○항공사은/는 기내 재검색 등 필요한 보안조치를 시행하여야 한다.

7.13.3 ○○항공사은/는 하기승객 처리절차에 따른 공항테러보안 대책협의회 지시에 대한 보안조치 완료 후 공항상황실에 이상유무를 보고하고 공항상황실은 처리결과를 관제기관에 통보하도록 하여야 한다.

7.13.4 공항테러대책협의회의 이상유무 확인 후 운항재개 등 최종 의사결정 내용을 통보받은 ○○항공사은/는 동 내용을 공항상황실로 통보하여 공항상황실을 통해 관제기관에 통보되도록 하여야 한다.

7.13.5 해외공항에서는 하기승객 처리절차에 대한 규정이 마련되어 있는 경우, 이를 따르고 이러한 절차가 없는 경우는 현지 공항 내 보안담당기관에 통보 후 협의에 따라 운항여부를 결정한다. 다만, 운항여부를 관계기관을 통해 결정할 수 없는 경우는 ....
(※ 항공사별 조치계획을 별도조항으로 마련하여 명기)

7.14 항공기 내 물품반입 및 탑승 거절절차

7.14.1 공항운영자는 다음 각 호의 어느 하나에 해당하는 사람 또는 휴대물품에 대하여 보안청정구역(Sterile area)으로 진입 또는 반입을 통제하여야 하고, 그 사실을 지방항공청, 관계기관 및 해당 항공운송사업자에 통보하여야 한다. 또한, ○○항공사은/는 공항운영자로부터 통보받은 사람 또는 휴대물품에 대한 탑승 및 항공기내 반입을 거절하여야 하고, 동 사실을 지방항공청 등 관계기관에 즉시 통보하여야 한다.

1) 「항공보안법」 제15조(승객 등의 검색 등) 또는 제17조(통과 승객 또는 환승 승객에 대한 보안검색 등)에 따른 보안검색을 거부하는 사람

2) 「항공보안법」 제15조(승객 등의 검색 등) 또는 제17조(통과 승객 또는 환승 승객에 대한 보안검색 등)에 따른 보안검색을 받지 아니한 휴대물품

3) 항공보안에 관한 업무를 담당하는 국내외 국가기관 등으로부터 항공기 안전운항을 해칠 우려가 있어 탑승을 거절할 것을 요청받거나 통보받은 사람

7.14.2 ○○항공사은/는 「항공보안법」 제23조(승객의 협조의무)제7항에 따라 다음 각 호에 해당하는 사람에 대하여 탑승을 거절할 수 있으며, 탑승을 거절하는 경우에는 그 사유를 탑승이 거절되는 사람에게 고지하여야 한다.

1) 주류를 음용하거나 약물을 복용하여 소란행위를 하거나 승객 및 승무원에게 위해를 가할 우려가 있는 자

2) 국내외 항공보안업무를 담당하는 국가기관 또는 국제기구 등으로부터 항공기 안전운항을 해칠 우려가 있어 탑승을 거절할 것을 요청받거나 통보받은 사람

3) 「항공보안법」 제14조(승객의 안전 및 항공기의 보안)제1항에 따른 ○○항공사의 승객 안전 및 항공기 보안을 위하여 필요한 조치를 거부한 사람

4) 「항공보안법」 제23조(승객의 협조의무)제1항제3호에 따른 행위로 승객 및 승무원 등에게 위해를 가할 우려가 있는 사람

5) 「항공보안법」 제23조(승객의 협조의무)제2항의 항공기의 보안이나 운항을

저해하는 폭행ㆍ협박ㆍ위계행위를 하거나 출입문ㆍ탈출구ㆍ기기의 조작을 행위를 한 사람

6) 「항공보안법」 제23조(승객의 협조의무)제4항에 따른 기장 등의 정당한 직무상 지시를 따르지 아니한 사람

제8장 기내식 및 기내저장품에 대한 보안대책

8.1 기내식 시설 등의 보안대책

8.1.1 ○○항공사가 기내식 제조 및 기내 저장품 업무를 직접 운영하는 경우 제조시설 등에 대하여 다음 각 호의 보안대책을 준수하여야 한다.

1) 공장, 창고를 포함한 기내식 시설 등에는 무기, 폭발물 등 위해물품이 반입되지 않도록 출입이 인가된 자와 인가된 물품만이 출입(반입) 할 수 있다. 또한 칼, 가위 등 업무상 필요한 위해물품의 경우에는 관리번호를 부착하고 별도 대장을 유지하여 관리하여야 한다.

2) 기내식 및 기내 저장품시설 상주직원은 기내식 시설 내에서는 출입증을 항상 패용해야 하며 시설 내 출입 시 적절한 보안통제를 받아야 한다. 다만, 출입증 미소지자는 임시출입증을 발급받아 패용하여 신원확인이 가능하도록 해야 한다.

3) 기내식 및 기내저장품 시설 방문자의 경우 신분 확인 후 임시출입증을 발급하고 방문객 기록 대장을 기록ㆍ관리한다. 또한 상주직원의 인솔 하에 출입이 가능하다.

4) 기내식 및 기내저장품 시설 중 통제가 필요한 건물을 보안제한구역으로 설정(다만, 보안확보가 불필요한 사무 공간 등은제외)하여 해당부서에서 철저히 보안감독 및 출입을 통제하며, 자동화 출입통제시설 또는 경비원을 주요 출입구에 배치한다. 또한 보안책임자(감독자 또는 담당자)를 건물별로 지정하여 보안감독 활동을 수행하여야 한다.

5) 모든 기내식 및 기내저장품 시설 내 고용인은 피고용인에 대하여 고용 전

신원조사를 실시하여야 한다.

6) 전체 시설을 구조적으로 물품납품구역·처리지역·반출포장지역으로 구분하여야 하며, 각 구역별로 출입통제를 실시하여야 한다.
7) 기내식 물품 및 비품을 준비하여 운송하는 사람에 대해서는 해당 물품 등의 보안에 필요한 임무를 이해하고 수행할 수 있도록 보안인지 교육을 받도록 하여야 한다.
8) 업무 종료 후 모든 출입문 및 냉장고는 시건 되어야 하고 열쇠는 근무조장이 관리하여야 한다.

8.1.2 ○○항공사은/는 업체와 계약을 통하여 기내식 및 기내저장품 등의 업무를 수행하는 경우, 동 시설에 대하여 다음 각 호의 보안대책을 준수하고 있는지 정기적으로 확인하여야 한다.

1) 기내식 및 기내 저장품시설의 보안을 감독할 보안감독자 지정여부
2) 시설 내 모든 피고용인에 대한 신원조사 실시여부(신원조사를 할 수 없는 경우에는 범죄경력 확인으로 갈음할 수 있음)
3) 시설 내 비인가 인원 및 차량 등에 대한 통제절차 수립 및 이행여부
4) 시설 내 위해물품 등 반입 통제절차 수립 및 이행여부
5) 그 밖에 국가항공보안계획 등 보안관련 규정이 정하는 기내식 및 기내저장품에 대한 보안대책 이행여부

8.2 기내식 등의 운송 및 탑재 시 보안대책

8.2.1 기내식 및 기내저장품은 포장에서 기내 탑재까지의 전 과정에 대해 관리감독 및 통제를 하여야 하며, 외부 침입 흔적이 있는 기내식 및 기내저장품에 대해서는 정밀검색을 실시하여야 하며, 아래에 해당되는 경우 기내 반입이 금지된다.

1) 외부의 침입흔적이 있는 경우
2) ○○항공사가 지정한 사람에 의하여 검사·확인되지 아니한 경우
3) 기내식 용기 등에 위해물품이 들어있다고 의심이 되는 경우

8.2.2 기내식 및 기내저장품은 수송차량에 탑재되기 전에 지정된 감독자에 의해 검사되어야 하며, 지정 감독자는 ○○항공사와 계약된 조업사의 직원을 포함할 수 있다.

8.2.3 담당 직원은 수송차량에 탑재 후 번호가 표시되어 있고 손상확인이 가능한 보안확인표시(Seal)로 차량의 컨테이너 문을 시건 하거나 봉인하고 보안확인표시 번호(Seal No.)를 기록한 후 차량에 탑승한 감독자가 소지한다. 수송차량이 항공기에 도착하면 감독자는 봉인된 Seal No.와 차량에 보관된 기록지를 비교하여 Seal No.가 일치할 경우에만 문을 개방하여야 한다.

8.2.4 기내식 및 기내저장품 시설에서 항공기 탑재까지의 운송에는 운전자 외에 감독업무를 수행하는 항공사 또는 조업사 직원이 동승하여 기내식, 기내저장품 및 장비에 대한 적절한 보안이 이루어지도록 지속적으로 감독하여야 한다.

8.2.5 기내식 및 기내저장품 수송차량이 항공기 주기지역에 정차하였을 때 감독자는 경계활동을 강화해야 한다.

8.2.6 기내식 용기 등은 수송차량 탑재 전 번호가 표시되고 손상확인이 가능한 보안확인표시(Seal)로 봉인이 되어야 하며, 기내식을 항공기 탑재 시 감독자와 기내식 담당자는 기내식의 포장 또는 봉인상태를 검사하여 이상이 없음을 확인하여야 한다. 이때 외부 침입흔적이 있는 경우에는 내용물을 다시 검사하여 이상 없음을 확인한 후 탑재하여야 한다.

8.2.7 공항외부에서 공항지역 안으로 기내식을 운반하는 차량 등은 잠금장치 설치 등으로 비인가자의 출입을 통제한다.

8.2.8 기내식 카트 등을 항공기에 적재하기 바로 전 제한된 물품이나 승인받지

않은 사람이 차량 안에 있는지에 대한 여부를 보안업무 지정자가 확인해야 한다.

8.2.9 객실승무원과 기내식 업체 직원의 항공기에 탑재할 기내식 등의 인수인계 절차
※ 장소, 방법, 절차, 기록유지 등을 구체적으로 명시 할 것

8.2.10 객실승무원은 항공기 탑승 후 기 탑재된 기내식 및 기내저장품의 봉인 상태에 이상이 있을 시 기내식 및 기내저장품 담당자에게 그 내용을 통보하여 이상 유무를 확인토록 하고, 이상 확인 시 담당자에게 해당 기내식용기 등을 항공기로부터 하기하도록 요청하여야 한다.

8.2.11 일반적인 항공기 탑재물품이 아닌 물품이 발견된 경우에는 위해물품으로 간주하고 이 사실을 지체 없이 기내식 및 기내저장품 담당자 및 기장에게 알리고 안전보안실로 보고하여 필요한 조치를 하여야 한다. 또한 필요시 동 사실을 관계기관에 통보하여야 한다.

8.2.12 기내식 및 기내저장품 수송 차량에는 인가된 직원만이 탑승하도록 하여야 한다.

8.2.13 공항 내 저장시설에 대한 보안대책

8.2.14 기내식 차량에 탑재되지 아니하고 보호구역으로 반입되는 기타 기내탑재물품의 경우에는 엑스선 검색장비를 사용하여 보안검색을 실시하는 등 적절한 보안통제를 하여야 한다.

제9장 액체 · 분무 · 겔류에 대한 보안대책

9.1 적용 범위

동 보안대책은 국토교통부「액체 · 겔(gel)류 등 항공기 내 반입금지물질」및「액체 · 분무 · 겔류 보안통제지침」에 따라, 국제선 항공편 객실 내에 반입되는 액체 · 분무 · 겔류에 대하여 적용한다.

9.2 기내 반입금지물질 및 반입허용요건

9.2.1 항공기 내 반입금지 액체 · 분무 · 겔류 등 물질은 별표 1과 같다.

9.2.2 9.2.1항에도 불구하고, 다음 각목에 해당하는 액체류 물질에 대해서는 기내 반입이 허용된다.

1) 승객이 소지한 휴대물품으로써 다음의 요건을 모두 충족하는 액체류

가. 단위용기 당 100㎖(또는 이와 동등한 용량의 단위인 온스, 그램 등으로 표시 가능 : 3.4온스 또는 100g 등)이하의 용기에 담아 운반 (단, 100㎖를 초과하는 빈 용기는 반입 가능)

나. 최대용량 1L를 초과하지 않는 TRSPB (크기: 20.5㎝×20.5㎝, 25㎝×15㎝, 또는 이와 동등한 크기)에 담아 운반 (단, TRSPB가 완전히 닫힐 수 있을 것)

다. 승객 1인당 1개의 TRSPB만 허용

2) 유아식 · 의약품 · 특별식이 처방음식 등 비행여정 중 승객의 건강 등을 위해 반드시 휴대가 필요한 액체류 물품으로 공항검색대에서 검색이 완료된 물품과 승객에게 요구하여 물품의 출처에 대한 증명이 확인된 경우에는 1)의 반입요건을 충족시키지 않을 수 있다.

3) 공항 또는 기내 면세점에서 구매한 액체류 면세품으로써 액체류보안봉투(STEB)에 구매영수증을 넣고 밀봉하여 기내로 반입되는 물품. 다만, 해당

항공편이 통과, 환승 또는 도착하는 공항의 보안당국 또는 외국정부가 허용하지 않는 경우에는 기내로 반입해서는 아니 된다.

4) 비행 · 객실서비스 등 업무수행을 위해 해당 항공편에 탑승하는 운항승무원[조종사, 탑승정비사, 운항관리사, 객실승무원, 예비승무원(extra crew) 포함]의 개인용품

5) 국가항공보안계획 및 본 보안계획 제8장에 따라 적절한 보안통제가 이루어진 기내식 및 기내 저장품(액체류 면세품 포함)

6) 항공기 청소 등 공항근무자의 직무수행에 필요하여 반입하는 액체류 물품(예 : 청소제제, 실란트, 세정제, 접착제, 페인트, 오일류 등)

7) 소방관 · 응급구조원 등이 긴급상황대응을 위해 반입해야 하는 액체류

9.2.3 9.2.2항에도 불구하고, 해당 액체류가 항공기내 반입금지위해물품과 유사한 특성을 보이거나 위해가능성이 있다고 판단되는 경우에는 항공기 내로 반입하여서는 아니 된다.

9.3 액체류 보안통제 대책

9.3.1 승객의 액체류 휴대물품에 대한 검색은 1차적으로 공항운영자가 공항 보안검색대에서 실시하여야 한다.

9.3.2 ○○항공사은/는 승객의 액체류 휴대물품에 대하여 다음의 각목과 같이 보안통제를 실시하여야 한다.

1) 홈페이지 또는 체크인 카운터에서의 보안통제

가. 홈페이지 홍보 및 체크인 카운터 등에서 포스터 또는 안내판 등을 비치하는 등 승객에게 액체류 기내반입금지물질 및 반입요건에 대하여 적극 홍보하여야 한다.

나. 탑승수속 시 체크인 카운터 직원 등은 기내 반입 허용요건을 충족하지 않는 액체류는 보안검색 시 압수될 수 있음을 승객에게 알리고, 해당 액체류를 위탁수하물로 운송할 수 있도록 안내하여야 한다.

2) 탑승구에서의 보안통제

가. 탑승구 직원 등은 승객이 기내반입 허용 요건을 충족하지 않는 액체류 휴대물품을 소지한 것을 인지한 경우, 해당 액체류가 객실내로 반입되지 않도록 조치하여야 한다.

나. 탑승구 직원 등은 승객이 소지한 STEB이 개봉 또는 훼손된 것을 인지한 경우, 해당 액체류를 객실내로 반입되지 않도록 조치하여야 한다.

다. 탑승구 직원 등은 승객의 액체류 휴대물품에 기내반입금지 위해물품이 포함된 것을 인지한 경우, 해당 액체류를 객실내로 반입되지 않도록 조치하여야 한다. 이 경우, 본 보안계획의 00장에서 항공사가 자체적으로 규정한 기내반입금지 위해물품 처리절차를 따른다.

라. 국제선 항공편이 통과, 환승, 도착하는 공항의 보안당국 또는 외국정부가 출발공항에서 별도의 액체류 탑승구 2차 검색을 요구하는 경우에는, 관련 절차에 따라 보안검색을 실시한다.

3) 기내에서의 보안통제

가. 객실 승무원 등은 국토교통부 고시에서 규정하는 기내 반입금지 위해물품(액체류)이 객실 내에 반입된 것을 인지한 경우, 해당 액체류를 즉시 압수 · 격리하고 기장, 선임객실승무원 또는 해당 공항지점의 항공보안담당자에게 보고한다.

나. 객실 승무원 등은 기내에서 반입금지 위해물품(액체류)을 불법방해행위 등의 목적으로 사용코자 하는 것을 인지한 경우, 항공보안법 제22조(기장 등의 권한)에 따라 조치하여야 한다.

9.3.3 업무수행을 위해 해당 항공편에 탑승하는 기장 등의 액체류 휴대물품은 보안검색을 받은 경우 별도의 요건 없이 반입할 수 있다.

9.3.4 ○○항공사은/는 기장 등의 휴대물품에 기내 반입금지 위해물품이 포함되지 않도록 교육 등 필요한 조치를 취하여야 한다.

9.3.5 액체류 기내식 및 기내 저장품에 대한 시설 · 차량 · 인원 등에 대한 보안대책은 제8장에서 정한 '기내식 및 기내저장품 보안대책'을 따른다.

9.3.6 항공기 청소 등 공항근무자의 직무수행에 필요하여 반입하는 액체류 물품은 반입이 가능하나, 해당 근무자의 신원조사 등 필요한 보안조치를 취하여야 한다.

9.3.7 국토교통부장관이 지정한 'STEB 상용공급자'가 제조 또는 공급하는 STEB만을 사용하여야 하며 STEB 보안에 대한 총괄 책임자는 안전보안실장으로 한다.

9.3.8 STEB의 인수인계 시 다음 각 호의 절차를 따른다.

1) ○○항공사은/는 STEB 상용공급자가 아닌 자로부터 STEB을 공급 또는 인수받아서는 아니 된다.
2) 안전보안실장은 'STEB 상용공급자'로부터 STEB 인수 시, 다음 요건에 충족하는지 확인하고 요건에 부합되는 STEB만을 수령한다.
   가. 봉인된 포장박스(상단 및 하단의 봉합부에 봉인도장이 찍히고 투명 포장테이프로 밀봉한 후, 십자 모양으로 2차 봉인될 것)에 담겨져 운반된 것
   나. 'STEB 상용공급자'와 계약 시 지정된 차량 및 운전원에 의해 운반된 것
   다. STEB 관련 서류와 배달 송장이 함께 배송될 것
3) 안전보안실장은 STEB 인수시, 별지 제4호 서식에 따라 STEB 인계 · 인수대장에 서명하고, STEB 관련 서류 · 배달송장과 함께 최소 3년간 보관한다.

9.3.9 STEB의 보관관리는 다음 각 호의 절차를 따른다.

1) 당사는 인수한 STEB이 항공기내에서 사용되기 전까지 안전하게 보관관리될 수 있는 보관장소를 지정하고, 보관된 STEB이 도난 · 훼손되지 않도록 출입통제 등의 보안 조치를 취한다.

2) 당사는 STEB 보관관리책임자를 지정하고, 보관된 STEB에 접근할 수 있는 직원을 최소한의 인원으로 인가하고 관리하여야 한다.
3) STEB 보관관리책임자는 STEB 출입내역을 일 단위로 확인 후 별지 제5호 서식의 STEB 보관관리대장에 기록하고 최소 3년간 보관한다.

9.3.10 STEB 탑재 및 기내 사용관리는 다음 각 호의 절차를 따른다.

1) STEB은 기내식 및 기내 저장품과 동일한 보안절차에 따라 인가된 직원이 봉인된 차량으로 항공기까지 운반되어야 하며, 반드시 객실 사무장(선임승무원)에게 인계한다.
2) STEB 인수자는 반입되는 STEB 갯수 및 훼손여부를 확인하고, 별지 제6호 서식에 따라 STEB 기내사용/인계인수대장에 서명한 후 인수받는다.
3) 객실 사무장(선임승무원) 은 일반 승객이 해당 STEB에 접근하지 못하도록 별도의 장소에 보관하거나 시건하여야 한다.
4) STEB은 기내에서 판매하는 액체류 면세품 중 비행여정의 단계(환승 · 통과 포함)에서 보안검색 대상이 될 수 있는 액체류에 대해서만 사용하고, 사용시 STEB안(봉투 안쪽 주머니 또는 고정)쪽에 판매 영수증을 부착하고 승객에게 전달하여야 한다.
5) 객실사무장(선임승무원)은 해당 항공편에서 사용한 STEB과 남은 STEB의 수를 파악하여, 항공기 도착 후 별지 제6호 서식의 'STEB 기내사용/인계인수대장'을 작성 · 서명후, 해당직위에게 남은 STEB과 함께 인계하여야 한다. 'STEB 기내사용/인계인수대장'은 최소 3년간 보관하여야 한다.

9.3.11 기내판매용 액체류에 대한 보안대책

9.4 액체류(LAGS) 물품 상용공급자 지정 및 책무

9.4.1 국제선 항공편에서 기내 액체류 면세품을 판매하기 위해서는 국토교통부 장관으로부터 '액체류(LAGS) 물품 상용공급자'로 지정받아야 하며, 액체류 보안대책을 철저히 이행하여야 한다.

9.4.2 액체류 보안대책에 대하여 연 1회 이상 검토 후, 보완 필요시 보안계획의 개정을 신청하여야 한다.

9.4.3 ○○항공사은/는 액체류 취급과 관련된 직원 및 외주업체 직원에 대하여 연 1회 이상 액체류 보안통제와 관련된 교육을 실시하거나 실시되고 있는지 확인하여야 한다.

9.4.4 ○○항공사은/는 관련 부서 및 외주 업체의 액체류 보안통제 관련 이행 확인을 위해 분기별로 자체점검을 실시하고, 미흡 사항에 대해 보완조치토록 한다. 해당 자체점검 결과 및 보완조치사항은 최소 3년간 보관하여야 한다.

9.4.5 국토교통부 및 유관기관의 액체류 관련 점검에 대하여 적극 협조하여야 한다.

9.4.6 국토교통부의 정기보안점검 또는 액체류 관련 특별점검 결과, 액체류 보안통제가 자체보안계획에서 규정한 바와 같이 이행되지 않는 경우 액체류(LAGs) 물품 상용공급자 지정이 취소될 수 있다.

제10장 항공화물 보안대책

10.1 화물터미널 보안대책

10.1.1 화물터미널을 직접 관리 운영하는 경우 다음 각 호의 보안대책을 준수하여야 하며, 계약을 통하여 화물터미널을 사용하는 경우 제14장에서 규정한 항공사 보안 수준관리계획에 따라 동 보안대책이 준수되고 있는지 확인하여야 한다.

1) 화물터미널의 보호구역 설정을 위하여 공항테러대책협의회 등 관계기관과 협의하여야 하며, 지방항공청장의 승인을 받아 보호구역을 지정받아야 한다.
2) 보안구역은 보안울타리 또는 장벽 등을 설치하여야 하며, 보호구역 안의 보안울타리 또는 장벽을 정상적인 상태로 유지하여야 하며, 화물선적 등을 위한 조업구역 등은 일반지역과 보호구역 간의 경계가 구분될 수 있도록 적색선으로 표시한다. 다만, 화물조업에 필요한 최소한의 경우는 예외로 할 수 있으며 이 경우 경비를 통해 보안통제를 실시하여야 한다.
3) 보호구역 안으로 진입하는 출입구에는 물리적 방어기능을 갖춘 장벽 또는 이와 유사한 시설물을 설치하여야 한다. 다만, 화물조업에 필요한 최소한의 경우는 예외로 할 수 있으며 이 경우 경비를 통해 보안통제를 실시하여야 한다.
4) 화물터미널의 보호구역으로 출입하려는 모든 인원, 차량, 장비, 물품 등에 대하여 신원확인 및 보안검색을 실시하여야 하며 보안검색을 거부하는 경우에는 출입을 금지하여야 한다.
5) 출입증 소지자는 보호구역으로 진입하거나 보호구역 내에 있는 경우에 출입증이 상체 전면, 의복 외부로 노출되도록 패용하여야 한다.
6) 화물터미널의 항공보안검색요원·항공경비요원 등은 보호구역으로 출입하려는 자에 대하여 출입증을 확인하여야 하며 금속탐지기, X-Ray 탐지기 등을 이용하여 위해물품의 반입을 통제하여야 한다.
7) 화물터미널은 출입구역 등 보호구역이 상시 확인 가능하도록 CCTV, 보안경비 등 적절한 감시체계로 운영되어야 한다.

10.1.2 ○○항공사은/는 보호구역 안에 있는 화물터미널 등 운영시 반입이 허용된 위해물품 · 공구류 · 장비류 등에 대해 다음과 같이 관리하여야 한다.

1) 보호구역 내 반입이 허용된 위해물품의 관리책임자(정 · 부) 지정
2) 반입이 허용된 위해물품을 사용하는 장소에 승객 또는 비인가자가 접근할 수 없도록 통제
3) 영업이 종료된 후 보호구역내에서 반입이 허용된 위해물품을 보관하고자 하는 경우, 시건장치가 있는 보관함에 보관
4) 보호구역 내에서 기내 반입금지 위해물품의 판매 및 대여 금지
5) 관리책임자는 위해물품 사용, 보관, 분실 여부 등 관리 실태를 매월 1회 이상 점검하고 관리대장에 기록을 유지
6) 점검지적 사항에 대한 이행결과 또는 조치계획을 제출

10.2 항공화물 접수 및 보안검색 절차

10.2.1 화주 또는 운송업체의 화물을 접수하는 경우 반드시 화물의뢰인의 신분을 확인하여야 한다.

10.2.2 화물 접수 시 외관상 불법훼손 여부, 전선노출 또는 내용물의 유출여부 등을 확인하여야 하며, 이상 발견 후 화주의 설명 및 적절한 보안검색이 수행되지 않은 경우에는 화물운송을 금지하여야 한다.

10.2.3 화물에 대한 외관검사를 하는 경우에는 다음 사항을 포함하여 불법훼손 또는 침입흔적을 확인하여야 한다.

1) 기계의 나사 또는 플라스틱 용기에 긁힌 흔적
2) 비정상적인 무게와 형태
3) 이상한 냄새
4) 훼손 또는 개조된 징후나 임의 조작된 표시
5) 화물 서류와 일치하지 않는 부품 또는 물건

10.2.4 여객기 또는 화물기로 운송되는 화물 및 우편물의 경우 비인가된 폭발물, 발연성 물질 또는 위해물품 은닉 여부를 확인하기 위하여 다음 각 호의 기준에 따라 보안검색을 실시한 후 항공기에 탑재 하여야 한다. 단, 상용화주로부터 접수된 화물은 그러하지 아니할 수 있다.

1) 여객기에 탑재하는 화물 및 우편물은 위탁수하물의 보안검색 기준을 준용하여 보안검색을 실시하여야 한다.

가) 모든 화물은 X-Ray 장비로 검색하여 폭발물 또는 기타 위해물품 등이 없다는 것을 확인하여야 한다.

나) X-Ray 장비로 검색 시 운송장 등 관련 서류와 화물을 대조하여야 한다.

다) 만약 폭발물 또는 위해물품이 있다고 의심되거나 발견된 경우에는 개봉검색 또는 기타 정부가 인정한 보안검색 방식으로 추가 검색을 실시하여야 하며 개봉검색은 다음 각 호의 경우를 포함하여 실시하여야 한다.

(1) X-Ray 장비가 정상적으로 작동하지 않는 경우

(2) X-Ray 장비로 검색 중 신고된 화물과 내용물이 상이함을 발견한 경우

(3) X-Ray 장비로 내용물 판독이 불가능 한 경우

(4) 무기류 등 불법 위해물품 판독이 의심되는 경우

(5) 항공기 테러 도발위협 접수 시 또는 국가가 정한 우발단계 위협상황 발생 시 필요한 경우

라) 만약 개봉검색 등 추가적인 검색이 불가능한 경우 화물을 항공기에 탑재하여서는 아니 된다.

2) 화물기에 탑재하는 화물 및 우편물은 개봉검색, X-Ray 장비에 의한 검색, 폭발물 탐지장비 또는 폭발물 흔적탐지장비에 의한 검색, 폭발물 탐지견에 의한 검색, 압력실을 사용한 검색 중 하나의 방법으로 보안검색을 실시하여야 한다.

10.2.5 검색장비에 의하여 보안검색을 하는 경우 본래의 형질이 손상되거나 변질될 수 있는 다음 각 호에 대항하는 물품에 대해서는 개봉검색을 하거나 입증서류 확인 및 폭발물 흔적탐지 장비 등에 의한 검색 등의 방법으로 보안검색을 대체할 수 있다.

1) 골수, 혈액 등 인명구조용 의료물품
2) 유골, 유해
3) 이식용 장기
4) 생동물
5) 의료용 · 과학용 필름
6) 기타 국토교통부장관의 허가를 받은 물품

10.2.6 항공운송사업자와 우편물을 취급하는 기관(이하 "국제우편물류센터"라 한다)간에 협약을 체결한 경우 국제우편물류센터가 우편물에 대한 보안검색을 실시할 수 있으며, 우편물을 운송하는 항공운송사업자는 상호 협의하여 특정 항공운송사업자를 지정하여 연 1회 이상 우편물 보안검색에 대한 이행실태를 확인하여야 한다.

특별검색 우편물에 대한 보안통제 운영절차 (IPO)

10.2.7 화물 및 우편물에 대한 보안검색 수준은 항공보안등급에 기초하여 결정하여야 한다.

10.2.8 보안검색이 완료되지 아니한 화주의 화물 및 우편물을 운송하여서는 아니 된다.

10.2.9 화물 및 우편물에 대한 보안검색시에는 다음 사항을 유의하여 실시하여야 한다.

1) 검색대상 화물 및 우편물은 포장 단위별로 나누어 검색. 다만, 화물 전체를 검색할 수 있는 장비가 있는 경우는 예외
2) 화물의 내용물과 신고된 선적 서류와의 일치여부를 확인한 후 엑스선 검색장비 등으로 보안검색을 실시. 다만, 신고된 화물과 일치하지 않는 화물에 대해서는 개봉검색 실시 또는 흔적탐지기 등으로 실시

3) 정규적으로 거래를 하지 않은 화주 또는 운송업체의 화물을 접수하는 경우는 반드시 화주의 신분 확인 후 접수
4) 고위험 화물 또는 우편물로 분류된 경우에는 통상적인 보안검색 이외에 그 내용물을 확인하기 위한 개봉검색 등 추가적인 보안조치를 실시
5) 항공화물 운송을 의뢰하는 대리점에 대해서는 등록여부(물류정책기본법에 의한 국제물류주선업 등)를 확인한 후 화물 접수

10.2.10 ○○항공사은/는 보호구역 안에서 화물 및 우편물을 보관하는 장소 외의 지역이나 항공사 직원이 감시를 하지 않는 지역에 화물 및 우편물을 방치하여서는 아니 되며, 방치된 화물 및 우편물이 발견된 때에는 해당 화물 및 우편물에 대하여 보안검색을 실시하는 등 보안조치를 하여야 한다.

10.2.11 보안검색을 완료한 화물은 항공기 탑재 전까지 지정된 장소에 보관하고 비인가자의 접근을 통제하여야 하며, 지정된 장소에는 경비요원을 배치하여 인가된 직원만 출입이 가능하도록 하여야 한다.

10.2.12 보안검색이 완료된 화물 · 우편물 · 기내물품 등을 외부로부터 공항 보호구역 또는 항공기 안으로 이동시키는 경우 위해물품이 반입되지 않도록 경비요원에 의한 호송을 받거나, 시건장치가 되어 있는 컨테이너에 보관하여 운송하는 등 보안통제 절차를 이행하여야 한다.

10.2.13 화물처리장비, 단위화물탑재용기(ULD) 등은 비 인가자의 접근을 통제하여야 하며, 화물 적재작업 전 내 · 외부에 위해물품이 존재하는지 여부를 확인하여야 한다.

10.2.14 상업서류송달업자가 접수한 물품(COB)에 대하여 위탁수하물과 같은 방법으로 보안검색을 실시하여야 한다.

10.2.15 통과 · 환적화물의 경우 다음 각 호의 경우를 제외하고는 출발 화물 처리절차와 동일한 보안검색을 하여야 한다. 단, 해외공항의 경우에는 각 국가 또는 관계기관의 보안규정에 따른다.

1) 동일한 편명의 항공기로 중간 경유지에서 하기하지 않는 경우
2) 단위화물탑재용기(ULD)로 이동되는 경우
3) 동일한 항공운송사업자의 항공기로 운송되는 경우

10.2.16 다른 국가에서 출발하여 국내 공항에서 환적되는 화물 및 우편물중 보안검색이 면제되는 대상에 대해서는 전자 · 문서 형태의 증명서류 등을 통해 최종 출발지 국가에서 적정한 보안통제가 이루어졌는지를 확인하여야 한다.

10.2.17 화물 및 우편물에 대해 보안검색을 완료한 경우에는 전자 · 문서 형태의 보안 증명서 또는 보안표식을 이용하여 화물 및 우편물의 최종 도착지까지 보안검색이 완료된 상태임을 확인할 수 있도록 하여야 한다.

10.2.18 상용화주 화물보안 이행에 대해서는 항공보안법, 국가항공보안계획, 상용화주 항공화물 보안기준 등에서 정하는 바에 따른다.

10.3 보안검색의 기록 및 작성유지

10.3.1 다음 각 호의 사항에 관한 보안검색 기록은 전자문서 등의 방법으로 1년 이상 보존하여야 한다.

1) 보안검색 업무를 수행한 항공보안검색요원·감독자의 성명 및 근무시간
2) 항공보안장비의 점검 및 운용에 관한 사항
3) 국내 통과 · 환적 화물에 대한 최종 출발지 국가의 보안통제 표식이나 확인 서류
4) 무기 등 위해물품 적발 시 적발현황과 처리결과
5) 항공보안검색요원에 대한 현장교육 훈련 기록
6) 그 밖에 보안검색 수행 중에 발생한 특이사항

10.3.2 다음 각 호의 사항에 관한 항공화물 및 우편물의 보안검색 기록은 전자 문서 등의 방법으로 60일 이상 보존하여야 한다.

1) 운송장 번호
2) 보안검색된 화물의 수
3) 보안검색 방법

10.4 항공보안장비의 관리 및 운영

10.4.1 항공보안법 제27조(항공보안장비)에 따라 보안검색에 사용하는 항공보안장비(이하 "검색장비"라 한다)는 아래와 같다.

1) 엑스선검색장비
2) 금속탐지장비
  가) 문형금속탐지장비
  나) 휴대용금속탐지장비
3) 폭발물탐지장비
4) 폭발물흔적탐지장비
5) 기타 국토교통부 장관이 필요하다고 인정하는 장비

10.4.2 검색장비를 직접 관리, 운용하는 경우에는 다음 각 호의 보안대책을 준수하여야 하며, 위탁업체를 통하여 검색장비를 관리, 운용하는 경우에는 동 보안대책이 준수되고 있는지 정기적으로 확인하여야 한다.

1) 장비의 성능이 유지되도록 표준운용절차 또는 제작사의 해당 장비별 매뉴얼에서 정한 기준에 따라 유지 관리하여야 한다.
2) 운용자는 모든 장비가 최상의 상태에서 작동될 수 있도록 예방유지보수 일정표, 정기점검표를 작성하여야 하며, 보안장비의 유지보수를 위해 자격 있는 기술자를 고용하거나 전문업체에 유지보수를 위탁할 수 있다.
3) 운용자는 설치된 X-Ray장비 등의 방사선 누출량 기준 충족여부를 매월 점검하여야 하며, 점검결과는 해당 검색장비 이력카드에 기록하여야 한다.
4) 검색장비를 유지 · 보수하는 경우 다음 각 호의 사항을 별지 제7호의 항공

보안장비 유지보수 일지 서식에 의하여 기록·유지하여야 한다.

가) 검색장비의 점검, 조정, 정비 등 유지보수에 관한 사항. 다만, 정기적으로 실시하는 점검에 관한 사항은 제외한다.

나) 검색장비의 운용중지 또는 기타 장애가 발생된 경우에는 일시, 원인 및 조치사항

다) 검색장비운용에 관련된 지시·통보·보고사항 등 유지보수에 참고가 될 사항

5) 검색장비의 오작동이나 고장 또는 결함이 발생한 경우에는 응급복구 및 장비교체 등 필요한 조치를 즉시 취하여야 한다.

6) 운용자는 상기 5호에 따른 조치를 취할 수 있도록 정기점검표, 장비운용 자료 입력사항 및 장애복구절차 등을 표준운용절차에 포함하여 활용할 수 있도록 하여야 한다.

7) 검색장비의 신규설치, 교체 또는 개량으로 운용절차의 변경이 필요한 경우 해당 장비에 대한 표준운용절차와 예비운용절차를 수정, 보완하여야 한다.

8) 운용자는 측정장비의 용도, 사용빈도 및 안전성을 고려하여 측정장비의 성능 및 정확도를 유지하는 방안을 수립하여 관리하여야 한다.

9) 그밖에 검색장비 운용 및 유지보수요원의 교육 등 자격관리 등 에 대해서는 국토교통부 장관이 고시한 항공보안장비 종류, 성능 및 운영기준을 준수하여야 한다.

10.5 대형 항공화물 보안검색(화물기에 한함)

10.5.1 X-Ray검색장비의 규격 및 중량을 초과하는 대형화물의 경우에는 보안검색 감독자 입회하에 개봉검색 및 폭발물 흔적 탐지기로 검색할 수 있다.

10.5.2 X-Ray 외 ETD 등의 장비사용 방법과 절차

10.6 보안검색 실패 시 대책 및 보고절차

10.6.1 다음 각 호와 같이 보안검색이 실패된 화물 등이 항공기에 탑재된 사실을 인지한 사람은 즉시 ○○항공사가 지정한 보안감독자 또는 책임자 등에게 그 사실을 통보하고, 통보받은 자는 국토교통부장관(지방항공청장) 및 국가정보원장(공항보안실장)에 즉시 보고한다.

1) 검색장비가 정상적으로 작동되지 아니한 상태로 검색을 하였거나 검색이 미흡한 사실을 알게 된 경우
2) 허가받지 아니한 사람 또는 물품이 보호구역 또는 항공기 안으로 들어간 경우
3) 보안검색에 필요한 교육훈련을 이수하지 아니한 사람에 의하여 보안검색이 이루어진 경우
4) 무기 · 폭발물 등에 의하여 항공기에 대한 위협이 증가하는 경우

10.6.2 타 국가의 항공운송사업자 또는 공항당국으로부터 항공화물에 대한 보안통제실패 사항을 통보받은 ○○항공사(보안감독자, 책임자)은/는 국토교통부장관(지방항공청장) 및 국가정보원장(공항보안실장)에게 즉시 보고하고 해당 항공기를 격리주기장으로 유도하도록 관계기관과 협의하고 추가 보안통제를 받도록 조치하여야 한다.

제11장 승객 및 수하물 보안대책

11.1 승객에 대한 보안대책

11.1.1 입출국하는 모든 국제선의 경우 승객에게 탑승권 발급 시 승객이제시하는 여권 또는 사진이 있는 신분증명서와 해당 승객이 일치하는지를 확인(인터넷 또는 무인탑승권 발급의 경우에는 전자적인 방법도 포함)하여야 하며, 국제선의 경우 지상직원은 탑승구 앞(1차)에서 승객의 탑승

권과 여권 또는 신분을 확인할 수 있는 증명서를 대조하여 신원을 확인하고, 객실승무원은 항공기 출입문 앞(2차)에서 탑승권을 확인하여야 하며, 국내선의 경우 지상직원은 탑승구 앞(1차), 객실승무원은 항공기 출입문 앞(2차)에서 승객의 탑승권을 확인하여 항공기 오탑승을 방지하여야 한다.

11.1.2 항공기에 탑승하는 승객은 반드시 보안검색장비를 통한 보안검색을 받아야 하며, 폭발물이나 위해물품이 있다고 의심되는 경우에는 폭발물 탐지장비, 촉수검색 또는 개봉검색 등의 보안검색을 받아야 한다.

11.1.3 보안검색을 통과한 지역에서 보안검색을 받은 승객이 보안검색을 받지 않은 승객과 접촉한 후 항공기에 출입하였을 경우에는 즉시 관계기관에 통보하고 해당 항공기 내·외부에 대한 정밀검색을 실시하여야 한다.

11.1.4 비인가자가 항공기에 탑승한 경우 관련기관에 즉시 통보하여야하고 해당 항공기에 대한 수색은 보안관련기관의 판단에 따라 실시하여야 한다.

11.1.5 계류장 지역에서 버스 등을 이용하여 항공기로 이동하는 승객에 대한 보안조치를 위하여 국제선의 경우에는 버스 승 · 하차 지역에 항공사 직원(운송 용역업체 직원포함) 또는 경비요원을 배치하여야 하며,

11.1.6 국내선의 경우에는 아래 각 호와 같이 승객의 이동동선 이탈방지를 위하여 감시 및 통제가 가능한 위치에 직원을 배치한다.

1)

2)

※ 국내선의 경우 항공사별 승객에 대한 보안조치 방법을 별도 마련

11.2 휴대물품 보안대책

11.2.1 휴대물품에 대한 보안검색 목적은 불법방해행위에 사용될 수 있는 기내반입금지 물품이 보호구역이나 항공기내로 반입되는 것을 방지하는 것이다.

11.2.2 다음 각 호의 물품에 대해서는 개봉검색을 하거나 증명서류 확인 및 폭발물 흔적탐지장비에 의한 검색 등의 방법으로 보안검색을 할 수 있다.

1) 골수, 혈액 등 인명구조용 의료품
2) 유골, 유해
3) 이식용 장기
4) 살아있는 동물
5) 의료용 · 과학용 필름
6) 그 밖에 검색장비 등에 의하여 보안검색을 하는 경우 본래의 형질이 손상되거나 변질될 수 있는 것 등으로 지방항공청장의 허가를 받은 물품

11.2.3 체약국의 요구가 있거나 필요하다고 판단되는 경우 탑승 수속 전 또는 탑승구 앞에서 추가 보안검색을 실시할 수 있다.

11.2.4 휴대물품 등에 대한 보안통제가 실시되지 않았거나 실패한 채 항공기가 출발한 사실을 공항운영자로부터 통보받은 경우 도착공항의 관련기관에 세부 내용을 즉시 통보해야 한다.

11.2.5 항공기가 공항에 도착한 때에는 모든 승객(통과 및 환승 승객 포함)이 항공기내에 어떠한 물건도 남겨두고 내리지 않도록 하여야 하며, 수상한 물품이 발견된 경우 즉시 공항상주 보안기관 또는 경찰에 통보한 후 기내 보안점검을 실시한다.

11.3 위탁수하물 접수절차 및 보안대책

11.3.1 위탁수하물은 다음에 각 호에 해당하는 경우에만 접수할 수 있다.

1) 공항 내에 위치한 항공사 탑승수속대 또는 국토교통부장관이 인정한 도심공항터미널에서 탑승 수속하는 경우
2) 탑승 수속 시 탑승예정 승객에 대하여 탑승권, 여권 또는 승객사진이 있는 신분증명서와 승객을 대조하여 이상이 없는 경우(무인기기를 이용할 경우에는 여권 등을 이용한 전자적인 방법으로 신원확인을 대체할 수 있다.)
3) 위탁수하물 접수시 각 소지자에 대하여 위탁수하물 포장 · 보관 등에 대한 보안질문(전자적인 방법포함)을 하여 이상이 없는 경우
4) 의심스러운 승객 또는 그 내용물을 알려주지 않는 승객의 위탁수하물에 대해 개봉검색 등 보안통제를 실시한 경우
5) 승객이 직접 위탁수하물의 운송을 접수하는 경우(중환자 · 장애인 등 승객이 혼자서 접수할 수 없는 경우는 제외)
6) 불가피한 상황이 발생하여 국토교통부장관이 대리수속이 필요하다고 인정하는 경우

11.3.2 위탁수하물 접수 시 의심승객 여부를 주의 깊게 확인하여야 하며, 의심 승객의 위탁수하물에 대해서는 공항운영자에게 의뢰하여 정밀검색(폭발물탐지장비 또는 폭발물흔적탐지장비 이용검색, 개봉검색 등)을 실시하여야 한다.

11.3.3 승객으로부터 접수된 위탁수하물에 대하여 다음 각 호의 보호 절차를 준수하여야 한다.

1) 승객으로부터 접수된 위탁수하물이 도착지에서 승객에게 반환되거나 다른 항공사에 전달되기 전까지 위탁수하물을 비인가자로부터 보호
2) 도심공항터미널에서 이송된 위탁수하물은 재검색이 완료된 시점부터 항공기에 탑재되기 전까지 보호
3) 보안검색이 완료된 위탁수하물의 보호구역 내 운송 처리지역에 대한 비인

가자 출입 통제

4) 위탁수하물을 탑재 및 하기하는 사람은 컨베이어 벨트·차량 등 운송도구를 통하여 비인가 위탁수하물이 섞여 들어오지 않도록 하고, 위탁수하물이 실린 운송도구를 비인가자가 출입할 수 있는 곳에 방치 금지

5) 보호되지 않은 위탁수하물은 반드시 재검색 후 운송 조치

11.3.4 ○○항공사은/는 승객의 위탁수하물을 접수하기 전에 해당 승객에게 항공기 반입이 금지되는 위탁수하물에 대한 정보를 제공하여야 한다.

11.3.5 항공기에 탑재된 위탁수하물이 실제 탑승한 승객 및 승무원의 위탁수하물과 일치하는지 여부를 확인하여야 하고 승객의 숫자와 위탁수하물의 수량이 일치하지 않을 경우 전체 수하물에 대한 개별 확인 작업을 실시한 후 항공기 출발을 지점장 등 항공사 대표자가 승인하여야 한다. 또한 위탁수하물 일치여부 및 운송인가 기록은 1개월 간 유지하여야 한다.

11.3.6 보안검색을 완료한 위탁수하물의 소유주가 탑승하지 않았거나 승객이 출국하지 못한 경우에는 위탁수하물을 운송하여서는 아니된다. 다만, 승객의 귀책사유가 아닌 다음 사항을 포함한 특정 사유로 승객이 탑승하지 못한 경우에는 엑스선 검색 또는 개봉검색 등 보안조치를 취한 후 승객으로부터 위탁수하물을 분리하여 운송할 수 있다.

1) 항공기 공간 또는 중량제한 등 항공사에 의해 해당 항공편 탑승이 거부된 경우

2) 항공편 지연·결항, 그 밖에 공항운영 요건 등 항공사의 운영상 이유로 승객이 분리된 경우

3) 지연 또는 잘못 운송된 위탁수하물이 적절한 보안검색을 완료했을 경우

11.3.7 상기 11.3.5항 각 호에 해당하는 경우에는 위탁수하물 운송 시 반드시 비동반 수하물 관리대장에 기록이 되어야 하며, 엑스선 검색 또는 개봉검색 등 보안검색과 보안통제를 거쳐 안전성이 확인된 후 운송되어야 한다.

11.3.8 환적수하물 검색면제 처리절차
※ 구체적으로 명시할 것

11.3.9 위탁수하물을 항공기에 탑재하기 위하여 다음 각 호의 보안대책을 준수하여야 한다.
1) 승객 및 위탁수하물의 일치 확인 절차
2) 승객과 위탁수하물 일치 여부 확인자의 자격 기준 및 지정
3) 위탁수하물의 운송적합 여부결정, 운송인가자 또는 출발승인책임자의 교육이수 등 자격기준 및 지정절차
4) 환승승객·승무원의 위탁수하물 및 비동반 위탁수하물 수량 확인절차
5) 항공사 자체문서 및 승객과 같이 가지 않는 수하물에 대한 탑재 확인 및 책임자

11.3.10 보안상 또는 보안검색 거부 등의 사유로 탑승이 거부된 승객의 위탁수하물을 항공기에 탑재하여서는 아니 되며, 탑재된 경우 이를 즉시 하기하여야 한다.

11.3.11 보안상 또는 보안검색 거부 등의 사유로 탑승이 거부된 승객의 위탁수하물을 하기한 경우 별도의 보안통제를 하여 해당 승객에게 인계하여야 하며, 필요시 공항운영자와 협의하여 보안검색을 실시한다. 보안통제 또는 보안검색 결과 이상이 없고 해당 승객에게 인계되지 아니한 경우 위탁수하물 보관지역에 보관할 수 있다.

11.3.12 잘못 처리된 위탁수하물이 발견된 경우에는 보안검색을 완료한 후 소유자에게 운송되기 전까지 비인가자의 출입이 통제되는 장소에 보관하여야 한다.

11.3.13 위탁수하물의 보관·이동·탑재 과정 중에 미확인 위탁수하물을 발견한 경우 즉시 공항운영자에게 통보하여야 하며, 보안검색 결과 이상이 없는 경우 위탁수하물 보관지역에 보관할 수 있다.

11.4 비행서류의 보안관리 대책

11.4.1 공항지점장은 위조된 탑승권의 사용 및 허가되지 않은 물품 등의 반입을 방지하기 위하여 미사용 탑승권 및 수하물 꼬리표 등의 비행서류는 비인가자가 접근하지 못하도록 관리하여야 하며, 업무 종료 후 시건 장치가 있는 지정된 장소에 보관하여야 한다.

11.4.2 비행서류의 취급 및 배포는 항공사 직원 또는 지정된 항공사 대리인만이 할 수 있으며, 항공사는 각 담당 지역별로 해당 비행서류를 관리하는 감독자를 지정하고, 지정된 감독자로 하여금 정기적인 검사를 실시하도록 하여야 한다.

11.4.3 탑승증명, 수하물표, 승객탑승명세서 등 승객 및 수하물 운송에 관련된 비행서류는 그 실물 또는 이를 대체할 수 있는 전산자료로 1년 이상 관리 보관하야여 하며, 기장통보서(Notification to Captain) 및 무기운송보고서의 보관은 비인가자가 접근하지 못하는 통제된 장소에 보관하여야 한다.

11.4.4 탑승관련 전산자료의 접근은 별도의 담당자를 지정하여 담당자 외에는 임의 열람이 되지 않도록 관리하여야 하며, 비행서류(탑승권, 수하물 꼬리표, 승객탑승명세서, 화물탑재명세서, 기장통보서(Notification to Captain), 무기운송 보고서, 기타 국토교통부장관이 정하는 비행서류)의 배포 및 취급은 당사 직원 또는 조업사 직원 등 지정된 대리인만 할 수 있다.

11.4.5 탑승권 발급기는 비인가자가 접근하지 못하도록 담당직원에 코드를 부여하는 등 접근권한을 제한하고 장비에 대한 암호화 등 보안조치를 하여야 한다.

11.5 항공기내 무기반입

11.5.1 항공기내로 무기를 반입하려는 사람은 「항공보안법 시행규칙」 제12조의 2(기내 무기반입 허가절차) 절차에 따라 지방항공청장의 허가를 받아야 하며, ○○항공사은/는 지방항공청장의 허가를 받은 무기 등 위해물품을 항공기내로 반입할 수 있다.

11.5.2 무기류의 항공기내 반입 및 탑재 절차는 다음과 같다.

가. 대상 무기류의 종류

1) 항공기내 반입가능 무기류 : 외국 정부의 중요인물에 대해 「대통령 등의 경호에 관한 법률」, 「경찰관 직무집행법」, 「항공보안법」에 따른 경호업무 수행을 위한 무기

2) 위탁수하물 탑재가능 무기류 : 무기소지 증명서류를 소지한 승객의 무기

나. 모든 무기류는 다음 각 호의 관계기관장의 사전 승인을 받거나, 적절한 허가증이 있을 경우에 항공기내 반입 또는 위탁수하물 칸에 탑재할 수 있다.

1) 항공기내 반입 : 지방항공청장

2) 위탁수하물 탑재 : 관할 지방경찰청장 또는 경찰서장이 허가한 총기소지 허가증을 소지한 개인 및 취급업체

다. 승인된 무기류를 항공기내 반입 또는 위탁수하물로 탑재할 경우에는 다음 사항을 준수하여야 한다.

1) 항공기내로 반입할 경우

가) 항공기내 무기반입 허가서류 소지 확인

나) 해당 공항지점장(보안담당자 포함, 이하 같음) 입회하에 무기 반입자의 총기와 실탄 분리 후 용기에 담아 봉인

다) 항공기 출발 전 공항지점장이 해당 기장에게 전달

라) 기장 책임 하에 비인가자가 접근할 수 없도록 보존한다. 다만, 기장이 보관에 따른 안전문제 발생이 우려된다고 판단하는 경우 위탁수하물로 운송하게 할 수 있음

마) 해당 공항 지점장은 기내 무기반입에 관한 규정 설명 및 동승객의 서

명이 포함된 서약서 접수 별지 제8호 서식 "기내 무기 반입 서약서"

바) 무기반입 기록 서류는 1년간 보관

사) 항공기 운항 중 무기반입 허가 자에게 주류제공 금지

아) 목적지 도착 후 객실승무원은 기장에게 봉인된 무기 및 실탄 등을 전달받아 해당공항 지점장에게 전달하며, 지점장은 무기반입자에게 인계

2) 위탁수하물로 탑재할 경우

가) 공항지점의 관련교육을 이수한 항공사 직원이 총기 및 실탄 분리 상태를 확인

나) 실탄은 별도로 봉하여 별도의 용기에 보관

다) 비인가자의 접근이 불가능한 곳에 탑재

라) 무기운송 기록을 1년간 보존

라. 해당공항의 지점장은 해당편 기장 및 객실사무장(선임승무원)에게 무기류 소지 인원 수, 이름, 무기종류, 좌석번호, 소지이유, 탑재위치 등의 정보를 설명해주어야 하며, 기장은 다음 사항을 확인·조치한다.

1) 항공기내 무기류를 반입하는 경우는 지방항공청장이 승인한 무기반입 허가서류 소지 확인 후 "총포, 도검류 등 인계인수서"에 서명하고 도착지 공항지점장에게 인계한다.

2) 위탁수하물로 무기류를 탑재하는 경우는 출발지 공항경찰대에서 "총포, 도검류 등 인계인수서"에 서명하고 도착지 공항지점장에게 인계한다.

마. 항공기내로 반입한 경우에는 목적지 공항 도착 후 해당 공항 지점장은 현지 경찰, 세관 등 관계기관 담당자와 동행 하여 기장으로부터 해당 무기류 및 총기류를 인수하여 통관 등 필요한 조치를 취하여야 한다. 이를 위하여 기장은 승객이 완전히 하기하지 않은 경우라도 조종실문을 개방할 수 있다.

바. 항공기내보안요원의 지정 및 탑승, 항공기내 무기류 탑재는 지방항공청장의 승인을 받아 운영하여야 한다.

사. 무기류 및 기타 총기류를 운송할 경우에는 관련 국가의 법규를 위반하는 일이 없도록 관련 국가의 보안기관과 사전 협의를 완료하여야 하며, 안전보안실은 이를 확인하여 유관부서에 통보하여야 한다.

11.5.3 대통령 경호처 소속 공무원의 항공기내 무기반입 절차

가. 대통령 경호실 소속 공무원(이하 "경호공무원"이라 한다)이 「대통령 등의 경호에 관한 법률」제4조에 따른 경호 대상을 직접 경호하는 경우 공항의 보호구역과 국내·외에서 운항하는 민간 항공기 내에 적용한다.

나. 항공기 탑승 전 절차

1) 공항지점 체크인 카운터 직원은 경호공무원에 대한 항공권 발권 시 신분증을 반드시 확인하고 경호공무원이 무기반입 사실을 알려준 경우에는 공항지점장과 안전보안실장 또는 보안감독자에게 항공기내 무기 반입사실을 즉시 보고한다.

※「대통령 등의 경호에 관한 법률」 제5조(경호구역의 지정 등)에 따른 경호구역에서는 항공기에 탑승하는 경호공무원이 직접 무기를 봉인하고, 항공기 탑승 전에 그 현황을 항공사 보안담당자에게 고지하여야 한다.

2) 항공기내에 반입하고자 하는 무기는 보안검색을 받기 전에 "공항지점장"이 입회한 상태에서 경호공무원이 총기와 실탄을 직접 분리하여 별도의 무기보관함(대통령 경호실에서 준비해 옴)에 담고 봉인한다.

다. 항공기내 무기반입 절차

1) "공항지점장"은 보안검색대에서 보안검색이 끝난 경호공무원과 함께 항공기 출입문까지 동행할 수 있다.

2) "공항지점장"은 항공기 출입문 입구에서 기장과 객실사무장(선임승무원)에게 항공기내 무기반입 사실을 알리고 경호공무원으로부터 무기보관함을 받아 기장에게 인계한다.

3) 출발지 "공항지점장"은 목적지 "공항지점장"에게 해당편 출발 전에 무기반입 사실을 즉시 통보한다.

라. 항공기내 무기반출 절차

1) 항공기가 목적지 공항에 도착한 후 객실사무장(선임승무원)은 항공기 출입문이 열리기 전에 기장으로부터 무기보관함을 받아 당초 인계하였던 경호공무원에게 전달한다.

2) 객실사무장(선임승무원)은 기장으로부터 무기보관함을 받아 경호공무원에

게 인계하는 방법 등 구체적인 사항은 사전에 상호 협의하여 정한다.

마. 항공기내 무기관리 절차

1) 기장은 인계받은 무기보관함을 목적지 공항에 도착할 때까지 조종실내에 보관한다.

2) 항공기내에서 비상사태 또는 긴급한 상황이 발생하여 경호공무원이 경호 목적상 무기사용이 필요한 경우 무기를 휴대할 수 있다.

바. 경호공무원의 활동지침

1) 항공기내에서 경호공무원의 업무 범위는 경호대상자의 신변안전 보호활동에 한정한다.

2) 항공기내에서 범인을 체포한 때에는 기장에게 이를 통보(기장은 경호공무원의 요청 시 도착지 공항에 범인 체포사항을 사전 통보)하고, 착륙 후 관계 당국에 범인을 인도한다.

3) 경호공무원이 불가피하게 항공기내에서 통신기기를 사용하려는 경우 항공기 출발 전에 기장과 미리 협의한다.

사. 호송공무원의 무기류 및 기타 총기류는 경호공무원의 무기 반입 및 관리절차에 준한다.

11.6 외교행낭 및 우편물(상업서류 송달 포함) 등 보안검색

11.6.1 개봉검색 등 보안검색을 면제하려는 외교행낭은 다음 각 호를 모두 갖춘 경우에만 해당한다.

1) 외교행낭은 외교신서사(外交信書使)의 신분을 증명할 수 있는 공문서 및 외교행낭의 수를 표시한 공문서를 소지한 사람과 함께 운송될 것

2) 외교행낭의 외부에 외교행낭임을 알아볼 수 있는 표지와 국가표시가 있을 것

3) 불법방해행위에 사용할 수 있는 무기 또는 폭발물 등 위험성이 있는 물건들이 없다는 것을 증명하는 해당 국가 공관의 증명서를 지방항공청장이 인증할 것

11.6.2 ○○항공사은/는 외교신서사가 탑승하지 아니한 경우에는 11.6.1항의 각 호에 따라 보안검색이 면제된 외교행낭을 운송해서는 아니 되며 의심스러운 외교행낭 등의 물품은 공항 보안감독자에 의해 확인되기 전까지 항공기로 운송할 수 없다.

11.6.3 외교행낭에 의하지 아니한 대사관의 서신은 일반 우편물 보안 절차와 같은 방법으로 보안통제를 실시하여야 한다.

11.6.4 ○○항공사의 우편물은 X-RAY 또는 개봉검색 등의 보안검색을 완료한 후 위탁수하물(화물)로 송부하여야 한다.

11.6.5 ○○항공사의 우편물을 접수한 공항은 회사 우편물에 대한 접수대장을 기록·유지하여야 하며, 우편물 발송 후 도착지 및 경유지 공항에 통보하여야 한다.

11.6.8 상업서류 송달 서비스는 한 명 혹은 여러 명의 의뢰인으로부터 접수된 물품을 한 명의 상업서류 송달업 담당자가 일반 승객의 위탁 수하물 서류와 동일한 절차에 따라 운송하는 절차로 일반위탁 수하물과 같이 검색되어야 한다.

제12장 항공기 정비시설 등 보안대책 <*적용유보*>

12.1 정비시설 보안책임 및 기능

12.1.1 보안책임자

정비시설 보안책임자는 소관 정비시설의 보안관련 업무를 총괄하며, 부재상황이 예상될 시에는 보안업무 공백을 방지하기 위하여 대행자를 지정할 수 있다.

12.1.2 주요 보안업무

1) 비인가자의 정비시설 출입통제
2) 보호구역으로 반입되는 위해물품에 대해 관리대장 등 기록 운영
3) 침입자 발생 또는 위해물품 반입 등 비정상 상황발생 시 관련기관에 보고
4) 관련기관에 대한 연락체계를 매 분기별 현행화 하여 비정상 상황에 대비

12.2 보호구역 설정

정비시설의 안전과 보안유지를 위하여 해당 시설의 운영자는 보호구역 지정을 공항운영자에게 요청하여야 하며, 공항운영자는 항공기의 안전과 보안유지를 위하여 공항테러대책협의회 등과 협의하여 보호구역을 설정하고, 지방항공청장의 승인을 받아 보호구역으로 지정하여야 한다. 보호구역을 설정하고자 할 경우 위험평가 결과를 고려하여야 한다.

12.3 정비시설 보안

12.3.1 출입통제

정비시설에 출입하려는 차량, 장비, 물품에 대하여 출입을 통제하고 신원확인 및 보안검색 등을 실시하여야 한다.

12.3.2 일반통제

1) 출입증 소지자가 보호구역으로 진입하거나 보호구역 안에 있는 경우 항상 복장 외부의 잘 보이는 곳에 출입증을 패용하여야 한다.(보류)
2) 시설을 운영하지 않는 시간에는 잠금장치 등을 이용하여 출입구를 폐쇄한다.
3) 24시간 운영되는 정비시설의 경우에는 상시감시체제(CCTV, 24시간 보안경비, 기타 감시체제 등)를 운영한다.
4) 모든 보호구역 출입자는 반드시 경비원의 검문검색을 받아야 한다.
5) 정비시설 내 비인가자 또는 비인가된 위험물품 발견 시에는 사실을 인지한 사람이 즉시 관계 기관에 신고하여야 한다.

6) 용역회사 등을 통한 위탁업체에서 경비업무를 수행하는 정비시설은 법적 요구사항을 충족한 자를 배치토록하고 경비요원에 대한 관리감독을 철저히 하여야 한다.

12.3.3 인원 출입 통제

1) 정비시설 보안제한구역으로 출입하려는 출입자에 대해 출입증을 확인하여야 한다.
2) 휴대용 금속 탐지기 등을 이용하여 신체를 검색하여야 한다.
3) 소지품 및 휴대물품을 확인하여 위해물품 반입을 통제하여야 한다.
4) 보안검색을 거부하는 사람에 대해 보호구역으로 출입을 금지시켜야 한다.

12.3.4 작업 중 보안통제

1) 정비시설 내에서 지상조업이 이루어지는 경우, 보안책임자는 조업요원에 대한 업무 감독을 철저히 하여야 한다.
2) 정비사는 정비작업 중에 불필요한 인원·물품 등의 기내 출입 및 반입 시 이를 통제하여야 하며, 정비작업 후에는 출입문 잠금 등 외부침입자가 발생하지 않도록 보안조치를 철저히 시행하여야 한다.

12.3.5 위기 시 보안통제

항공보안 위협이 증가되어 높은 수준의 경비가 요구되는 공항에서는 정비시설 내 위해인물 출입 또는 위해물품이 반입되지 않도록 출입문을 봉인 조치하거나 경비원 또는 직원을 배치하여 경비를 실시하여야 하며 경비원을 배치할 수 없는 경우에는 이를 대체할 보안대책을 수립하여야 한다.

12.4 정비시설 보안서류

12.4.1 보안검색기록의 보관

1) 다음 각 호의 사항이 포함된 보안검색 업무일지를 기록하고, 1년 이상 보관한다.

가) 보안검색업무를 수행한 항공보안검색요원 및 감독자의 성명 및 근무시간

나) 항공보안장비의 점검 및 운용에 관한 사항

다) 그 밖에 보안검색 업무 수행 중 발생한 특이사항

2) 다음 각 호의 사항에 관한 보안검색대장을 작성하고 1년간 유지 보관한다.

가) 검색된 물품의 수

나) 검색방법

다) 검색자의 성명 및 검색일자

제13장 보안인력 선발 및 교육훈련

13.1 일반사항

13.1.1 회사 소속의 보안인력을 직접 운용하는 경우 관련 직원들은 동 계획이 정한 항공보안교육을 이수하도록 조치하여야 하며, 위탁업체를 통하여 보안인력을 운용하는 경우에는 동 교육이 이수되고 있는 지 정기적으로 확인하여야 한다.

13.1.2 항공보안 교육훈련의 대상자는 다음 각 호와 같다.

1) 항공사보안책임자 또는 항공사보안감독자

2) 항공보안검색감독자 또는 항공경비감독자

3) 항공보안교관 및 사내보안교관

4) 항공보안검색요원

5) 항공경비요원

6) 항공보안장비 유지보수요원

7) 항공기승무원

8) 화물보안 업무요원

9) 탑승수속 담당 직원

10) 폭발물 위협분석관

11) 전화 접수자 및 안내요원
12) 화물터미널운영자 각 부서의 장 또는 이와 동등한 직급을 가진 자
13) 보안 유관 부서의 장 또는 이와 동등한 직급을 가진 자
14) 보안 유관 부서의 장 및 중간관리자
15) 정비시설운영자 및 각 부서의 장 또는 이와 동등한 직급을 가진 자
16) 기내식 시설 운영자 및 각 부서의 장 또는 이와 동등한 직급을 가진 자
17) 지상조업체 조직 내 각 부서의 장 또는 이와 동등한 직급을 가진 자
18) 급유시설 조직 내 각 부서의 장 또는 이와 동등한 직급을 가진 자
19) 항공기 청소업체의 각 부서의 장 또는 이와 동등한 직급을 가진 자
20) 승객운송 직원, 항공기 정비사
21) 승객과 위탁수하물의 일치여부 확인 직원 및 위탁수하물 수송허가 직원
22) ○○항공사의 총기류 등 무기류 운송 접수 담당 직원
23) 정비시설 운영 요원
24) 기내식 요원, 지상조업체 직원, 급유업체 요원, 항공기 청소요원
25) 이동지역 안전관리자
26) 보안업무관련 부서의 일반 직원

13.2 보안요원 선발기준 (검색 및 경비)

13.2.1 항공보안검색요원은 채용 시 [부록 1]에서 정한 자격기준을 충족하여야 하며, 반드시 신원조사 후 이상이 없는 자에 한하여 업무를 수행토록 하여야 하며, 항공보안검색요원의 결격사유는 「경비업법」제10조제2항제1호부터제3호까지를 따른다.

13.2.3 ○○항공사 또는 항공보안검색업무를 위탁받은 자는 항공보안검색요원에 대하여 매년 자체평가를 실시하고 해당 자료를 2년간 유지·관리하여야 한다. 또한, 항공보안검색업무를 위탁한 사업자는 위탁한 업무가 항공보안법 등 관련 법·규정에 따라 수행되고 있는지를 정기적으로 확인하여야 하며, 자체 수준관리계획에 따라 보안점검 등을 실시하여야 한다.

13.2.4 항공보안검색감독자를 지정하는 경우에는 보안검색운영자 및 항공보안검색감독자 과정을 수료하고 보안검색 관련 법 규정에 대한 충분한 지식을 갖춘 사람을 지정하여야 한다.

13.2.5 항공보안검색감독자는 항공보안검색요원이 정해진 절차에 따라 업무를 수행하지 않을 경우에는 일정기간 근무 금지 등을 명할 수 있으며, 항공보안검색요원과 구별되는 복장을 착용하여야 한다.

13.2.6 경비 보안요원 채용 시 최근 5년간의 경력과「경비업법」에 따른 교육수료 여부를 확인하여야 한다.

13.3 항공보안 교육훈련지침 수립

13.3.1 항공보안업무 수행자에 대한 교육 훈련과정은 담당 직무에 따라 다음 각 호와 같이 구분하여 시행하며, 필요한 경우에는 특별교육과정을 개설하여 운영할 수 있다.

1) 항공보안 관련 신규 채용자 또는 최초 임명자 등에게 직무를 부여하기 이전에 직무와 관련한 기본적인 지식과 기량을 전수하기 위한 초기교육(Initial Training)
2) 초기교육을 이수한 자를 대상으로 업무의 시범 및 관찰과 실제업무의 수행을 통하여 받는 직무교육(OJT, On-the-Job Training)
3) 소관 업무 내용의 변경 또는 추가와 신기술의 도입 등에 따라 필요한 지식과 기량을 전수하기 위하여 정기적으로 실시하는 정기교육(Recurrent Training)

13.3.2 담당 직무분야별 교육과정의 세부교과내용 · 교육훈련시간 · 교육주기 등은 별표 2부터 별표14의2까지와 같다.

13.3.3 항공보안교관의 자격기준은 다음 각 호의 어느 하나와 같으며, 교육과정별 교관은 별표9부터 별표14의2까지의 교관 요건에 적합하여야 한다.

1) 국제민간항공기구(ICAO), 국제항공운송협회(IATA), 미국 교통보안청(TSA), 항공훈련기관의 교관 교육과정을 이수한 자로 항공보안 경력이 1년 이상인 자
2) 항공보안 업무 또는 해당 분야실무 경험 2년 이상인 사람 중 기관의 장 또는 소속의 장이 임명한 자
3) 별표5의 항공보안교관 교육과정을 이수한 사람

13.3.6 항공사보안책임자 또는 감독자를 지정하려면 별표 2의 초기교육 과정을 이수하였거나 지정 후 6개월 안에 이수하도록 하여야 한다. 다만, 보안책임자 또는 감독자가 국제민간항공기구(ICAO), 국제항공운송협회(IATA), 미 교통보안청(TSA) 등에서 실시하는 보안관리자 과정을 이수한 경우에는 초기교육을 이수한 것으로 본다.

13.3.7 항공사보안책임자 및 감독자는 별표2의2의 정기교육 과정을 이수하여야 한다. 다만, 항공사보안책임자가 국제민간항공기구(ICAO), 국제항공운송협회(IATA), 아시아태평양경제협력체(APEC) 등에서 주관하는 항공보안세미나, 항공보안 관련 국제 심포지엄 또는 관련 국제회의에 2일 이상 참석한 경우에는 정기교육을 이수한 것으로 본다.

13.3.8 운항 및 객실승무원에 대하여 별표9과 별표9의2의 교육을 이수하도록 하며, 탑승권 발급업무를 수행하는 직원에 대해서는 별표12과 별표12의2의 교육을 이수하도록 하여야 한다.

13.3.9 화물보안검색 이외의 화물보안관련 업무를 수행하는 자에 대해서는 별표10와 별표10의2의 초기교육 및 정기교육을 이수하도록 하여야 한다.

13.3.10 폭발물 위협 분석자에 대하여 별표12과 별표12의2의 초기교육 및 정기교육을 이수하도록 하여야 한다.

13.3.11 폭발물의 위협을 받을 수 있는 전화 접수자 및 안내요원에 대하여 별표13의 폭발물 위협 대응에 대한 교육을 이수하도록 하여야 한다.

13.3.12 보안 유관 부서의 장 및 중간관리자에 해당하는 직원에 대해서는 별표14의 교육을 이수하도록 하여야 한다.

13.3.13 다음 각 호의 어느 하나에 해당하는 직원에 대해서는 별표14의2의 교육을 이수하도록 하여야 한다.

1) 승객 운송 직원, 항공기 정비사
2) 승객과 위탁수하물의 일치여부 확인 직원 및 위탁수하물 수송허가 직원
3) ○○항공사의 총기류 등 무기류 운송 접수 담당 직원
4) 이동지역 안전관리자

13.3.14 교육담당자는 항공보안 교육과 관련된 장비 및 자료를 지속적으로 수집 · 관리 · 사용하고 관련 조직과 지원 가능한 범위에서 자료를 공유하도록 하여야 하며 교육자료의 목록은 다음 각 호와 같다.

1) 항공보안 관련 법령
2) 항공보안 관련 계획(국가항공보안계획, 국가항공보안우발계획 등)
3) 공항운영자 등 자체 보안계획
4) ICAO 부속서17
5) ICAO 항공보안 지침서
6) IATA Security Manual
7) ICAO · IATA · APEC 등에서 주관하는 항공보안 세미나, 국제심포지엄 등의 교육자료
8) 기타 최신 항공테러 및 사례 관련 핸드아웃

13.3.15 교육훈련을 실시한 때에는 다음 각 호의 내용을 포함한 교육훈련 기록 내용을 3년간 보관하여야 하며, 퇴직 후 최소 90일간 교육결과를 유지·

관리하여야 하며 국토교통부장관이 교육훈련 관련 자료제출을 요구하는 경우에는 이에 따라야 한다.

1) 교육명칭
2) 교육일시
3) 교육장소
4) 교육시간
5) 교관
6) 교육시간표
7) 테스트 또는 평가 결과(해당과정에 한함)
8) 참석자 명단 및 서명

13.3.16 국토교통부장관으로부터 '국가민간항공보안 교육훈련지침'을 충족하지 못하여 시정지시를 받은 경우 시정사항에 대한 이행조치계획서를 작성하여 시정 지시를 받은 날부터 20일 안에 국토교통부장관에게 제출한다.

제14장 항공사 보안 수준관리

14.1 일반사항

14.1.1 보안업무에 대한 이행 실태 등을 확인하기 위하여 공항지점, 보안검색 위탁업체, 기내식제조업체 등에 대하여 자체 보안점검 및 불시평가 등을 실시하여야 한다.

14.1.2 보안점검, 현장조사 및 불시평가는 적절한 교육을 이수한 회사의 보안책임자 또는 안전보안실의 보안감독자로 지정된 인원만 수행할 수 있다.

14.1.3 관계기관으로부터 불시평가를 사전에 통보받은 경우 이 내용을 관련 책임자만이 알 수 있도록 관리하며 불시평가를 받는 항공보안검색요원 등에게 해당 사실을 누설하여서는 아니 된다.

14.1.4 관계기관으로부터 점검결과를 통보받은 날부터 7일 이내에 시정조치 사항 등에 대하여 이의 신청을 할 수 있다.

14.1.5 점검활동 수행자는 현장조사, 보안점검 및 불시평가 등을 실시한 경우 점검결과 보고서를 작성하여야 하며, 최소 3년 이상 보존하여야 한다. 다만, 시정 조치가 완료되지 않은 사항이 있는 보고서 또는 점검표는 조치가 완료될 때까지 보존한다.

14.1.6 점검활동 책임자 및 수행자는 점검활동 과정에서 얻은 정보와 점검활동의 결과를 항공보안업무 관련 이외의 사람에게 공개하거나제공하여서는 아니 된다. 다만, 다음 각 호에 해당하는 경우에는 그러하지 아니하다.

1) 다른 법률에 따라 공개 또는 제공을 요청받은 경우
2) 회사 내 소속부서 및 지방항공청 등 유관기관의 장에게 보고하기 위한 경우
3) 수검자에게 통보하는 경우

14.1.7 보안점검 및 불시평가 결과 나타난 문제점은 다음 각 호와 같이 구분하여 분석하여야 한다.

1) 인적분야
2) 장비분야
3) 규정, 조직분야
4) 기타 환경분야

14.1.8 인적분야는 문제점이 항공보안검색요원 등의 업무 미흡 등으로 발생한 것으로 다음 각 호의 사항을 고려하여야 한다.

1) 교육이수 유무, 근무경력
2) 숙련도
3) 인적관계(신원조사 결과 및 이전 근무 경력)
4) 훈련(Exercises)실시 및 참여 여부

14.1.9 장비분야는 장비의 결함 또는 정비 미흡 등에 의해 발생한 것으로 다음 각 호의 사항을 고려하여야 한다.

1) 장비의 내구 연수
2) 장비의 유지 보수 실태
3) 장비의 성능
4) 장비의 운용실태(장비 활용도)

14.1.10 규정, 조직분야는 국가, 공항운영자, 항공사 등의 보안 지침에 명확한 절차나 기준이 수립되어 있지 않아 문제가 발생한 경우 다음 각 호의 조치사항을 고려하여야 한다.

1) 규정, 지침의제 · 개정 여부
2) 보안 조직 운용의 적절성 여부
3) 규정 이행 등의 현실성 부합 여부
4) 규정 등의 이행 여부

14.1.11 공항운영자, 항공사 등의 운영실태 등이 미흡하거나 국토교통부장관이 정한 기준을 충족하지 못하여 발생하는 경우 다음 각 호의 환경사항을 고려하여야 한다.

1) 시설개선 등이 불가능한 경우
2) 예산 부족
3) 공항운영자, 항공사 등의 기본 방침이 국토교통부장관의 지침과 상이한 경우

14.1.12 항공사 자체 점검활동을 실시한 후 14.1.7항에 따른 분석 결과를 별표 15에 따라 기록하며 분석 결과 미비점에 대해서는 시정조치서를 발부하고, 그 결과를 시정조치서 관리대장에 기록한다.

14.1.13 항공사 자체 점검 및 평가를 통해 시정조치서를 발부하는 경우 조치사

항이 완료될 때까지 자체 보안점검 또는 자체 불시평가 등을 통하여 그 이행여부를 재확인한다.

14.2 현장조사(Survey)

14.2.1 현장조사는 다음 각 호의 사항을 파악하기 위하여 실시한다.

1) 자체보안계획 수정에 필요한 보안 요건을 파악
2) 공항 및 항공기 운영에 대한 보안실태 파악
3) 상존위협, 보안 취약점 파악 및 항공보안 증진
4) 항공기납치, 파괴행위, 폭발물 위협 등 불법방해행위에 대한 취약요소 유무 파악

14.2.2 현장조사는 회사의 자체 판단에 따라 대상을 결정하고 최소 2년에 1회 이상 실시하며, 보안책임자가 필요하다고 판단할 경우 추가로 실시할 수 있다.

14.2.3 현장조사에서 확인하여야 하는 사항은 다음 각 호와 같으며, 부록2의 현장조사표에 따라 실시한다.

1) 공항보안계획(Airport Security Program)
2) 공항보안운영협의회(Airport Security Committee)
3) 위탁수하물 처리절차(Baggage Handling Procedures)
4) 승객처리절차(Passenger Handling Procedures)
5) 탑승객 검색(Pre-Board Passenger Screening)
6) 에어사이드 출입 통제절차(Airside Access Control)
7) 일반지역과 에어사이드간의 울타리(Landside/Airside Barrier)
8) 공항감시 TV 및 경보장치(CCTV and Alarm)
9) 주요 시설보호(Vital Facilities Protection)
10) 화물(Cargo)
11) 기내식(Catering)

12) 공항우발계획(Airport Contingency Procedures)
13) 보안조명(Security Light)
14) 공항운영자, 항공사 등의 자체점검 · 불시평가(Inspection and Test)
15) 항공사 보안계획(Airline Operators Security Program)
16) 미 탑승 승객 및 하기승객절차(No Show/Off-Load Passengers)
17) 보안훈련(Security Exercises)
18) 교육(Training)

14.3 보안점검(Inspection)

14.3.1 보안점검은 회사가 취항하는 국내 및 해외공항 지점을 대상으로 국내는 1년에 1회 이상, 해외공항은 다음 각호에서 정하는 취약공항 등을 대상으로 2년에 1회 이상 실시하여야 한다.

1) 신규 취항공항
2) 항공보안사고 또는 사건이 발생하였던 공항
3) 국내 여행객들이 많이 이용하는 공항
4) 국가정보원 등 정보기관에서 정한 취약공항
5) 항공에 대한 위협 증대 공항

14.3.2 보안점검 시 확인하여야 하는 사항은 다음 각 호와 같으며,보안점검표를 사용하여 실시한다.

※ 다음 각 호 이하에 확인절차와 방법 등을 구체적으로 명시할 것

1) 우발계획 수립 및 훈련 실시
2) 항공보안조직의 구성 · 업무 및 보안책임자의 지정 등
3) 항공보안에 관한 정보의 전달 및 보고절차
4) 항공보안에 관한 교육훈련 계획 및 실적
5) 항공기 운항을 위해 항공사가 관리 · 운영하는 항공보안 시설물에 대한 보안대책
6) 항공기 보안대책 수립 및 이행상태

7) 기내식 시설 및 기내 물품 관리 운영 상태
8) 화물에 대한 보안검색 실시 및 이행상태
9) 위해물품 탑재 및 운송 대책 수립 및 이행상태
10) 승객 및 수하물에 대한 일치 여부 이행상태 확인
11) 보안장비의 관리 및 운용 실태
12) 직원에 대한 출입증 관리 실태
13) 그 밖에 항공보안에 관한 사항

14.4 불시평가(Test)

14.4.1 불시평가에서 확인하여야 하는 사항은 다음 각 호와 같다.

1) 국가 항공보안 관련 규정 준수 여부 불시확인
2) 보안 업무 수행 능력 확인
3) 보안요원에 대한 근무 태세 확인
4) 보안요원 취약점 파악
5) 비상시 대응 여부 파악

14.4.2 불시평가는 보안 업무 수행 실태를 확인하기 위하여 다음 각 호의 사항에 대하여 연 1회 이상 실시한다.

1) 화물터미널 출입자의 휴대물품 검색 방법
2) 화물터미널 등 출입통제 절차
3) 항공기 보안
4) 화물보안
5) 기내식 보안 운용 실태
6) 보안장비 운용 실태

14.4.3 불시평가는 다음 각 호의 조건에 따라 실시한다.

1) 항공보안법 및 관련지침 등에 따라 적합하게 실시
2) 대중의 안전을 저해하지 않도록 실시

3) 항공기 및 공항 시설 등에 대하여 위험이 발생하지 않도록 실시
4) 재산상의 손실이 발생되지 않도록 실시
5) 운영상 문제가 발생되지 않도록 실시
6) 지정된 점검요원에 의하여 실시

14.4.4 불시평가에서 나타난 문제점에 대해서는 다음 각 호와 같이 조치한다.
1) 불시평가 물품을 검색하는데 사용한 장비의 정상 작동 여부 확인
2) 장비가 정상 작동되었을 경우 해당 항공보안검색요원에 대해서는 다음 각 목과 같이 조치
가) 지정된 교육기관에서 교육훈련지침 제20조제3항에 따른 교육 실시
나) 교육평가 후 일정 성적 이상을 획득한 경우 근무 복귀
3) 장비가 비정상 작동되었을 경우 다음 각 목과 같이 조치
가) 장비의 운용을 중지하고 대체 검색방법으로 전환
나) 장비 유지보수 담당 부서에 통보
다) 장비 점검 보수 후 재사용

14.4.5 불시평가를 실시하기 위하여 사용할 수 있는 물품은 다음 각 호와 같으며 동 물품을 사용하려는 자는 사전에 국토교통부장관의 승인을 받아야 한다.
1) 실제 작동되지 아니하고, 플라스틱 또는 합성수지 재질로 만들어진 모의 총기류
2) 폭발물질을 포함하지 아니하고, 실제 폭파되지 아니하는 불시평가 물품이라는 표시를 한 모의 폭발물장치

14.4.6 불시평가 물품을 승인받으려는 자는 다음 각 호의 서류를 국토교통부장관에게 제출하여야 하며, 불시평가 수행자는 항공보안검색요원이 불시평가 물품을 발견한 경우 즉시 신분을 공개하여야 한다.
1) 불시평가 물품 종류
2) 불시평가 물품 사진

3) 관리책임자 명단
4) 불시평가 물품 보관 및 운용절차

14.5 모의훈련

14.5.1 ○○항공사은/는 공항운영자가 국가항공보안계획에 따라 실시하는 모의훈련에 적극 협조한다.

14.5.1 ○○항공사 등 모의훈련 참가업체는 발견된 문제점을 자체 우발계획이나 자체 비상대응 매뉴얼 등에 반영한다.

14.6 항공보안 자율신고

14.6.1 일반직원을 포함한 항공보안업무 종사자는 다음 각 호의 사항에 대하여 항공보안 자율신고(이하 "자율신고"라 한다)를 할 수 있다.
1) 불법방해행위를 시도하거나 발생될 가능성이 있음을 알게 된 경우
2) 승객 또는 상주직원 등이 보안검색을 받지 아니하고 보호구역으로 진입한 사실을 알게 된 경우
3) 위해물품을 허가 없이 보호구역 또는 항공기내로 반입한 사실을 알게 된 경우
4) 항공보안 사고로 발전할 수 있는 행위 또는 위험한 행동을 인지한 경우
5) 그 밖에 항공보안 위해요인을 알게 된 경우

14.6.2 자율신고를 하려는 사람은 다음 각 호의 사항을 포함하여 신고하여야 한다.
1) 보고자의 성명, 주소 및 연락처
2) 발생 일시 및 장소
3) 상황 개요
4) 항공보안업무 종사자의 경우 업무 분야(공항, 항공사, 취급업체 및 공항상주업체 등)

14.6.3 자율신고는 다음 각 호의 어느 하나에 해당하는 방법에 따라 제출할 수 있다.

1) 이메일 : avsec@ts2020.kr
2) 우편 : (740-220) 경상북도 김천시 혁신6로 17 교통안전공단 항공보안자율신고제도 담당 귀하
3) FAX : 0502-384-5453
4) 전화 : 054-459-7384

14.6.4 자율신고를 한 사람에 대해 그 신고를 이유로 전보·징계 등 신분이나 처우와 관련한 불이익한 조치를 해서는 아니 되며 보고자의 신분보호를 위하여 연락처 등 개인정보에 대하여 기밀을 유지하여야 한다.

참고문헌

- ICAO ANNEX 17 (SECURITY)
- ICAO SECURITY MANUAL (Doc 8973)
- Checkpoint Operation Guide (Air Transport Association of America and Regional Airline Association)
- IATA SECURITY MANUAL
- 항공보안(Aviation Security) (항공보안교육원, 2004)
- 항공보안론 (고광남 · 소대섭 공저, 백산출판사 2006)
- 항공보안법규 (대한민국 항공보안협회 편저, 진영사 2015)
- 보안검색론 (고광남 · 소대섭 공저, 진영사 2018)
- 항공보안법규해설 (소대섭, 진영사 2018)
- 항공보안개론 (고광남 · 장경태 · 소대섭 공저, 진영사 2019)
- 항공보안법, 시행령, 시행규칙
- 경찰관직무집행법
- (국가정보원) 국가보안시설 및 보호장비 관리지침
- 국제항해선박 및 항만시설의 보안에 관한 법률, 시행령, 시행규칙
- 경비업법, 시행령, 시행규칙
- 청원경찰법, 시행령, 시행규칙
- 총포 · 도검 · 화약류 등의 안전관리에 관한 법률
- (국토교통부 고시) 액체 · 분무 · 겔류 등 항공기내 휴대 반입 금지물질 운영기준
- (국토교통부 고시) 항공기 내 반입금지 위해물품
- (국토교통부 고시) 항공보안장비 종류, 운영 및 유지관리에 관한 기준
- (국토교통부 고시) 항공보안장비 시험기관 지정 및 운영 등에 관한 규정

저자소개

■ **장경태**

現 한서대학교 항공융합학부 항공보안시스템전공 겸임교수

現 (주) CBP컨설팅 전문위원(이사)

現 민간경비교육원 외래교수

現 한국항공보안교육원 외래교수

現 (사) 대한민국 항공보안협회 이사

前 이스타항공 항공보안팀장

前 유스카이항공 안전보안실장

前 아시아나항공 항공보안팀장

저서

항공보안개론 (고광남 · 장경태 · 소대섭 공저, 진영사 2019)

■ **소대섭**

現 한서대학교 항공융합학부 항공보안시스템전공 교수

現 (사) 대한민국 항공보안협회 이사

現 (사) 한국항공교통학회 이사

現 항공보안포럼 이사

現 (사) 한국방재학회 홍보위원장

現 한국액션러닝학회 및 한국액션러닝협회 이사

前 인천국제공항공사 항공보안교육원 부원장 및 전임교관

前 인천국제공항공사 부장

저서

항공보안(Aviation Security) (항공보안교육원 소대섭외 공저, 2004)

항공보안법규집 (항공보안교육원 소대섭외 편저, 2004)

보안검색(Aviation Security Screening) (항공보안교육원 소대섭외 편저, 2005)

항공보안론 (고광남 · 소대섭 공저, 백산출판사 2006)

항공보안법규 (대한민국항공보안협회 편저, 진영사 2015)

항공보안 법규해설 (소대섭, 진영사 2018)

보안검색론 (고광남 · 소대섭, 진영사 2018)

항공보안개론 (고광남 · 장경태 · 소대섭 공저, 진영사 2019)